创客训练营

STM8 单片机
应用技能实训

程 莉 肖明耀 廖银萍 郭惠婷 编著

U0246230

中国电力出版社
CHINA ELECTRIC POWER PRESS

内 容 提 要

本书遵循"以能力培养为核心，以技能训练为主线，以理论知识为支撑"的编写思想，采用基于工作过程的任务驱动教学模式，以 STM8 单片机的 19 个任务实训课题为载体，使读者掌握 STM8 单片机的工作原理，学会 C 语言程序设计、STM8 库函数编程、IAR 编程软件及其操作方法，从而提高 STM8 单片机工程应用技能。

本书由浅入深、通俗易懂、注重应用，便于创客学习和进行技能训练，可作为大中专院校机电类专业学生的理论学习与实训教材，也可作为技能培训教材，还可供相关工程技术人员参考。

图书在版编目（CIP）数据

创客训练营 STM8 单片机应用技能实训/程莉等编著. —北京：中国电力出版社，2019.1
ISBN 978 - 7 - 5198 - 2483 - 9

Ⅰ. ①创⋯　Ⅱ. ①程⋯　Ⅲ. ①单片微型计算机—基本知识　Ⅳ. ①TP368.1

中国版本图书馆 CIP 数据核字（2018）第 223898 号

出版发行：中国电力出版社
地　　址：北京市东城区北京站西街 19 号（邮政编码 100005）
网　　址：http：//www. cepp. sgcc. com. cn
责任编辑：杨扬（y-y@ sgcc. com. cn）
责任校对：郝军燕
装帧设计：王英磊　左铭
责任印制：杨晓东

印　　刷：北京天宇星印刷厂
版　　次：2019 年 1 月第 1 版
印　　次：2019 年 1 月北京第一次印刷
开　　本：787 毫米×1092 毫米　16 开本
印　　张：16.5
字　　数：430 千字
印　　数：0001—2000 册
定　　价：59.00 元（含 1CD）

前　言

　　"创客训练营"丛书是为了支持"大众创业、万众创新",为创客实现创新提供技术支持的应用技能训练丛书,本书是"创客训练营"丛书之一。

　　单片机已经广泛应用于人们的生活和生产领域,目前难于找到哪个领域没有单片机的应用,飞机的各种仪表控制、计算机网络通信、控制数据传输、工控过程的数据采集与处理,各种IC智能卡、电视、洗衣机、空调、汽车控制、电子玩具、医疗电子设备、智能仪表等均使用了单片机。

　　单片机是从事工业自动化、机电一体化的技术人员应掌握的实用技术之一。本书采用以工作任务驱动为导向的项目训练模式,介绍工作任务所需的单片机基础知识和完成任务的方法,通过完成工作任务的实际技能训练提高单片机综合应用技巧和技能。

　　全书分为认识STM8单片机、学用C语言编程、单片机的输入/输出控制、突发事件的处理–中断、定时器应用、单片机的串行通信、应用LCD模块、应用串行总线接口、模拟量处理、矩阵LED点阵控制、模块化编程训练11个项目,每个项目设有一个或多个训练任务,通过任务驱动技能训练,使读者快速掌握STM8单片机的基础知识、增强C语言编程技能、单片机库函数程序设计方法与技巧。每个项目后面设有习题,用于技能提高训练,全面提高读者STM8单片机的综合应用能力。

　　本书由程莉、肖明耀、廖银萍、郭惠婷编著。

　　由于编写时间仓促,加上作者水平有限,书中难免存在错误和不妥之处,恳请广大读者批评指正。

编　者

目　录

项目一　认识 STM8 单片机

学习目标

（1）了解 STM8 单片机的基本结构。
（2）了解 STM8 单片机的特点。
（3）学会使用单片机开发工具。

任务 1　认识 STM8 系列单片机

基础知识

一、单片机

1. 概述

将运算器、控制器、存储器、内部和外部总线系统、I/O 输入/输出接口电路等集成在一片芯片上组成的电子器件，构成了单芯片微型计算机，即单片机。它的体积小、质量轻、价格便宜，为学习、应用和开发微型控制系统提供了便利。

单片机是由单板机发展过来的，将 CPU 芯片、存储器芯片、I/O 接口芯片和简单的 I/O 设备（小键盘、LED 显示器）等组装在一块印制电路板上，再配上监控程序，就构成了一台单板微型计算机系统（简称单板机）。随着技术的发展，人们设想将计算机 CPU 和大量的外围设备集成在一个芯片上，使微型计算机系统更小，更适应工作于复杂同时对体积要求严格的控制设备中，由此产生了单片机。

Intel 公司按照这样的理念开发设计出具有运算器、控制器、存储器、内部和外部总线系统、I/O 输入输出接口电路的单片机，其中最典型的是 Intel 的 8051 系列。

单片机经历了低性能初级探索阶段、高性能单片机阶段、16 位单片机升级阶段、微控制器的全面发展阶段 4 个阶段的发展。

（1）低性能初级探索阶段（1976~1978 年）。以 Intel 公司的 MCS-48 为代表，采用了单片结构，即在一块芯片内含有 8 位 CPU、定时/计数器、并行 I/O 口、RAM 和 ROM 等，主要用于工业领域。

（2）高性能单片机阶段（1978~1982 年）。单片机带有串行 I/O 口，8 位数据线、16 位地址线可以寻址的范围达到 64K 字节、控制总线、较丰富的指令系统等，推动单片机的广泛应用，并不断的改进和发展。

（3）16 位单片机升级阶段（1982~1990 年）。16 位单片机除 CPU 为 16 位外，片内 RAM 和 ROM 容量进一步增大，增加字处理指令，实时处理能力更强，体现了微控制器的特征。

（4）微控制器的全面发展阶段（1990 年至今）。微控制器的全面发展阶段，各公司的产品在尽量兼容的同时，向高速、强运算能力、寻址范围大、通信功能强以及小巧廉价方面发展。

2. 单片机的发展趋势

随着大规模集成电路及超大规模集成电路的发展，单片机将向着更深层次发展。

（1）高集成度。一片单片机内部集成的 ROM/RAM 容量增大，增加了电闪存储器，具有掉电保护功能，并且集成了 A/D、D/A 转换器、定时器/计数器、系统故障监测和 DMA 电路等。

（2）引脚多功能化。随着芯片内部功能的增强和资源的丰富，一脚多用的设计方案日益显示出其重要地位。引脚多功能化随着芯片内部功能的增强和资源的丰富，一脚多用的设计方案日益显示出其重要地位。

（3）高性能。这是单片机发展所追求的一个目标，更高的性能将会使单片机应用系统设计变得更加简单、可靠。

（4）低功耗。这将是未来单片机发展所追求的一个目标，随着单片机集成度的不断提高，由单片机构成的系统体积越来越小，低功耗将是设计单片机产品时首先考虑的指标。

二、STM8 系列单片机

2009 年，意法半导体推出了基于先进的 8 位 STM8 系列单片机。根据应用场合不同，STM8 平台主要支持 STM8L、STM8S 和 STM8A 3 个系列。其中 STM8L 系列面向超低功耗的系统，各种便携设备、各种医疗设备、电子计量设备、工业设备等对电池使用周期要求较高的场合；STM8S 系列主要应用于工业生产和消费电子。STM8A 系列专门用于满足汽车应用的特殊需求。

1. STM8S 系列

2009 年 3 月 4 日，意法半导体发布了针对工业应用和消费电子开发的微控制器 STM8S 系列产品。

STM8S 平台打造 8 位微控制器的全新世代，高达 20 MIPS 的 CPU 性能和 2.95~5.5V 的电压范围，有助于现有的 8 位系统向电压更低的电源过渡。新产品嵌入的 130nm 非易失性存储器是当前 8 位微控制器中最先进的存储技术之一，并提供真正的 EEPROM 数据写入操作，可达 30 万次擦写极限。STM8S 包括 10 位模数转换器，最多有 16 条通道，转换用时小于 3μs；先进的 16 位控制定时器可用于电动机控制、捕获/比较和 PWM 功能。其他外设包括一个 CAN2.0B 接口、两个 U（S）ART 接口、一个 I2C 端口、一个 SPI 端口。

STM8S 平台的外设定义与 STM32 系列 32 位微控制器相同。外设共用性有助于提高不同产品间的兼容性，让设计灵活有弹性。应用代码可移植到 STM32 平台上，获得更高的性能。除设计灵活外，STM8S 的组件和封装在引脚上完全兼容，让研发者获得更大的自由空间，以便优化引脚数量和外设性能。引脚兼容还有益于平台化设计决策，产品平台化可节省上市时间，简化产品升级过程。

STM8S 主要特点：

（1）高级 STM8 内核，具有 3 级流水线的哈佛结构。

（2）速度达 20MIPS 的高性能内核。

（3）抗干扰能力强，品质安全可靠。

（4）领先的 130nm 制造工艺，优异的性价比。

（5）程序空间为 4~128K，芯片选择为 20~80 脚，宽范围产品系列。

（6）系统成本低，内嵌 EEPROM 和高精度 RC 振荡器。

（7）开发容易，拥有本地化工具支持。

2. STM8L 系列

2009 年 9 月 15 日，意法半导体宣布，首批整合其高性能 8 位架构和最近发布的超低功耗创新技术的 8 位微控制器开始量产。以节省运行和待机功耗为特色，STM8L 系列下设三个产品线，STM8L101 基本型、STM8L151 增强型和 STM8L152 带 LCD 驱动的增强型，共计 26 款产品，涵盖多种高性能和多功能应用。

设计工程师利用全新的 STM8L 系列可提高终端产品的性能和功能，同时还能满足以市场为导向的需求，例如，终端用户对节能环保产品的需求，便携设备、各种医疗设备、工业设备、电子计量设备、感应或安保设备对电池使用周期的要求。

STM8L 主要特点：

（1）STM8 16MHz CPU。

（2）内置 4~32KB 闪存，多达 2KB SRAM。

（3）三个系列：跨系列的引脚对引脚兼容、软件相互兼容、外设相互兼容。

（4）电源电压：1.8~3.6V（断电时，最低 1.65V）超低功耗模式。

（5）保持 SRAM 内容时，最低功耗 350nA。

（6）运行模式动态功耗低至 150μA/MHz。

（7）最先进的数字和模拟外设接口。

（8）工作温度范围：−400~+85℃，可高达 125℃。

3. STM8A 系列

STM8A 是一款专门用于满足汽车应用的特殊需求的 Flash 8 位微控制器。这些模块化产品提供了真数据 EEPROM 以及软件和引脚兼容性，适用的程序存储器范围为 8~256KB，引脚封装 20~128。所有器件的工作电压均为 3~5V，并且其工作温度扩展到了 145℃。

STM8A 主要特点：

（1）集成式真数据 EEPROM。

（2）16MHz 和 128kHz RC 振荡器。

（3）高效的 STM8 内核：在 16MHz 的频率下可以实现 10MIPS 的性能。

（4）应用安全性高：独立的看门狗定时器、时钟安全系统。

（5）所有产品均具有 LIN 2.0 和自同步功能。

（6）电源电压：3.3V 和 5V。

（7）最高工作温度：145℃。

4. STM8S2×× 单片机的结构（见图 1-1）

（1）STM8 单片机的 CPU。STM8 的中央处理单元 8 位的 STM8 内核在设计时考虑了代码的效率和性能，它的 6 个内部寄存器都可以在执行程序中直接寻址，共有包括间接变址寻址和相对寻址在内的 20 种寻址模式和 80 条指令。

1）结构和寄存器。

a）哈佛结构。

b）3 级流水线。

c）32 位程序存储器总线——对于大多数指令可进行单周期取址。

d）两个 16 位寻址寄存器：X 寄存器和 Y 寄存器，允许带有偏移的和不带偏移的变址寻址。

e）模式和读—修改—写式的数据操作。

f）8 位累加器。

g）24 位程序指针，16M 字节线性地址空间。

h）16 位堆栈指针，可以访问 64K 字节深度堆栈。

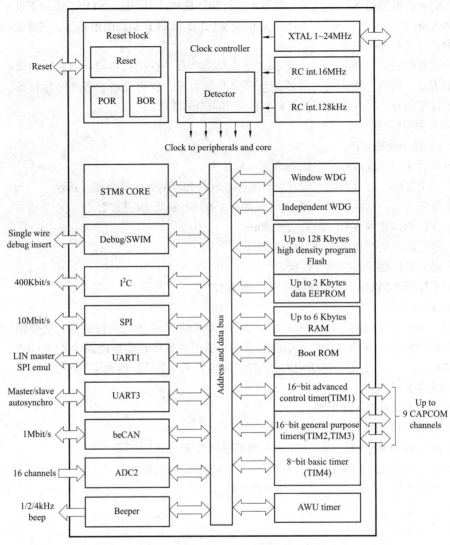

图 1-1　STM8S2××单片机结构

i）8 位状态寄存器，可根据上条指令的结果产生 7 个状态标志位。

2）寻址。

a）20 种寻址模式。

b）用于地址空间内任何位置上的查询数据表的变址寻址方式。

c）用于局部变量和参数传递的堆栈指针相对寻址模式。

3）指令集。

a）80 条指令，指令的平均长度为 2 字节。

b）标准的数据搬送和逻辑、算术运算功能。

c）8 位乘法指令。

d）16 位除 8 位和 16 位除 16 位除法指令。

e）位操作指令。

f）可通过对堆栈的直接访问实现堆栈和累加器之间的数据直接传送（push/pop）。

g）可使用 X 和 Y 寄存器传送数据或者在存储器之间直接传送数据。

（2）时钟、复位。

1）灵活的时钟控制，4 个主时钟源。

a）低功率晶体振荡器。

b）外部时钟输入。

c）用户可调整的内部 16MHz RC 振荡器。

d）内部低功耗 128kHz RC 振荡器。

2）带有时钟监控的时钟安全保障系统。

（3）电源管理。

1）低功耗模式（等待、活跃停机、停机）。

2）外设的时钟可单独关闭。

3）永远打开的低功耗上电和掉电复位。

（4）中断管理。

1）带有 32 个中断的嵌套中断控制器。

2）6 个外部中断向量，最多 27 个外部中断。

（5）定时器。

1）高级控制定时器：16 位，4 个捕获/比较通道，3 个互补输出，死区控制和灵活的同步。

2）16 位通用定时器，带有 3 个捕获/比较通道（IC、OC 或 PWM）。

3）带有 8 位预分频器的 8 位基本定时器。

4）自动唤醒定时器。

5）2 个看门狗定时器：窗口看门狗和独立看门狗。

（6）通信接口。

1）带有同步时钟输出的 UART、智能卡、红外 IrDA、LIN 主模式接口。

2）SPI 接口最高到 8Mbit/s。

3）I2C 接口最高到 400Kbit/s。

（7）模数转换器。10 位，±1LSB 的 ADC，最多有 16 路通道。

（8）I/O 端口。

1）不同封装 I/O 接口数量不同，32 脚封装芯片上最多有 26 个 I/O，包括 21 个高吸收电流输出。44 脚封装芯片上最多有 35 个 I/O，48 脚封装芯片上最多有 39 个 I/O，64 脚封装芯片上最多有 53 个 I/O，80 脚封装芯片上最多有 69 个 I/O。

2）非常强的 I/O 设计，对灌电流有非常强的承受能力。

（9）开发支持。单线接口模块（SWIM）和调试模块（DM），可以方便地进行在线编程和非侵入式调试。

5. STM8 单片机的封装

STM8 单片机的封装有 80 引脚的 LQFP80 封装，64 引脚的 LQFP64 封装（见图 1-2），还有 LQFP48 引脚、LQFP44 引脚、LQFP32 引脚封装。

三、单片机产品开发

1. 单片机开发流程

（1）项目评估。根据用户需求，确定待开发产品的功能、所实现的指标、成本，进行可行

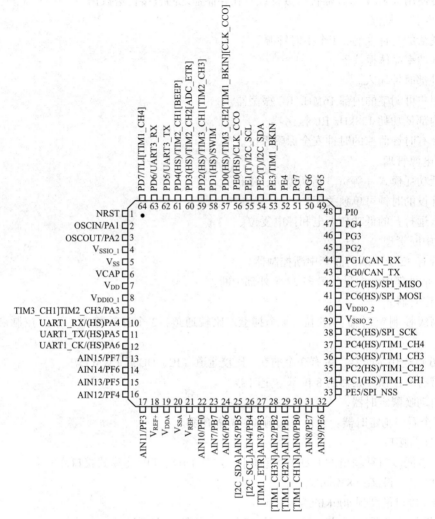

图 1-2　LQFP64 封装

性分析，然后出初步技术开发方案，再出预算，包括可能的开发成本、样机成本、开发耗时、样机制造耗时、利润空间等，然后根据开发项目的性质和细节评估风险，以决定项目是否可做。

（2）总体设计。

1）机型选择。选择 8 位、16 位还是 32 位。

2）外形设计、功耗、使用环境等。

3）软、硬件任务划分，方案确定。

（3）项目实施。

1）设计电原理图。根据功能确定显示（液晶还是数码管）、存储（空间大小）、定时器、中断、通信（RS-232C 、RS-485 、USB）、打印、A/D 、D/A 及其他 I/O 操作。

考虑单片机的资源分配和将来的软件框架、制定好各种通信协议，尽量避免出现当板子做好后，即使把软件优化到极限仍不能满足项目要求的情况，还要计算各元件的参数、各芯片间的时序配合，有时候还需要考虑外壳结构、元件供货、生产成本等因素，还可能需要做必要的试验，以验证一些具体的实现方法。设计中每一步骤出现的失误都会在下一步引起连锁反应，所以对一些没有把握的技术难点，应尽量去核实。

2）设计印制电路板（PCB）图。完成电路原理图设计后，根据技术方案的需要设计 PCB 图，这一步需要考虑机械结构、装配过程、外壳尺寸细节、所有要用到的元器件的精确三维尺寸、不同制版厂的加工精度、散热、电磁兼容性等，修改、完善其电原理图、PCB 图。

3）把 PCB 图发往制版厂做板。将加工要求尽可能详细的写下来，与 PCB 图文件一起发电子邮件给 PCB 生产工厂，并保持沟通，及时解决加工中出现的一些相关问题。

4）采购开发系统和元件。

5）装配样机。PCB 板拿到后开始样机装配，设计中的错漏会在装配过程开始显现，尽量去补救。

6）软件设计与仿真。根据项目需求建立数学模型，确定算法及数据结构，进行资源分配及结构设计，绘制流程图，设计、编制各子程序模块，仿真、调试，固化程序。

7）样机调试。样机初步装好就可以开始硬件调试，硬件初步检测完，就可以开始软件调试。在样机调试中，逐步完善硬件和软件设计。

进行软硬件测试，进行老化试验，高、低温试验，振动试验。

8）整理数据。将样机研发过程中得到的重要数据记录保存下来，电路原理图里的元件参数、PCB 元件库里的模型，还要记录设计上的失误、分析失误的原因、采用的补救方案等。

9）产品定型，编写设备文档。编制使用说明书，技术文件。制定生产工艺流程，形成工艺，进入小批量生产。

2. 单片机应用

单片机已经广泛应用于人们的生活和生产领域，目前难于找到那个领域没有单片机的应用，飞机各种仪表控制、计算机网络通信、控制数据传输、工控过程的数据采集与处理，各种 IC 智能卡、电视、洗衣机、空调、汽车控制、电子玩具、医疗电子设备、智能仪表均使用了单片机。

四、STM8S 开发板简介

1. STM8S 开发板（见图 1-3）

STM8S 开发板构建开发的最小系统，它采用 STM8S207RBT6，性价比高。带 IIC、SPI 硬件接口，2 个 UART 接口，128K Flash，6K RAM，2048 bit EERPOM，52 个 GPIO，PA1～PA6，PB0～PB7，PC1～PC7，PD0～PD7，PE0～PE7，PF0～PF7，PG0～PG7，引出到开发板的周边，方便用户使用。还有 ADC 接口，SWIM 接口，丰富的资源，足够用户使用。板载 CH340G USB IC，直接连接到 STM8 的 UART1 接口，便于串口通信和下载程序。

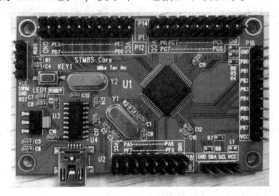

图 1-3 STM8S 开发板

2. 配套负载接口应用开发板

（1）MGMC-V2.0 单片机开发板（见图 1-4）。应用 MGMC-V2.0 单片机开发板作 STM8S 开发板最小系统的外围接口，可以充分利用它的外部资源，验证 STM8S 程序运行的实验结果。

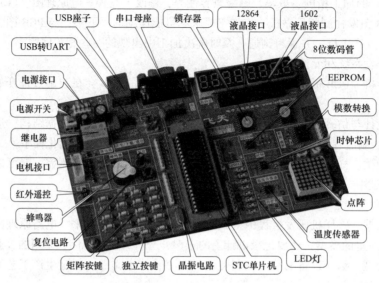

图 1-4 MGMC-V2.0 单片机开发板

（2）MGMC-V2.0 单片机开发板配置。

1）主芯片是 STC89C52，包含 8KB 的 Flash，256 字节的 RAM，32 个 I/O 口。

2）32 个 I/O 口，全部用优质的排针引出，方便扩展。

3）板载一只 STC 官方推荐的 USB 转串口 IC（CH340T），实现一线供电、下载、通信。

4）一个电源开关、电源指示灯，电源也用排针引出，方便扩展。

5）8 个 LED，方便做流水灯、跑马灯等试验。

6）一个 RS-232 接口，可以下载、调试程序，也能与上位机通信。

7）8 位共阴极数码，以便做静、动态数码管实验，其中数码管的消隐例程尤为经典。

8）1602、12864 液晶接口各一个。

9）一个继电器，方便以小控制大。

10）一个蜂鸣器，实现简单的音乐播放、SOS 等实验。

11）一个步进电动机接口，可以做步进、直流电动机实验，其中步进电动机精确到了小数单后三位。

12）附带万能红外接收头，配合遥控器做红外编、解码实验，唯一讲述编码的实验板。

13）16 个按键组成了矩阵按键，学习矩阵按键的使用。

14）4 个独立按键，可配合数码管做秒表、配合液晶做数字钟等试验。基于状态机的按键消抖，直接移植到工程项目中。

15）一块 EEPROM 芯片（AT24C02），可学习 I2C 通信试验。利用指针，一个函数，多次读写。

16）A/D、D/A 芯片（PCF8591），让读者掌握 A/D、D/A 的转换原理，同时引出了 4 路模拟输入接口，一路模拟输出接口，方便扩展。

17）一块时钟芯片（PCF8563），可以做时钟试验，具有可编程输出 PWM 的功能。不仅是时钟，还是万年历，更是 PWM 生产器，国内首家使用。

18）集成温度传感器芯片（LM75A），配合数码管做温度采集实验。结合上位机还可做更多的实验。国内首家使用。

19）LED 点阵（8×8），在学习点阵显示原理的同时还可以掌握 74HC595 的用法及其移屏算法。

 技能训练

一、训练目标

（1）认识 STM8S 单片机。

（2）了解 STM8S 单片机开发板的使用。

（3）了解 MGMC-V2.0 单片机开发板的使用。

二、训练步骤与内容

1. 认识 STM8S 单片机

（1）查看 STM8S 单片机的中文数据手册。

（2）查看 PLCC64 封装的 STM8S 单片机，查看引脚功能，查看 52 个 GPIO。包括 PA1～PA6、PB0～PB7、PC1～PC7、PD0～PD7、PE0～PE7、PF0～PF7、PG0～PG7。

2. 使用 STM8S 单片机开发板

（1）查看 STM8S 单片机开发板，了解 STM8S 单片机开发板的构成。

（2）查看 52 个 GPIO，包括 PA1～PA6、PB0～PB7、PC1～PC7、PD0～PD7、PE0～PE7、PF0～PF7、PG0～PG7 端接口位置。

（3）查看 SWIM 接口。

（4）查看 IIC 接口。

（5）查看 CPU 芯片，查看芯片连接的晶体振荡器频率。

（6）将电脑的 USB 与开发板的 USB 接口对接，观察板上 LED 的状态。

3. 使用 MGMC-V2.0 单片机开发板

（1）查看 MGMC-V2.0 单片机开发板，了解 MGMC-V2.0 单片机开发板的构成。

（2）将 USB 下载的方口与开发板的 USB 接口对接。

（3）打开单片机电源开关，此时就可看到开发板上的 LED、数码管等开始运行。

（4）经过上面的开机测试，则表明 MGMC-V2.0 单片机开发板在工作正常。

任务2 学习 STM8S 单片机开发工具

 基础知识

一、安装 STM8S 单片机开发软件

1. 安装 IAR

（1）解压 IAR. rar 得到 EWSTM8-3104-Autorun. exe 和 licence 生成管理文件。

（2）双击 EWSTM8-3104-Autorun. exe 进行安装。

（3）在安装过程中，自动安装 ST-LINK 的 SWIM 下载调试软件。

（4）通过 licence 生成管理文件，注册 licence。

2. 安装 USB 下载驱动软件

插入 ST-LINK，自动安装 USB 下载驱动软件。

二、创建测试工程

1. 工程准备

在实验项目的目录下，新建一个文件夹，取名为 test（名字可以随便，最好不要有中文字符）。

2. 使用 IAR 软件

（1）双击桌面 IAR 图标，启动 IAR 开发软件，启动后的 IAR 软件界面如图 1-5 所示。

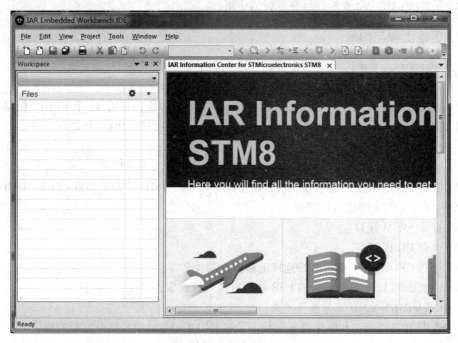

图 1-5 IAR 软件界面

（2）单击执行 File 文件菜单下 New Workspace 子菜单命令，创建工程管理空间（见图 1-6）。

（3）再单击 Project 文件下的 Create New Project 子菜单命令，出现图 1-7 创建新工程对话框。在工程模板 Project templates 中选择第 4 项 C，创建一个 C 语言项目工程。

（4）单击 OK 按钮，弹出另存为对话框（见图 1-8），为新工程起名 test。

（5）单击保存按钮，保存在 test 文件夹。在工程项目浏览区，出现 test_Debug 新工程，并创建一个 main. c 的 C 语言程序文件（见图 1-9）。

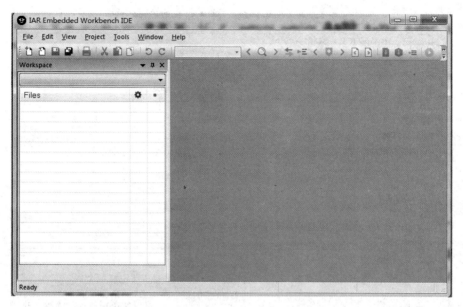

图 1-6 工程管理空间

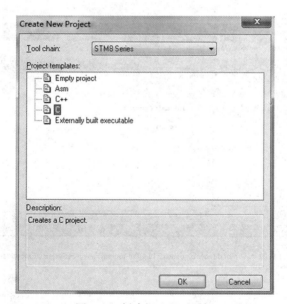

图 1-7 创建新工程对话框

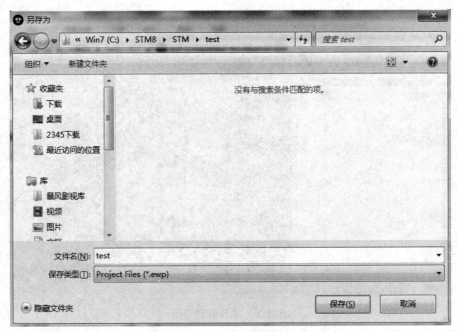

图 1-8　为新工程起名

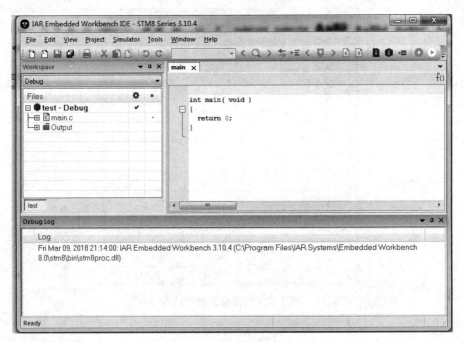

图 1-9　test_Debug 新工程

（6）输入下列程序。

```
#include "iostm8s207rb.h"              /*预处理命令,用于包含头文件等*/
void Delayms(unsigned int i);         //延时 y 函数说明
void main(void)                       /*主函数*/
```

```
    {                                 /*主函数开始*/
      PG_DDR=0xFF;                    //设置 PG 为输出模式
      PG_CR1=0xFF;                    //设置 PG 为推挽输出
      PG_CR2=0x00;                    //设置 PG 为 2MHz 快速输出
      PG_ODR=0xff;                    //设置 PG 口输出高电平
        while(1)                      /*while 循环语句*/
      {                               /*执行语句*/
        PG_ODR=0xfe;                  //设置 PG0 输出低电平,点亮 LED0
        Delayms(500);                 //延时
        PG_ODR=0xff;                  //设置 PG0 输出高电平,熄灭 LED0
        Delayms(500);                 //延时
      }
    }
void Delayms(unsigned int time)       //延时函数定义
{
    unsigned int i;                   //定义无符号整型变量 i
    while(time--)
    for(i=2286;i>0;i--);              //进行循环操作,以达到延时的效果
}
```

(7) 设置工程选项 Options。右键单击 test_Debug（见图 1-10），在弹出的快捷菜单中，选择 Options 进行工程文件设置。

1）首先在 General Options 中的 Target 目标选择目标板，如图 1-11 所示，选择要编译的 CPU 类型，选择开发板使用的 STM8S2O7RB。

图 1-10　右键单击 test_Debug

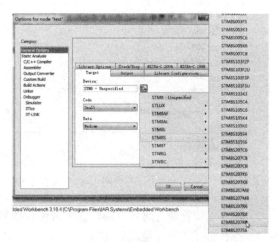

图 1-11　选择 CPU 类型

2）选择输出文件格式，设置输出 hex 文件（见图 1-12）。
3）如果使用仿真器下载，设置仿真器类型（见图 1-13）。

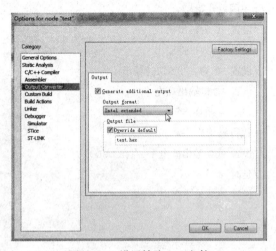
图 1-12　设置输出 hex 文件

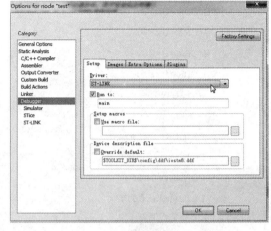
图 1-13　设置仿真器类型

4) 设置完成，单击 "OK" 按钮确认。

(8) 编译。

1) 单击执行 "Project" 工程下的 "Mike" 编译所有文件命令，或工具栏的 "■"，编译所有项目文件，弹出保存工程空间管理对话框（见图 1-14）。

图 1-14　保存工程空间管理对话框

2) 输入工程管理空间名 "test"，单击保存按钮，保存工程管理空间。

3) 查看编译结果（见图 1-15）。

3. 仿真调试

(1) 在工程选项 Options 中，设置使用 Debugger 选项，设置选用内置的 Simulator 仿真器（见图 1-16）。

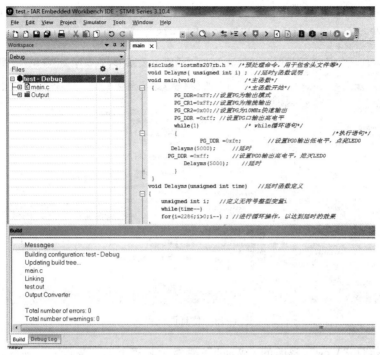

图 1-15 编译结果

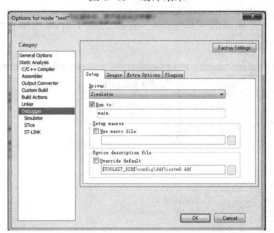

图 1-16 选用 Simulator 仿真器

（2）单击执行"Simulator"工程仿真菜单下的"Simulated Frequency"仿真频率子菜单命令，设置仿真频率为16MHz（见图1-17）。

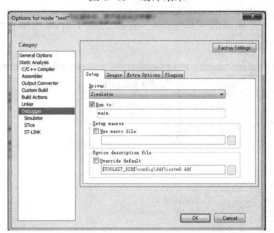

图 1-17 设置仿真频率

（3）单击执行 "Project" 工程下的 "Download and Debug" 下载与调试子菜单，或工具栏的 " "，下载程序，进入仿真调试界面（见图1-18）。

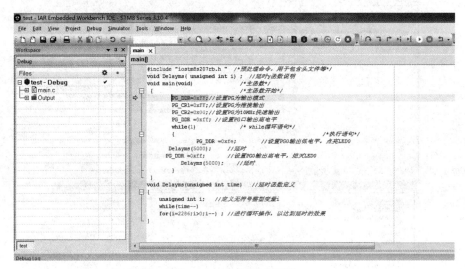

图1-18　仿真调试界面

（4）单击执行 "View" 视图的 "Watch" 查看子菜单下的 "Watch1" 命令，打开一个观察窗。

（5）单击执行 "View" 视图的 "Register" 查看子菜单下的 "Register 1" 命令，打开一个寄存器观察窗（见图1-19）。

图1-19　打开观察窗

（6）在 Watch1 观察窗的表达式栏，输入 "PG_ODR"，观察 PG 输出寄存器的变化。

（7）观察寄存器窗口 "CYCLECOUNTER" 循环周期的值，初始值是37。

（8）调试工具栏（见图1-20）。

图1-20　调试工具栏

工具按钮的作用：

1）Step Over 步进出当前点，单步运行。遇到函数调用时，将遇到的函数当作单独的一步执行。

2）Step Into 步进进入，单步运行。遇到函数调用时，进入所遇到的函数中，并执行一句语句。

3）Step Out 步进出，单步运行。将本函数执行完毕，退出本函数后停止程序运行，等待用户新的命令。

4）Next Statement 下一步语句，单步运行。C 语言的一句语句中还可以包含多个表达式，Step Over、Step Into、Step Out 将每一个表达式作为一步。Next Statement 不考虑包含的表达式，直接执行 C 语言完整的一句语句。N＝X（3，4）＋Y（6）；单击 Step Over 图标将先执行 X（3，4），然后再执行 Y（6）。单击 Step Into 图标将进入到 X（3，4）和 Y（6）中一步一步地执行 Moon 函数中的程序。如果进入了 Moon 或者 Y（6）函数中，则执行 Step Out 会立即执行完当前函数，并退出此函数，然后停下。Next Statement 将一次执行完 N＝X（3，4）＋Y（6）这一整句，然后停下。

5）Run to Cursor 运行到光标处。

6）Go 运行。

7）Break 暂停。

8）Reset 复位。

（9）单击执行 "Debug" 调试菜单的 "Next Statement" 下一条语句子菜命令，或单击调试工具栏的 " ▶¦ " 按钮，运行下一步程序，观察寄存器窗口 "CYCLECOUNTER" 循环周期的值，已经变为38。

（10）多次单击下一步程序按钮，当程序进入 While 循环时，观察 PG_ODR 的值变为 "0xFE"。硬件电路中，若 PG0 输出端连接发光二极管的负极，发光二极管正极连接限流电阻后与 Vcc 电源正极连接，硬件仿真时，二极管将被点亮。

（11）单击执行 "Debug" 调试菜单的 "Step Into" 步进进入子菜命令，或单击调试工具栏的 " ↴ " 按钮，进入延时函数语句。

（12）单击执行 "Debug" 调试菜单的 "Step Out" 步进出子菜命令，或单击调试工具栏的 " ↱ " 按钮，执行完延时函数后，从延时函数语句退出。注意观察此时的寄存器窗口 "CYCLECOUNTER" 循环周期的值，已经变为8010568（见图1-21）。

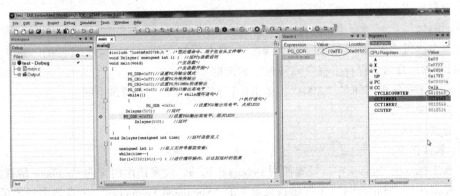

图1-21 循环周期的值

（13）进入延时函数的值是 50，差值为延时循环周期数 8010518，仿真频率是 16MHz，延时时间为 T，计算如下

$$T = 8010518 * 1/16000000 \approx 0.5s$$

（14）单击下一步程序按钮，当程序进入第 2 个延时函数时，观察 PG_ODR 的值变为"0xFF"。硬件仿真时，外接的发光二极管熄灭。

⚙ 技能训练

一、训练目标

（1）学会使用 IAR 单片机编程软件。

（2）学会使用单片机仿真调试。

二、训练步骤与内容

1. 建立一个工程

（1）在 C 盘的 C：\STM8S\STM 目录下，新建一个文件夹 A01。

（2）启动 IAR 开发软件。

（3）单击执行 File 文件菜单下 New Workspace 子菜单命令，创建工程管理空间。

（4）再单击 Project 文件下的 Create New Project 子菜单命令，弹出创建新工程对话框。在工程模板 Project templates 中选择第 4 项 C。

（5）单击"OK"按钮，弹出另存为对话框，为新工程起名 A001。

（6）单击保存按钮，保存在 A01 文件夹。在工程项目浏览区，出现 A001_Debug 新工程，并创建一个 mian.c 的 C 语言程序文件。

（7）在 mian.c 的 C 语言文件中，输入 LED 闪烁程序，并单击"工具栏保存"按钮，保存 C 语言程序。

（8）设置工程选项 Options。

1）右键单击 A001_Debug，在弹出的快捷菜单中，选择 Options 进行工程文件设置。

2）首先在 General Option 中的 Target 目标选择目标板，选择要编译的 CPU 类型，选择开发板使用的 STM8S2O7RB。

3）设置输出文件格式，设置输出 hex 文件。

4）如果使用仿真器下载，设置仿真器类型 ST_LINK。

5）设置完成，单击"OK"按钮确认。

（9）编译。

1）单击执行"Project"工程下的"Mike"编译所有文件命令，或工具栏的" "，编译所有项目文件，弹出"保存工程空间管理"对话框。

2）输入工程管理空间名"A001"，单击保存按钮，保存工程管理空间。

3）查看编译结果。

2. 仿真调试

（1）软件仿真。

1）在工程选项 Options 中，设置使用 Debugger 选项，设置选用内置的 Simulator 仿真器。

2）单击执行"Simulator"工程仿真菜单下的"Simulated Frequency"仿真频率子菜单命令，设置仿真频率为 16MHz。

3）单击执行"Project"工程下的"Download and Debug"下载与调试子菜单，或工具栏的" "，下载程序，进入仿真调试界面。

4）单击执行"View"视图的"Watch"查看子菜单下的"Watch1"命令，打开一个观察窗。

5）单击执行"View"视图的"Register"查看子菜单下的"Register 1"命令，打开一个寄存器观察窗。

6）在 Watch1 观察窗的表达式栏，输入"PG_ODR"，观察 PG 输出寄存器的变化。

7）观察寄存器窗口"CYCLECOUNTER"循环周期的值，初始值是 37。

8）单击执行"Debug"调试菜单的"Next Statement"下一条语句子菜命令，或单击调试工具栏的"▶┆"按钮，运行下一步程序，观察寄存器窗口"CYCLECOUNTER"循环周期的值，已经变为 38。

9）多次单击"下一步程序"按钮，当程序进入 While 循环时，观察 PG_ODR 的值变为"0xFE"。

10）单击执行"Debug"调试菜单的"Step Into"步进进入子菜命令，或单击调试工具栏的"┓"按钮，进入延时函数语句。

11）单击执行"Debug"调试菜单的"Step Out"步进出子菜命令，或单击调试工具栏的"┏"按钮，执行完延时函数后，从延时函数语句退出，注意观察此时的寄存器窗口"CYCLECOUNTER"循环周期的值。

12）仿真频率是 16MHz，计算延时时间。

13）单击"下一步程序"按钮，当程序进入第 2 个延时函数时，观察 PG_ODR 的值变为"0xFF"。

14）修改仿真频率，修改程序延时参数，设置断点，设置光标，继续仿真，观察仿真运行结果。

15）单击执行"Debug"调试菜单的"Stop Debugging"停止调试子菜命令，或单击仿真调试停止按钮，停止仿真调试。

（2）ST-LINK 仿真器硬件仿真。

1）在工程选项 Options 中，设置使用 Debugger 选项，设置选用内置的 ST-LINK 仿真器。

2）单击执行"Project"工程下的"Download and Debug"下载与调试子菜单，或工具栏的"▶"，下载程序，进入仿真调试界面。

3）在 Watch1 观察窗的表达式栏，输入"PG_ODR"，观察 PG 输出寄存器的变化。

4）单击执行"Debug"调试菜单的"Next Statement"下一条语句子菜命令，或单击调试工具栏的"▶┆"按钮，运行下一步程序，观察寄存器窗口"CYCLECOUNTER"循环周期的值，已经变为 38。

5）多次单击"下一步程序"按钮，当程序进入 While 循环时，观察 PG_ODR 的值变为"0xFE"。

6）单击执行"Debug"调试菜单的"Step Into"步进进入子菜命令，或单击调试工具栏的"┓"按钮，进入延时函数语句。

7）单击执行"Debug"调试菜单的"Step Out"步进出子菜命令，或单击调试工具栏的"┏"按钮，执行完延时函数后，从延时函数语句退出。

8）单击执行"Debug"调试菜单的"Next Statement"下一条语句子菜命令，或单击调试工具栏的"▶┆"按钮，运行下一步程序。

9）单击执行"Debug"调试菜单的"Stop Debugging"停止调试子菜命令，或单击"仿真调试停止"按钮,停止仿真调试。

10)程序进入全速运行状态,观察外部连接的 LED,可以看到 LED 在闪烁。

📖 习题

1. 叙述 STM8 系列单片机的应用领域。

2. 如何应用 IAR 单片机开发软件?

3. 叙述 STM8 单片机开发板的结构。

4. 叙述 MGMC-V2.0 单片机开发板功能。

5. 如何进行 STM8 单片机程序仿真调试?

项目二 学用 C 语言编程

学习目标

(1) 认识 C 语言程序结构。
(2) 了解 C 语言的数据类型。
(3) 学会应用 C 语言的运算符和表达式。
(4) 学会使用 C 语言的基本语句。
(5) 学会定义和调用函数。

任务3 学用 C 语言编程

基础知识

一、C 语言的特点及程序结构

1. C 语言的主要特点

C 语言是一个程序语言，一种能以简易方式编译、处理低级存储器、产生少量的机器码、不需要任何运行环境支持便能运行的编程语言。

(1) 语言简洁、紧凑，使用方便、灵活。C 语言一共只有 32 个关键字，9 种控制语句，程序书写形式自由，主要用小写字母表示，压缩了一切不必要的成分。

(2) 运算符丰富。C 的运算符包含的范围很广泛，共有 34 种运算符。C 把括号、赋值、强制类型转换等都作为运算符处理，从而使 C 的运算类型极其丰富，表达式类型多样化。灵活使用各种运算符可以实现在其他高级语言中难以实现的运算。

(3) 数据结构丰富，具有现代化语言的各种数据结构。C 的数据类型有整型、实型、字符型、数组类型、指针类型、结构体类型、共用体类型等。能用来实现各种复杂的数据结构（如链表、树、栈等）的运算。尤其是指针类型数据，使用起来灵活、多样。

(4) 具有结构化的控制语句（如 if... else 语句、while 语句、do... while 语句、switch 语句、for 语句）。用函数作为程序的模块单位，便于实现程序的模块化。C 是良好的结构化语言，符合现代编程风格的要求。

(5) 语法限制不太严格，程序设计自由度大。对变量的类型使用比较灵活，如整型数据与字符型数据可以通用。一般的高级语言语法检查比较严，能检查出几乎所有的语法错误。而 C 语言允许程序编写者有较大的自由度。

(6) C 语言能进行位 (bit) 操作，能实现汇编语言的大部分功能，可以直接对硬件进行操作。C 语言可以汇编语言混合编程，即可用于编写系统软件，也可用于编写应用软件。

2. C 语言的标识符与关键字

C 语言的标识符用于识别源程序中的对象名字。这些对象可以是常量、变量数组、数据类型、存储方式、语句、函数等。标识符由字母、数字和下划线等组成。第一个字符必须是字母或下划线。标识符应当含义清晰、简洁明了，便于阅读与理解。C语言对大小写字母敏感，对于大小写不同的两个标识符，会看作两个不同的对象。

关键字是一类具有固定名称和特定含义的特别的标识符，有时也称为保留字。在设计C语言程序时，一般不允许将关键字另作他用，即要求标识符命名不能与关键字相同。与其他语言比较，C语言标识符还是较少的。美国国家标准局（American National Standards Institute，ANSI）ANSI C标准的关键字见表2-1。

表2-1　　　　　　　　　　　　ANSI C标准的关键字

关键字	用途	说明
auto	存储类型声明	指定为自动变量，由编译器自动分配及释放。通常在栈上分配。与static相反。当变量未指定时默认为auto
break	程序语句	跳出当前循环或switch结构
case	程序语句	开关语句中的分支标记，与switch连用
char	数据类型声明	字符型类型数据，属于整型数据的一种
const	存储类型声明	指定变量不可被当前线程改变（但有可能被系统或其他线程改变）
continue	程序语句	结束当前循环，开始下一轮循环
default	程序语句	开关语句中的"其他"分支，可选
do	程序语句	构成do…while循环结构
double	数据类型声明	双精度浮点型数据，属于浮点数据的一种
else	程序语句	条件语句否定分支（与if连用）
enum	数据类型声明	枚举声明
extern	存储类型声明	指定对应变量为外部变量，即标示变量或者函数的定义在别的文件中，提示编译器遇到此变量和函数时在其他模块中寻找其定义
float	数据类型声明	单精度浮点型数据，属于浮点数据的一种
for	程序语句	构成for循环结构
goto	程序语句	无条件跳转语句
if	程序语句	构成if…else…条件选择语句
int	数据类型声明	整型数据，表示范围通常为编译器指定的内存字节长
long	数据类型声明	修饰int，长整型数据，可省略被修饰的int
register	存储类型声明	指定为寄存器变量，建议编译器将变量存储到寄存器中使用，也可以修饰函数形参，建议编译器通过寄存器而不是堆栈传递参数
return	程序语句	函数返回。用在函数体中，返回特定值
short	数据类型声明	修饰int，短整型数据，可省略被修饰的int
signed	数据类型声明	修饰整型数据，有符号数据类型
sizeof	程序语句	得到特定类型或特定类型变量的大小
static	存储类型声明	指定为静态变量，分配在静态变量区，修饰函数时，指定函数作用域为文件内部
struct	数据类型声明	结构体声明

关键字	用　途	说　明
switch	程序语句	构成 Switch 开关选择语句（多重分支语句）
typedef	数据类型声明	声明类型别名
union	数据类型声明	共用体声明
unsigned	数据类型声明	修饰整型数据，无符号数据类型
void	数据类型声明	声明函数无返回值或无参数，声明无类型指针，显示丢弃运算结果
volatile	数据类型声明	指定变量的值有可能会被系统或其他线程改变，强制编译器每次从内存中取得该变量的值，阻止编译器把该变量优化成寄存器变量
while	程序语句	构成 while 和 do... while 循环结构

　　IAR 是一种专为 51 系列单片机设计的 C 高级语言编译器，支持符合 ANSI 标准 C 语言进行程序设计，同时针对 STM8 系列单片机特点，进行了特殊扩展，IAR 编译器的扩展关键字见表 2-2。

表 2-2　　　　　　　　　　　　　　**IAR 编译器的扩展关键字**

关键字	用　途	说　明
asm	程序类型说明	汇编类型
area	区域说明	伪指令，汇编中说明不同的区域
abs	代码定位方式说明	伪指令，汇编中绝对定位区域
con	代码定位方式说明	伪指令，汇编中连接定位
rel	代码定位方式说明	伪指令，汇编中重新定位区域
ovr	代码定位方式说明	伪指令，汇编中覆盖定位
const	存储类型声明	对 ANSI 中的 const 功能进行扩展
data	存储类型声明	单片机中的 SRAM
text	存储类型声明	单片机中的 Flash
E^2PROM	存储类型声明	单片机中的 E^2PROM
globl	数据类型声明	定义一个全局符号
interrupt	中断函数说明	说明函数为中断函数
vector	中断向量说明	说明中断向量
task	函数类型说明	与 pragma 合用，说明函数不必保存和恢复寄存器
flash	控制数据存放	用于 flash 存储空间，控制数据存放
io	控制数据存放	用于 I/O 存储空间，控制数据存放，控制指针类型和存放
regvar	放置变量	放置一个变量在工作寄存器中
nearfunc	控制数据存放	在函数声明和定义的时候指定数据存放
farfunc	控制数据存放	在函数声明和定义的时候指定数据存放
//	注释	使用 C++ 类型注释
pragma	编译附加注释	编译附注

3. C语言程序结构

与标准C语言相同，C语言程序由一个或多个函数构成，至少包含一个主函数main（）。程序执行是从主函数开始的，调用其他函数后又返回主函数。被调用函数如果位于主函数前，可以直接调用，否则要先进行声明然后再调用，函数之间可以相互调用。

C语言程序结构如下：

```
#include "iostm8s208rb.h"          /*预处理命令,用于包含头文件等*/
void DelayMS(unsigned int i);      //函数1说明
                                   //函数n说明

void main(void)                    /*主函数*/
  {                                /*主函数开始*/
    PG_DDR=0xFF;                   //设置PG为输出模式
    PG_CR1=0xFF;                   //设置PG为推挽输出
    PG_CR2=0x00;                   //设置PG为2MHz快速输出
    PG_ODR=0xff;                   //设置PG口输出高电平
    while(1)                       /*while循环语句*/
    {                              /*执行语句*/
        PG_ODR=0xfe;               //设置PG0输出低电平,点亮LED0
      DelayMS(500);                //延时
    PG_ODR=0xff;                   //设置PG0输出高电平,熄灭LED0
      DelayMS(500);                //延时
    }
  }
void DelayMS(unsigned int time)    //函数1定义
{
    unsigned int i;                //定义无符号整型变量i
    while(time--)
    for(i=2286;i>0;i--);           //进行循环操作,以达到延时的效果
}
    //函数n定义
```

C语言程序是由函数组成，函数之间可以相互调用，但主函数main（）只能调用其他函数，主函数main（）不可以被其他函数调用。其他函数可以是用户定义的函数，也可以是C51的库函数。无论主函数main（）在什么位置，程序总是从主函数main（）开始执行的。

编写C语言程序的要求是：

（1）函数以"｛"花括号开始，到"｝"花括号结束。包含在"｛｝"内部的部分称为函数体。花括号必须成对出现，如果在一个函数内有多对花括号，则最外层花括号为函数体范围。为了使程序便于阅读和理解，花括号对可以采用缩进方式。

（2）每个变量必须先定义，再使用。在函数内定义的变量为局部变量，只可以在函数内部使用，又称为内部变量。在函数外部定义的变量为全局变量，在定义的那个程序文件内使用，可称为外部变量。

（3）每条语句最后必须以一个"；"分号结束，分号是C51程序的重要组成部分。

（4）C语言程序没有行号，书写格式自由，一行内可以写多条语句，一条语句也可以写于多行上。

（5）程序的注释必须放在"/＊……＊/"之内，也可以放在"//"之后。

二、C语言的数据类型

C语言的数据类型可以分为基本数据类型和复杂数据类型。基本数据类型包括字符型（char）、整型（int）、长整型（long）、浮点型（float）、指针型（＊p）等。复杂数据类型由基本数据类型组合而成。IAR除了支持基本数据类型，还支持下列扩展数据类型。

1. IAR编译器可识别的数据类型（见表2-3）

表2-3　　　　　　　　　　　IAR编译器可识别的数据类型

数据类型	字节长度	取值范围
signed char	1字节	−128～127
unsigned char	1字节	0～255
char（＊）	1字节	0～255
signed int	2字节	−32768～32767
unsigned int	2字节	0～65535
signed long	4字节	−2147483648～2147483647
unsigned long	4字节	0～4294967925
float	4字节	±1.175494E−38～±3.402823E+38
＊	1～3字节	对象地址
double	4字节	±1.175494E−38～±3.402823E+38
signed short	2字节	−32768～32767
unsigned short	2字节	0～65535

2. 数据类型的隐形变换

在C语言程序的表达式或变量赋值中，有时会出现运算对象不一致的状况，C语言允许任何标准数据类型之间的隐形变换。变换按bit→char→int→long→float和signed→unsigned的方向变换。

3. IAR编译器支持的其他数据类型

IAR编译器支持结构类型、联合类型、枚举类型数据等复杂数据。

4. 用typedef重新定义数据类型

在C语言程序设计中，除了可以采用基本的数据类型和复杂的数据类型外，读者也可根据自己的需要，对数据类型进行重新定义。重新定义使用关键字typedef，定义方法如下：

typedef　已有的数据类型 新的数据类型名；

其中，"已有的数据类型"是指C语言已有基本数据类型、复杂的数据类型，包括数组、结构、枚举、指针等，"新的数据类型名"根据读者的习惯和任务需要决定。关键字typedef只是将已有的数据类型做了置换，用置换后的新数据类型名来进行数据类型定义。

例如：

```
typedef unsigned char UCHAR8;        /*定义unsigned char为新的数据类型名UCHAR8*/
typedef unsigned int UINT16;         /*定义unsigned int为新的数据类型名UINT16*/
UCHAR8 i,j;                          /*用新数据类型UCHAR8定义变量i和j*/
```

```
UINT16 p,k;                          /*用新数据类型 UINT16 定义变量 p 和 k*/
```

先用关键字 typedef 定义新的数据类型 UCHAR8、UINT16，再用新数据类型 UCHAR8 定义变量 i 和 j，UCHAR8 等效于 unsigned char，所以 i、j 被定义为无符号的字符型变量。用新数据类型 UINT16 定义 p 和 k，uInt16 等效于 unsigned int，所以 i、j 被定义为无符号整数型变量。

习惯上，用 typedef 定义新的数据类型名用大写字母表示，以便与原有的数据类型相区别。值得注意的是，用 typedef 可以定义新的数据类型名，但不可直接定义变量。因为 typedef 只是用新的数据类型名替换了原来的数据类型名，并没有创造新的数据类型。

采用 typedef 定义新的数据类型名，可以简化较长数据类型定义，便于程序移植。

5. 常量

C 语言程序中的常量包括字符型常量、字符串常量、整型常量、浮点型常量等。字符型常量是带单引号内的字符，例如 "i" "j" 等。对于不可显示的控制字符，可以在该字符前加反斜杠 "\" 组成转义字符。常用的转义字符见表 2-4。

表 2-4 常用的转义字符

转义字符	转义字符的意义	ASCII 代码
\ 0	空字符（NULL）	0x00
\ b	退格（BS）	0x08
\ t	水平制表符（HT）	0x09
\ n	换行（LF）	0x0A
\ f	走纸换页（FF）	0xC
\ r	回车（CR）	0xD
\ "	双引号符	0x22
\ '	单引号符	0x27
\ \	反斜线符 "\"	0x5C

字符串常量由双引号内字符组成，例如 "abcde" "k567" 等。字符串常量的首尾双引号是字符串常量的界限符。当双引号内字符个数为 0 时，表示空字符串常量。C 语言将字符串常量当作字符型数组来处理，在存储字符串常量时，要在字符串的尾部加一个转义字符 "\ 0" 作为结束符，编程时要注意字符常量与字符串常量的区别。

6. 变量

C 语言程序中的变量是一种在程序执行过程中其值不断变化的量。变量在使用之前必须先定义，用一个标识符表示变量名，并指出变量的数据类型和存储方式，以便 C 语言编译器系统为它分配存储单元。C 语言变量的定义格式如下：

［存储种类］数据类型［存储器类型］变量名表。

其中的"存储种类"和"存储器类型"是可选项。存储种类有 4 种，分别是自动（auto）、外部（extern）、静态（static）和寄存器（register）。定义时如果省略存储种类，则该变量为自动变量。

定义变量时除了可设置数据类型外，还允许设置存储器类型，使其能在 51 单片机系统内准确定位。

存储器类型见表 2-5。

表 2-5　　　　　　　　　　　　　　　　　　存储器类型

存储器类型	说　　明
data	直接地址的片内数据存储器（128 字节），访问速度快
bdata	可位寻址的片内数据存储器（16 字节），允许位、字节混合访问
idata	间接访问的片内数据存储器（256 字节），允许访问片内全部地址
pdata	分页访问的片内数据存储器（256 字节），用 MOVX@ Ri 访问
xdata	片外的数据存储器（64K），用 MOVX@ DPTR 访问
code	程序存储器（64K），用 MOVC@ A+DPTR 访问

根据变量的作用范围，可将变量分为全局变量和局部变量。全局变量是在程序开始处或函数外定义的变量，在程序开始处定义的全局变量在整个程序中有效。在各功能函数外定义的变量，从定义处开始起作用，对其后的函数有效。

局部变量指函数内部定义的变量，或函数的"{}"功能块内定义的变量，只在定义它的函数内或功能块内有效。

根据变量存在的时间可分为静态存储变量和动态存储变量。静态存储变量是指变量在程序运行期间存储空间固定不变；动态存储变量指存储空间不固定的变量，在程序运行期间动态为其分配空间。全局变量属于静态存储变量，局部变量为动态存储变量。

C 语言允许在变量定义时为变量赋予初值。

下面是变量定义的一些例子。

```
char data a1;            /*在 data 区域定义字符变量 a1*/
char bdata a2;           /*在 bdata 区域定义字符变量 a2*/
int idata a3;            /*在 idata 区域定义整型变量 a3*/
char code a4[]="cake";   /*在程序代码区域定义字符串数组 a4[]*/
extern float idata x,y;  /*在 idata 区域定义外部浮点型变量 x、y*/
sbit led1=P2^1;          /*在 bdata 区域定义位变量 led1*/
```

变量定义时如果省略存储器种类，则按编译时使用的存储模式来规定默认的存储器类型。存储模式分为 SMALL、COMPACT、LARGE 三种。

SMALL 模式时，变量被定义在单片机的片内数据存储器中（最大 128 字节，默认存储类型是 DATA），访问十分方便、速度快。

COMPACT 模式时，变量被定义在单片机的分页寻址的外部数据寄存器中（最大 256 字节，默认存储类型是 PDATA），每一页地址空间是 256 字节。

LARGE 模式时，变量被定义在单片机的片外数据寄存器中（最大 64K，默认存储类型是 XDATA），使用数据指针 DPTR 来间接访问，用此数据指针进行访问效率低，速度慢。

三、C 语言的运算符及表达式

C 语言具有丰富的运算符，数据表达、处理能力强。运算符是完成各种运算的符号，表达式是由运算符与运算对象组成的具有特定含义的式子。表达式语句是由表达式及后面的分号";"组成，C 语言程序就是由运算符和表达式组成的各种语句组成的。

C 语言使用的运算符包括赋值运算符、算术运算符、逻辑运算符、关系运算符、加 1 和减 1 运算符、位运算符、逗号运算符、条件运算符、指针地址运算符、强制转换运算符、复合运算符等。

1. 赋值运算

符号"="在 C 语言中称为赋值运算符，它的作用是将等号右边数据的值赋值给等号左边的变量，利用它可以将一个变量与一个表达式连接起来组成赋值表达式，在赋值表达式后添加";"分号，组成 C 语言的赋值语句。

赋值语句的格式为：

变量=表达式；

在 C 语言程序运行时，赋值语句先计算出右边表达式的值，再将该值赋给左边的变量。右边的表达式可以是另一个赋值表达式，即 C 语言程序允许多重赋值。

```
a=6；       /*将常数 6 赋值给变量 a*/
b=c=7；     /*将常数 7 赋值给变量 b 和 c*/
```

2. 算术运算符

C 语言中的算术运算符包括"+"（加或取正值）运算符、"−"（减或取负值）运算符、"*"（乘）运算符、"/"（除）运算符、"%"（取余）运算符。

在 C 语言中，加、减、乘法运算符合一般的算术运算规则，除法稍有不同，两个整数相除，结果为整数，小数部分舍弃，两个浮点数相除，结果为浮点数，取余的运算要求两个数据均为整型数据。

将运算对象与算术运算符连接起来的式子称为算术表达式。算术表达式表现形式为：

表达式 1 算术运算符 表达式 2

例如：x/(a+b)，(a−b)*(m+n)

在运算时，要按运算符的优先级别进行，算术运算中，括号()优先级最高，其次取负值(−)，再其是乘法(*)、除法(/)和取余(%)，最后是加(+)减(−)。

3. 加 1 和减 1 运算符

加 1 (++) 和减 1 (−−) 是两个特殊的运算符，分别作用于变量做加 1 和减 1 运算。

例如：m++，++m，n−−，−−j 等。

但 m++与++m 不同，前者在使用 m 后加 1，后者先将 m 加 1 再使用。

4. 关系运算符

C 语言中有 6 种关系运算符，分别是>（大于）、<（小于）、>=（大于等于）、<=（小于等于）、==（等于）、!=（不等于）。前 4 种具有相同的优先级，后两种具有等同的优先级，前 4 种优先级高于后两种。用关系运算符连接的表达式称为关系表达式，一般形式为：

表达式 1 关系运算符 表达式 2

例如：x+y>2

关系运算符常用于判断条件是否满足，关系表达式的值只有 0 和 1 两种，当指定的条件满足时为 1，否则为 0。

5. 逻辑运算符

C 语言中有 3 中逻辑运算符，分别是||（逻辑或）、&&（逻辑与）、!（逻辑非）。

逻辑运算符用于计算条件表达式的逻辑值，逻辑表达式就是用关系运算符和表达式连接在一起的式子。

逻辑表达式的一般形式：

条件 1 关系运算符 条件 2

例如：x&&y，m｜｜n，！z 都是合法的逻辑表达式。

逻辑运算时的优先级为：逻辑非→算术运算符→关系运算符→逻辑与→逻辑或。

6.　位运算符

对 C 语言对象进行按位操作的运算符，称为位运算符。位运算是 C 语言的一大特点，使其能对计算机硬件直接进行操控。

位运算符有 6 种，分别是～（按位取反）、<<（左移）、>>（右移）、&（按位与）、^（按位异或）、｜（按位或）。

位运算形式为：

变量 1 位运算符 变量 2

位运算不能用于浮点数。

位运算符作用是对变量进行按位运算，并不改变参与运算变量的值。如果希望改变参与位运算变量的值，则要使用赋值运算。

例如：a=a>>1

表示 a 右移 1 位后赋给 a。

位运算的优先级：～（按位取反）→<<（左移）和>>（右移）→&（按位与）→^（按位异或）、→｜（按位或）。

清零、置位、反转、读取也可使用按位操作符。

清零寄存器某一位可以使用按位与运算符。

如 PG2 清零：PG_DDR &=oxfb；或 PG_DDR &=～（1<<2）；

置位寄存器某一位 PG_DDR｜=oxfb；或 PG_DDR｜=～（1<<2）；

反转寄存器某一位可以使用按位异或运算符。

如 PG3 反转：PG_DDR ^=ox08；或 PG_DDR ^=1<<3；

读取寄存器某一位可以使用按位与运算符。

if（（PB_IDR &ox08））//程序语句 1；

7.　逗号运算符

C 语言中的 "，" 逗号运算符是一个特殊的运算符，它将多个表达式连接起来。称为逗号表达式。逗号表达式的格式为：

表达式 1，表达式 2，……表达式 n

程序运行时，从左到右依次计算各个表达式的值，整个逗号表达式的值为表达式 n 的值。

8.　条件运算符

条件运算符 "？" 是 C 语言中唯一的三目运算符，它有 3 个运算对象，条件运算符可以将 3 个表达式连接起来构成一个条件表达式。

条件表达式的形式为：

逻辑表达式？表达式 1：表达式 2

程序运行时，先计算逻辑表达式的值，当值为真（非 0）时，将表达式 1 的值作为整个条件表达式的值；否则，将表达式 2 的值作为整个条件表达式的值。

例如：min=（a<b）？a：b 的执行结果是将 a、b 中较小值赋给 min。

9.　指针与地址运算符

指针是 C 语言中一个十分重要的概念，专门规定了一种指针型数据。变量的指针实质上就是变量对应的地址，定义的指针变量用于存储变量的地址。对于指针变量和地址间的关系，C语言设置了两个运算符：&（取地址）和 * （取内容）。

取地址与取内容的一般形式为：

指针变量=& 目标变量

变量=* 指针变量

取地址是把目标变量的地址赋值给左边的指针变量。

取内容是将指针变量所指向的目标变量的值赋给左边的变量。

10. 复合赋值运算符

在赋值运算符的前面加上其他运算符，就构成了复合运算符，C语言中有 10 种复合运算符，分别是：+=（加法赋值）、−=（减法赋值）、* =（乘法赋值）、/=（除法赋值）、%=（取余赋值）、<<=（左移位赋值）、>>=（右移位赋值）、&=（逻辑与赋值）、|=（逻辑或赋值）、~ =（逻辑非赋值）、^=（逻辑异或赋值）。

使用复合运算符，可以使程序简化，提高程序编译效率。

复合赋值运算首先对变量进行某种运算，然后再将结果赋值给该变量。符合赋值运算的一般形式为：

变量 复合运算符 表达式

例如：i+= 2 等效于 i=i+2。

四、C 语言的基本语句

1. 表达式语句

C语言中，表达式语句是最基本的程序语句，在表达式后面加 ";" 号，就组成了表达式语句。

a=2;b=3;

m=x+y;

++j;

表达式语句也可以只由一个 ";" 分号组成，称为空语句。空语句可以用于等待某个事件的发生，特别是用在 while 循环语句中。空语句还可用于为某段程序提供标号，表示程序执行的位置。

2. 复合语句

C语言的复合语句是由若干条基本语句组合而成的一种语句，它用一对 " {} " 将若干条语句组合在一起，形成一种控制功能块。复合语句不需要用 ";" 分号结束，但它内部各条语句要加 ";" 分号。

复合语句的形式为：

{

局部变量定义；

语句1；

语句2；

……；

语句n；

}

复合语句依次顺序执行，等效于一条单语句。复合语句主要用于函数中，实际上，函数的执行部分就是一个复合语句。复合语句允许嵌套，即复合语句内可包含其他复合语句。

3. if 条件语句

条件语句又称为选择分支语句，它由关键字"if"和"else"等组成。C 语言提供 3 种 if 条件语句格式。

```
if(条件表达式)语句
```

当条件表达式为真，就执行其后的语句。否则，不执行其后的语句。

```
if(条件表达式)语句 1
else 语句 2
```

当条件表达式为真，就执行其后的语句 1。否则，执行 else 后的语句 2。

```
if(条件表达式 1)      语句 1
elseif(条件表达式 2)   语句 2
……
elseif(条件表达式 i)   语句 m
else                语句 n
```

顺序逐条判断执行条件，决定执行的语句，否则执行语句 n。

4. swich/case 开关语句

虽然条件语句可以实现多分支选择，但是当条件分支较多时，会使程序繁冗，不便于阅读。开关语句是直接处理多分支语句，程序结构清晰，可读性强。swich/case 开关语句的格式为：

```
swich(条件表达式)
{
case 常量表达式 1:语句 1;
break;
case 常量表达式 2:语句 2;
break;
……
case 常量表达式 n:语句 n;
break;
default:语句 m
}
```

将 swich 后的条件表达式值与 case 后的各个表达式值逐个进行比较，若有相同的，就是执行相应的语句，然后执行 break 语句，终止执行当前语句的执行，跳出 switch 语句。若无匹配的，就执行语句 m。

5. for、while、do… while 语句循环语句

循环语句用于 C 语言的循环控制，使某种操作反复执行多次。循环语句有：for 循环、while 循环、do… while 循环等。

（1）for 循环。采用 for 语句构成的循环结构的格式为：

```
for([初值设置表达式];[循环条件表达式];[更新表达式]) 语句
```

for 语句执行的过程是：先计算初值设置表达式的值，将其作为循环控制变量的初值，再检查循环条件表达式的结果，当满足条件时，就执行循环体语句，再计算更新表达式的值，然后再进行条件比较，根据比较结果，决定循环体是否执行，一直到循环表达式的结果为假（0值）时，退出循环体。

for 循环结构中的 3 个表达式是相互独立的，不要求它们相互依赖。3 个表达式可以是默认的，但循环条件表达式不要默认，以免形成死循环。

（2）while 循环。while 循环的一般形式是：

`while(条件表达式) 语句;`

while 循环中语句可以使用复合语句。

当条件表达式的结果为真（非 0 值），程序执行循环体的语句，一直到条件表达式的结果为假（0 值）。while 循环结构先检查循环条件，再决定是否执行其后的语句。如果循环表达式的结果一开始就为假，那么，其后的语句一次都不执行。

（3）do... while 循环。采用 do... while 也可以构成循环结构。do... while 循环结构的格式为：

`do 语句 while(条件表达式)`

do... while 循环结构中语句可使用复合语句。

do... while 循环先执行语句，再检查条件表达式的结果。当条件表达式的结果为真（非 0 值），程序继续执行循环体的语句，一直到条件表达式的结果为假（0 值）时，退出循环。

do... while 循环结构中语句至少执行一次。

6. Goto、Break、Continue 语句

（1）Goto 语句是一个无条件转移语句，一般形式为：

`Goto 语句标号:`

语句标号是一个带“:”冒号的标识符。

Goto 语句可与 if 语句构成循环结构，Goto 主要用于跳出多重循环，一般用于从内循环跳到外循环，不允许从外循环跳到内循环。

（2）Break 语句用于跳出循环体，一般形式为：

`Break;`

对于多重循环，Break 语句只能跳出它所在的那一层循环，而不能像 Goto 语句可以跳出最内层循环。

（3）Continue 是一种中断语句，功能是中断本次循环。它的一般形式是：

Continue;

Continue 语句一般与条件语句一起用在 for、while 等语句构成循环结构中，它是具有特殊功能的无条件转移语句，与 Break 不同的是，Continue 语句并不决定跳出循环，而是决定是否继续执行。

7. return 返回语句

return 返回语句用于终止函数的执行，并控制程序返回到调用该函数时所处的位置。

返回语句的基本形式：return、return（表达式）。

当返回语句带有表达式时，则要先计算表达式的值，并将表达式的值作为该函数的返回值。

当返回语句不带表达式时，则被调用的函数返回主调函数，函数值不确定。

五、函数

1. 函数的定义

一个完整的 C 语言程序是由若干个模块构成的，每个模块完成一种特定的功能，而函数就是 C 语言的一个基本模块，用以实现一个子程序功能。C 语言总是从主函数开始，main（）函数是一个控制流程的特殊函数，它是程序的起始点。在程序设计时，程序如果较大，就可以将其分为若干个子程序模块，每个子程序模块完成一个特殊的功能，这些子程序通过函数实现。

C 语言函数可以分为两大类，标准库函数和用户自定义函数。标准库函数是 IAR 提供的，用户可以直接使用。用户自定义函数使用户根据实际需要，自己定义和编写的能实现一种特定功能的函数。必须先定义后使用。函数定义的一般形式是：

函数类型 函数名(形式参数表)

形式参数说明

{

局部变量定义

函数体语句

}

其中，"函数类型"定义函数返回值的类型。

"函数名"是用标识符表示的函数名称。

"形式参数表"中列出的是主调函数与被调函数之间传输数据的形式参数。形式参数的类型必须说明。ANSI C 标准允许在形式参数表中直接对形式参数类型进行说明。如果定义的是无参数函数，可以没有形式参数表，但圆括号"（）"不能省略。

"局部变量定义"是定义在函数内部使用的变量。

"函数体语句"是为完成函数功能而组合的各种 C 语言语句。

如果定义的函数内只有一对花括号且没有局部变量定义和函数体语句，该函数为空函数，空函数也是合法的。

2. 函数的调用与声明

通常 C 语言程序是由一个主函数 main（）和若干个函数构成。主函数可以调用其他函数，其他函数可以彼此调用，同一个函数可以被多个函数调用任意多次。通常把调用其他函数的函数称为主调函数，其他函数称为被调函数。

函数调用的一般形式为：

函数名（实际参数表）

其中"函数名"指出被调用函数的名称。

"实际参数表"中可以包括多个实际参数，各个参数之间用逗号分隔。实际参数的作用是将它的值传递给被调函数中的形式参数。要注意的是，函数调用中实际参数与函数定义的形式参数在个数、类型及顺序上必须严格保持一致，以便将实际参数的值分别正确地传递给形式参数。如果调用的函数无形式参数，可以没有实际参数表，但圆括号"（）"不能省略。

C 语言函数调用有 3 种形式。

（1）函数语句。在主调函数中通过一条语句来表示。

```
Nop();
```

这是无参数调用，是一个空操作。

（2）函数表达式。在主调函数中将被调函数作为一个运算对象直接出现在表达式中，这种表达式称为函数表达式。

```
y=add(a,b)+sub(m,n);
```

这条赋值语句包括两个函数调用，每个函数调用都有一个返回值，将两个函数返回值相加赋值给变量 y。

（3）函数参数。在主调函数中将被调函数作为另一个函数调用的实际参数。

```
x=add(sub(m,n),c)
```

函数 sub（m，n）作为另一个函数 add（sub（m，n），c）中实际参数表中，以它的返回值作为另一个被调函数的实际参数。这种在调用一个函数过程中有调用另一个函数的方式，称为函数的嵌套调用。

六、预处理

预处理是 C 语言在编译之前对源程序的编译。预处理包括宏定义、文件包括和条件编译。

1. 宏定义

宏定义的作用是用指定的标识符代替一个字符串。

一般定义为：

```
#define 标识符  字符串
```

```
#define uChar8 unsigned char   // 定义无符号字符型数据类型 uChar8
```

定义了宏之后，就可以在任何需要的地方使用宏，在 C 语言处理时，只是简单地将宏标识符用它的字符串代替。

定义无符号字符型数据类型 uChar8，可以在后续的变量定义中使用 uChar8，在 C 语言处理时，只是简单地将宏标识符 uChar8 用它的字符串 unsigned char 代替。

2. 文件包括

文件包括的作用是将一个文件内容完全包括在另一个文件之中。

文件包括的一般形式为：

```
#include"文件名"或#include<文件名>
```

二者的区别在于用双引号的 include 指令首先在当前文件的所在目录中查找包含文件，如果没有则到系统指定的文件目录去寻找。

使用尖括号的 include 指令直接在系统指定的包含目录中寻找要包含的文件。

在程序设计中，文件包含可以节省用户的重复工作，或者可以先将一个大的程序分成多个源文件，由不同人员编写，然后再用文件包括指令把源文件包含到主文件中。

3. 条件编译

通常情况下，在编译器中进行文件编译时，将会对源程序中所有的行进行编译。如果用户想在源程序中的部分内容满足一定条件时才编译，则可以通过条件编译对相应内容制定编译的条件来实现相应的功能。条件编译有以下 3 种形式。

（1）#ifdef 标识符 程序段 1；#else 程序段 2；#endif。其作用是，当标识符已经被定义过（通常用#define 命令定义）时，只对程序段 1 进行编译，否则编译程序段 2。

（2）#ifndef 标识符 程序段 1；#else 程序段 2；#endif。其作用是，当标识符已经没有被定义过（通常用#define 命令定义）时，只对程序段1进行编译，否则编译程序段2。

（3）#if 表达式 程序段 1；#else 程序段 2；#endif。当表达式为真，编译程序段 1，否则，编译程序段 2。

七、我的第一个 IAR 单片机 C 语言程序设计

1. LED 灯闪烁控制流程图（见图 2-1）

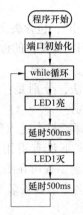

图 2-1　LED 灯闪烁控制流程图

2. LED 灯闪烁控制程序

```
#include "iostm8s207rb.h"        /*预处理命令,用于包含头文件等*/
#define uChar8 unsigned char     // 定义无符号字符型数据类型 uChar8
#define uInt16 unsigned int      // 定义无符号整型数据类型 uInt16
/*******************************************************
//函数名称:Delayms()
********************************************************/
void Delayms(uInt16  ValMS)      //函数 1 定义
{
  uInt16 i;                      //定义无符号整型变量 i
  while(ValMS--)
  for(i=2286;i>0;i--);           //进行循环操作,以达到延时的效果
}
/*******************************************************
//函数名称:main()
********************************************************/
void main(void)                  //主函数
{                                /*主函数开始*/
    PG_DDR=0xFF;                 //设置 PG 为输出模式
    PG_CR1=0xFF;                 //设置 PG 为推挽输出
    PG_CR2=0x00;                 //设置 PG 为 2MHz 快速输出
    PG_ODR=0xff;                 //设置 PG 口输出高电平
    while(1)                     /*while 循环语句*/
    {                            /*执行语句*/
```

36　创客训练营　STM8单片机应用技能实训

```
PG_ODR=0xfe;              //设置 PG0 输出低电平,点亮 LED0
Delayms(500);             //延时
PG_ODR=0xff;              //设置 PG0 输出高电平,熄灭 LED0
Delayms(500);             //延时
    }
}
```

3. 头文件

代码的第一行#include "iostm8s207rb. h",包含头文件。代码中引用头文件的意义可形象地理解为将这个头文件中的全部内容放在引用头文件的位置处,避免每次编写同类程序都要将头文件中的语句重复编写一次。

在代码中加入头文件有两种书写法,分别是:#include < iostm8s207rb. h >和# include "iostm8s207rb. h",那这两种形式有何区别?

使用 "<xx. h>" 包含头文件时,编译器只会进入到软件安装文件夹处开始搜索这个头文件,也就是如果 C:\IAR\include 文件夹下没有引用的头文件,则编译器会报错。当使用 "xx. h" 包含头文件时,编译器先进入当前工程所在的文件夹开始搜索头文件,如果当前工程所在文件夹下没有该头文件,编译器又会去软件安装文件夹处搜索这个头文件,若还是找不到,则编译器会报错。

由于该文件存在于软件安装文件夹下,因而一般将该头文件写成# include< iostm8s207rb. h >的形式,当然写成#include "iostm8s207rb. h" 也行。以后进行模块化编程时,一般写成 "xx. h" 的形式,例如自己编写的头文件 "LED. h",则可以写成#include "LED. h"。

4. LED 灯闪烁控制程序分析

LED 灯闪烁控制程序第 2~3 行是 C 语言中常用的宏定义。在编写程序时,写 unsigned char 明显比写 uChar8 麻烦,所以用宏定义给 unsigned char 来了一个简写的为的方法 uChar8,当程序运行中遇到 uChar8 时,则用 unsigned char 代替,这样就简化了程序编写。

程序第 3~5 行,给函数提供一个说明,这是为了养成一个良好的编程习惯,等到以后编写复杂程序时会起到事半功倍的效果。

第 6~11 行,一个延时子函数,名称为 Delayms (),里面有个形式参数 ValMS,延时时间由 ValMS 形参变量设置,就是延时的毫秒数,通过 for 嵌套循环进行空操作,以达到一定的延时效果。

在 main 主函数中,首先初始化 PG 口为输出,定义 PG 为推挽输出,定义输出频率为 2MHz。接着初始化 PG 口输出高电平,熄灭所有 LED 灯。

使用了 while 循环,条件设置为 1,进入死循环。

在 while 循环中,通过 "PG_ODR = 0xfe;" 语句,PG0 输出低电平,而其余为高电平,亦即点亮 LED0。然后延时 500ms,再通过 "PG_ODR = 0xff;" 语句,PG0 为输出高电平,熄灭 LED0。再延时 500ms,结束本次 while 循环。

⚙ **技能训练**

一、训练目标

(1) 学会书写 C 语言基本程序。

(2) 学会 C 语言变量定义。

（3）学会编写 C 语言函数程序。

（4）学会调试 C 语言程序。

二、训练步骤与内容

1. 画出 LED 灯闪烁控制流程图

根据 LED 闪烁控制要求，画出控制流程图。

2. 建立一个工程

（1）在 E：\STM8\STM8S 目录下，新建一个文件夹 B001。

（2）启动 IAR 软件。

（3）选择执行 "Project" 菜单下的 "Create New Project" 子菜单命令，弹出创建新工程的对话框。

（4）在 Project templates 工程模板中选择 "C" 语言项目。

（5）单击 "OK" 按钮，弹出 "保存项目" 对话框，在 "另存为" 对话框，输入工程文件名 "B001"，单击 "保存" 按钮。

3. 编写程序文件

在 main 中输入 LED 灯闪烁控制程序，单击工具栏 "■" "保存" 按钮，并保存文件。

4. 编译程序

（1）右键单击 "B001_Debug" 项目，在弹出的菜单中执行的 Option 选项命令，弹出 "选项设置" 对话框。

（2）在 Target 目标元件选项页，在 Device 器件配置下拉列表选项中选择 "STM8S" 下的 "STM8S207RB"。

（3）单击 "选项设置" 对话框项目下的 Output Converter 输出文件覆盖选项，弹出输出选项页，单击 "生成附加文件输出" 复选框，在输出文件格式中，选择 "inter extended"，再单击 "override default" 下的复选项。

（4）单击 "Debugger" 选项，在 "drive" 下选择 "ST-LINK" 仿真调试器。

（5）完毕选项，单击 "OK" 按钮，完成选项设置。

（6）单击执行 "Project" 工程下的 "Mike" 编译所有文件命令，或工具栏的 "↓"，编译所有项目文件。

（7）首次编译时，弹出 "保存工程管理空间" 对话框，在文件名栏输入 "B001"，单击 "保存" 按钮，保存工程管理空间。

5. 下载调试程序

（1）将 STM8S 开发板的 PG 端口与 MGMC-V2.0 单片机开发板的 P2 端口连接，电源端口连接。

（2）通过 "ST-LINK" 仿真调试器，连接电脑和开发板。

（3）单击工具栏的 "▶" 下载调试按钮，程序自动下载到开发板。

（4）通过 "ST-LINK" 仿真调试器进行仿真调试，ST-LINK 仿真调试如图 2-2 所示。

（5）关闭仿真调试。

（6）观察单片机开发板与 PG 口连接的 LED 指示灯状态变化。

（7）修改延时函数中参数，观察与 PG 口连接的 LED 指示灯状态变化。

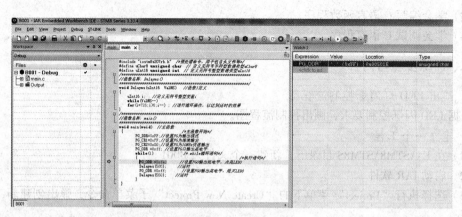

图 2-2　ST-LINK 仿真调试

习题

1. 使用基本赋值指令和用户延时函数，设计跑马灯控制程序。
2. 使用右移位赋值指令，实现高位依次向低位循环点亮的流水灯控制。
3. 应用 IAR 软件，仿真调试程序。

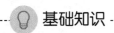

项目三 单片机的输入/输出控制

学习目标

(1) 认识 STM8S 单片机输入/输出口。
(2) 学会设计输出控制程序。
(3) 学会设计按键输入控制程序。

任务 4　LED 灯输出控制

基础知识

一、STM8S 单片机的输入/输出端口

STM8S208 单片机具有 8 个 GPIO 输入/输出端口，用于芯片和外部进行数据传输，分别为 PA、PB、PC、PD、PE、PF、PG、PI 8 组端口，每个端口有 1~8 个 I/O 端口引脚，每个引脚可以被独立编程作为数字输入或者数字输出口，另外部分 I/O 口还可能会有如模拟输入、外部中断、片上外设的输入/输出等复用功能。但是在同一时刻仅有一个复用功能可以映射到引脚上，复用功能可以是中断、定时/计数器、I2C、SPI、USART、模拟比较、输入捕捉等。

复用功能的映射是通过选项字节控制的。

每个端口都分配有一个输出数据寄存器，一个输入数据寄存器，一个数据方向寄存器，一个选择寄存器，一个配置寄存器。一个 I/O 口工作在输入还是输出是取决于该口的数据方向寄存器的状态。

1. 输入/输出端口结构

STM8S 单片机的 GPIO 端口，在不涉及第二功能时，其基本 I/O 功能是相同的。图 3-1 为 STM8S 单片机通用 I/O 口的基本结构示意图。从图中可以看出，每组 I/O 口配备 6 个 8 位寄存器，它们分别是数据方向寄存器 DDR，输出端口数据寄存器 ODR，输入引脚数据寄存器 IDR，引脚控制寄存器 CR1、CR2、ADC_TDR。I/O 口的工作方式和表现特征由这 6 个 I/O 口寄存器控制。

2. I/O 端口相关寄存器

每一个端口都有一个输出数据寄存器（ODR），一个引脚输入寄存器（IDR）和一个数据方向寄存器（DDR），它们是相关的。

控制寄存器 1（CR1）和控制寄存器 2（CR2）用于对输入/输出进行配置。任何一个 I/O 引脚可以通过对 DDR、CR1 和 CR2 寄存器的相应位进行编程来配置，I/O 口配置表见表 3-1。

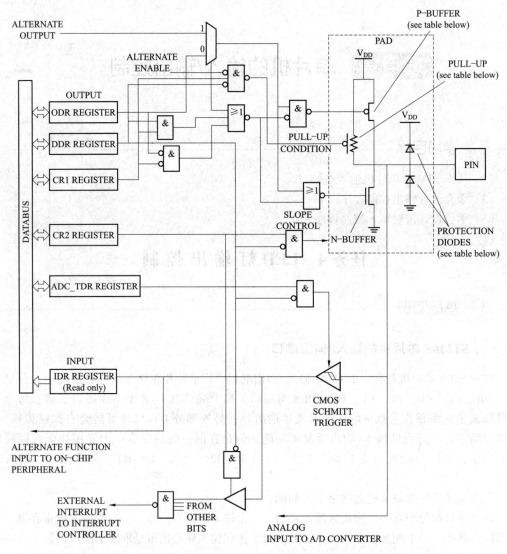

图 3-1　STM8S 单片机通用 I/O 口的基本结构

			I/O 口配置表		
配置模式	**DDR 位**	**CR1 位**	**CR2 位**	**配置模式**	**上拉电阻**	**P-Buffer**
输入	0	0	0	悬浮输入	OFF	OFF
	0	1	0	上拉输入	ON	OFF
	0	0	1	中断悬浮输入	OFF	OFF
	0	1	1	中断上拉输入	ON	OFF
输出	1	0	0	开漏输出	OFF	OFF
	1	1	0	推挽输出	OFF	ON
	1	X	1	输出（最快速度 10MHz）	OFF	CR1 位决定
	X	X	X	真正的开漏输出（特定引脚）		未采用

表 3-1

（1）输入模式。方向控制寄存器 DDRx 用于控制 I/O 口的输入输出方向，即控制 I/O 口的工作方式为输出方式还是输入方式。当 DDRxn＝1 时，对应的 I/O 口配置于输出工作方式。当 DDRxn＝0 时，对应的 I/O 口配置于输入工作方式。在该模式下读 IDR 寄存器的位将返回对应 I/O 引脚上的电平值。

理论上可以通过软件配置得到四种不同的输入模式：悬浮不带中断输入，悬浮带中断输入，上拉不带中断输入和上拉带中断输入。但是在实际情况下不是所有的口都具有外部中断能力和上拉。

部分 I/O 口可以被用作复用功能输入。如可以被用来作为输入到定时器的输入捕捉口。复用的输入功能是不会自动选择的，用户可以通过写相应的外设寄存器的控制位来选择复用功能。

对于复用功能的输入，用户必须通过配置 DDR 和 CR1 寄存器设置将对应的 I/O 口设为为悬浮或是上拉输入。

用户可以在 I/O 引脚为输入模式时，通过设置 Px_CR2 寄存器的相应位来配置某个 I/O 作为外部输入中断模式。在该配置下，I/O 引脚上的一个信号沿或是低电平会产生一个中断请求。

在 EXTI_CR［2：1］寄存器中对于每一个中断向量都可以独立编程为上升沿或下降沿触发。

外部中断只有在对应 I/O 口被设置为输入模式下才有效。

可以通过对 Px_CR2 寄存器的相应位进行编程来单独使能/关闭外部中断功能。复位后外部中断是关闭的。

（2）输出模式。当 DDRxn＝1 时，对应的 I/O 口配置于输出工作方式。在该模式下向 ODR 寄存器的位写入数据将会通过锁存器输出对应数字值到 I/O 口。读 IDR 的位将会返回相应的 I/O 引脚电平值。通过软件配置 CR1、CR2 寄存器可以得到不同的输出模式：推挽输出、开漏输出。

复用输出功能为外设输出到外部或者 I/O 引脚提供一个方便的操作方法。当复用功能使能时，复用功能模块接管了输出锁存寄存器（Px_ODR），并强制 Px_ODR 相应的位为 1。

复用输出功能可以是上拉或者开漏输出，取决于外设本身和控制寄存器 1（Px_CR1），输出摆率取决控制寄存器 2（Px_CR2）的值。

例如：

考虑到要达到最佳性能，SPI 输出引脚必须设置为上拉，快速摆率。UART_Tx 可以被配置为上拉或者是开漏，带外部上拉可实现多从机的配置。

输出摆率使用 CR2 的相应位通过软件控制，置位 CR2 相应位选择为 10MHz 的输出频率。

（3）端口 x 数据方向（Px_DDR）。相应的位可通过软件置 1 或置 0，选择引脚输入或输出。

0：输入模式

1：输出模式

例如：PORTG_DDR＝0xf0，设置 PORTG 的高 4 位为输出，低 4 位为输入。

（4）端口 x 输出数据寄存器（Px_ODR）。在输出模式下，写入寄存器的数值通过锁存器加到相应的引脚上。读 ODR 寄存器，返回之前锁存的寄存器值。

在输入模式下，写入 ODR 的值将被锁存到寄存器中，但不会改变引脚状态。ODR 寄存器在复位后总是为 0。位操作指令（BSET、BRST）可以用来设置 DR 寄存器驱动相应的引脚，但不会影响到其他引脚。

（5）端口 x 输入寄存器（Px_IDR）。不论引脚是输入还是输出模式，都可以通过该寄存器读入引脚状态值，该寄存器为只读寄存器。

0：逻辑低电平

1：逻辑高电平

（6）端口 x 控制寄存器 1（Px_CR1）。相应的位可通过软件置 1 或置 0，用来在输入或输出模式下选择不同的功能。初始复位时，所有引脚设置为浮空输入。

在输入模式时（DDR＝0），0：浮空输入，1：带上拉电阻输入。

在输出模式时（DDR＝1），0：模拟开漏输出（不是真正的开漏输出），1：推挽输出，由 CR2 相应的位做输出摆率控制。

（7）端口 x 控制寄存器 2（Px_CR2）。相应的位通过软件置 1 或置 0，用来在输入或输出模式下选择不同的功能。在输入模式下，由 CR2 相应的位使能中断。如果该引脚无中断功能，则对该引脚无影响。在输出模式下，置位将提高 I/O 速度。

在输入模式时（DDR＝0），0：禁止外部中断，1：使能外部中断。

在输出模式时（DDR＝1），0：输出速度最大为 2MHz，1：输出速度最大为 10MHz。

3. I/O 端口的使用

（1）外部驱动。

1）三极管驱动电路。单片机 I/O 输入/输出端口引脚本身的驱动能力有限，如果需要驱动较大功率的器件，可以采用单片机 I/O 引脚控制晶体管进行输出的方法。如图 3-2 所示，如果是上拉控制，建议加上拉电阻 R_1，阻值为 3.3～10kΩ。如果不加上拉电阻 R_1，建议 R_2 的取值在 15kΩ 以上，或用强推挽输出。

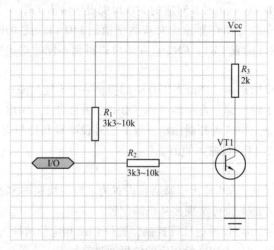

图 3-2   三极管驱动电路

2）二极管驱动电路。单片机 I/O 端口设置为弱上拉模式时，采用灌电流方式驱动发光二极管，如图 3-3（a）所示，I/O 端口设置为推挽输出驱动发光二极管，如图 3-3（b）所示。

实际使用时，应尽量采用灌电流驱动方式，而不要采用拉电流驱动，这样可以提高系统的负载能力和可靠性，只有在要求供电线路比较简单时，才采用拉电流驱动。

将 I/O 端口用于矩阵按键扫描电路时，需要外加限流电阻。因为实际工作时可能出现 2 个 I/O 端口，均输出低电平的情况，并且在按键按下时短接在一起，这种情况对于 CMOS 电路时不允许的。在按键扫描电路中，一个端口为了读取另一个端口的状态，必须先将端口置为高电

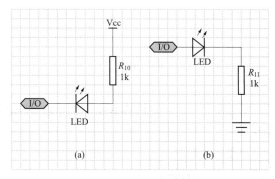

图 3-3 二极管驱动电路

（a）灌电流方式驱动；（b）推挽输出驱动

平才能进行读取，而单片机 I/O 端口的弱上拉模式，在由"0"变为"1"时，会有 2 个时钟
强推挽输出电流，输出到另外一个输出低电平的 I/O 端口。这样可能造成 I/O 端口的损坏。因
此建议在按键扫描电路中的两侧各串联一个 300Ω 的限流电阻。

3）混合供电 I/O 端口的互联。混合供电 I/O 端口的互联时，可以采用电平移位方式转接。
输出方采用开漏输出模式，连接一个 470Ω 保护电阻后，再通过连接一个 10kΩ 的电平转移电
阻到转移电平电源，两个电阻的连接点可以接后级的 I/O。

单片机的典型工作电压为 5V，当它与 3V 器件连接时，为了防止 3V 器件承受不了 5V 电
压，可将 5V 器件的 I/O 端口设置成开漏模式，断开内部上拉电阻。一个 470Ω 的限流电阻与
3V 器件的 I/O 端口相连，3V 器件的 I/O 端口外部加 10kΩ 电阻到 3V 器件的 Vcc，这样一来高
电平是 3V，低电平是 0V，可以保证正常的输入、输出。

（2）基本操作。端口设置实例如下。

1）设置 I/O 口为输出方式。

```
PORTG_DDR=0xff;          //PG 口设置为输出
PORTG_CR1=0xff;          //设置为推挽输出
PORTG_CR2=0x00;          //设置摆率为 2MHz
PORTG_ODR=0x5A;          //PG 口输出为 0x5A
```

2）设置 I/O 口为输入方式。

```
PORTC_DDR=0x00;          //PC 口设置为输入
PORTC_CR1=0xff;          //配置上拉电阻
PORTC_CR2=0x00;          //禁止外部中断
Y=PORTC_IDR;             //读取 PC 端口数据
```

3）设置 I/O 口为输入输出方式。

```
PORTE_DDR=0x0F;          //PE 口高 4 位设置为输入,低 4 位为输出
```

（3）位操作。位操作包括与、或、非、异或、移位等按位逻辑运算操作，也包括对 I/O 单
独置位、复位、取反等操作，利用 C 语言的位操作运算符可实现上述操作。

对 PE2 单独置位、复位、取反操作实例如下。

1）PE2 单独置位。

```
PORTE_ODR |=(1<<2);
```

2）PE2 单独复位。

```
PORTE_ODR &=~(1<<2);
```

3）PE2 单独取反。

```
PORTE_ODR ^=(1<<2);
```

（4）宏定义的使用。宏定义在 C 语言中可以将某些需反复使用程序书写变得简单，可以使反复进行的 I/O 操作变得容易。

例如：对 PE3 的高、低电平输出控制。

```
#define pe3_h()  PORTE_ODR |=(1<<3)
#define pe3_l()  PORTE_ODR &=~(1<<3)
```

二、交叉闪烁 LED 灯输出控制

1. 交叉闪烁 LED 灯输出控制程序

```
#include "iostm8s207rb.h"          /*预处理命令,用于包含头文件等*/
typedef unsigned int uInt16;       /*定义无符号整型别名 uInt16*/
typedef unsigned char uChar8;      /*定义无符号字符型别名 uChar8*/
/******************************************************
//函数名称:Delayms()
******************************************************/
void Delayms(uInt16  ValMS)        //函数1定义
{
    uInt16 i;                      //定义无符号整型变量 i
    while(ValMS--)
    for(i=726;i>0;i--);            //进行循环操作,以达到延时的效果
}
/******************************************************
//函数名称:main()
******************************************************/
void main(void)                    //主函数
{                                  /*主函数开始*/
    PG_DDR=0xFF;                   //设置 PG 为输出模式
    PG_CR1=0xFF;                   //设置 PG 为推挽输出
    PG_CR2=0x00;                   //设置 PG 为 2MHz 快速输出
    PG_ODR=0xff;                   //设置 PG 口输出高电平
    while(1)                       /*while 循环语句*/
    {                              /*执行语句*/
        PG_ODR=0x55;               //设置 PG 输出 0x55,点亮 4 只 LED
        Delayms(500);              //延时
        PG_ODR=0xaa;               //设置 PG 输出 0xAA,点亮另外 4 只 LED
        Delayms(500);              //延时
    }
}
```

2. 程序分析

使用预处理命令，包含头文件 iostm8s207rb.h。

使用 typedef 别名定义语句为"unsigned int"无符号整型变量取了一个别名 uInt16。

使用 typedef 别名定义语句为"unsigned char"无符号字符型变量取了一个别名 uChar8。

定义一个延时函数 Delayms（ ）。

在主函数中，PG_ODR 赋初始值 0XFF，熄灭所有 LED 彩灯（Vcc 加到 LED 的阳极）。

使用 While（1）语句构建循环。

使用 PG_ODR = 0X55 语句，将 PG 端口赋值 0X55，即点亮 LED0、LED2、LED4、LED5。

使用 Delayms（500）语句，调用延时函数，延时 500ms。

使用 PG_ODR = 0xAA 语句，将 PG 端口赋值 0xAA，即点亮 LED1、LED3、LED5、LED7。

使用 Delayms（500）语句，调用延时函数，延时 500ms。

延时 500ms 后，继续 while 循环。

三、GPIO 库函数控制

1. 库函数

函数库是由系统建立的具有一定功能的函数的集合。库中存放函数的名称和对应的目标代码，以及连接过程中所需的重定位信息。用户也可以根据自己的需要，建立自己的用户函数库。

库函数是存放在函数库中的函数，库函数具有明确的功能、入口调用参数和返回值。

连接程序时将编译程序生成的目标文件连接在一起生成一个可执行文件。

库函数与用户程序之间进行信息通信时要使用的数据和变量，在使用某一库函数时，都要在程序中嵌入（用#include 库文件）该函数对应的头文件。

使用库函数容易实现程序架构的模块化，程序代码可重复使用，可以缩短程序开发时间，降低程序开发难度，程序编辑就像堆积木一样简单，并且可以多人分工合作完成复杂程序的编写。

2. STM8 的库函数

意法半导体公司为 STM8 配置了丰富的库函数，如图 3-4 所示。

图 3-4　STM8 的库函数

根据文件名就知道相应库函数的作用。

stm8s_gpio：STM8 的 GPIO 控制用库函数。

stm8s_clk：STM8 的系统时钟控制用库函数。

stm8s_tim1：STM8 的定时器 1 控制用库函数。

3. GPIO 库函数详述

（1）GPIO 相关库函数。

```
void GPIO_DeInit(GPIO_TypeDef*GPIOx);
void GPIO_Init(GPIO_TypeDef*GPIOx,GPIO_Pin_TypeDef GPIO_Pin,GPIO_Mode_TypeDef
GPIO_Mode);
void GPIO_Write(GPIO_TypeDef*GPIOx,u8 PortVal);
void GPIO_WriteHigh(GPIO_TypeDef*GPIOx,GPIO_Pin_TypeDef PortPins);
void GPIO_WriteLow(GPIO_TypeDef*GPIOx,GPIO_Pin_TypeDef PortPins);
void GPIO_WriteReverse(GPIO_TypeDef*GPIOx,GPIO_Pin_TypeDef PortPins);
u8 GPIO_ReadInputData(GPIO_TypeDef*GPIOx);
u8 GPIO_ReadOutputData(GPIO_TypeDef*GPIOx);
BitStatus GPIO_ReadInputPin(GPIO_TypeDef*GPIOx,GPIO_Pin_TypeDef GPIO_Pin);
void GPIO_ExternalPullUpConfig(GPIO_TypeDef*GPIOx,GPIO_Pin_TypeDef GPIO_Pin,
FunctionalState NewState);
```

（2）GPIO_DeInit（）函数作用。基本定义：void GPIO_DeInit（GPIO_TypeDef * GPIOx）；

函数用来恢复指定端口的寄存器 ODR、DDR、CR1 及 CR2 到默认值 0x00，即无中断功能的浮动输入，无返回值。参数如下。

GPIOx：GPIOA 到 GPIOI 可选。

示例：恢复 GPIOB 的相应寄存器为默认值。

```
GPIO_DeInit(GPIOB);
```

（3）GPIO_Init（）函数作用。基本定义：void GPIO_Init（GPIO_TypeDef * GPIOx，GPIO_Pin_TypeDef GPIO_Pin，GPIO_Mode_TypeDef GPIO_Mode）；

函数用于 GPIO 的初始化，用来配置指定端口的各个引脚功能，无返回值。参数如下。

GPIOx：端口 GPIOA 到 GPIOI 可选。

GPIO_Pin：要初始化的引脚，可以用"或"方式选择多个引脚，可选值如下。

GPIO_PIN_0～ GPIO_PIN_7　选择引脚 0～引脚 7。

GPIO_PIN_LNIB　选择低四位引脚。

GPIO_PIN_HNIB　选择高四位引脚。

GPIO_PIN_ALL　选择全部引脚。

GPIO_Mode：工作模式。可选值如下。

GPIO_MODE_IN_FL_NO_IT　无中断功能的浮动输入。

GPIO_MODE_IN_PU_NO_IT　无中断功能的上拉输入。

GPIO_MODE_IN_FL_IT　带无中断功能的浮动输入。

GPIO_MODE_IN_PU_IT　带无中断功能的上拉输入。

GPIO_MODE_OUT_OD_LOW_FAST　高速开漏低电平输出，可工作到 10MHz。

GPIO_MODE_OUT_PP_LOW_FAST　高速推挽低电平输出，可工作到 10MHz。

GPIO_MODE_OUT_OD_LOW_SLOW　低速开漏低电平输出,可工作到 2MHz。

GPIO_MODE_OUT_PP_LOW_SLOW　低速推挽低电平输出,可工作到 2MHz。

GPIO_MODE_OUT_OD_HIZ_FAST　高速开漏低高阻态输出,可工作到 10MHz。

GPIO_MODE_OUT_PP_HIGH_FAST　高速推挽高电平输出,可工作到 10MHz。

GPIO_MODE_OUT_OD_HIZ_SLOW　低速开漏高阻态输出,可工作到 2MHz。

GPIO_MODE_OUT_PP_HIGH_SLOW　低速推挽高电平输出,可工作到 2MHz。

示例:把 GPIOB 的引脚 0、1 配置为高速推挽高电平输出。

```
GPIO_Init(GPIOB,(GPIO_PIN_0 |GPIO_PIN_1),GPIO_MODE_OUT_PP_HIGH_FAST);
```

(4) GPIO_Write () 函数作用。基本定义:void GPIO_Write (GPIO_TypeDef * GPIOx, u8 PortVal);

GPIO_Write () 函数用于输出一个 8 位数值到指定的端口,无返回值。条件是该端口必须配置为输出模式。参数如下。

GPIOx:端口 GPIOA 到 GPIOI 可选。

PortVal:无符号 8 位数值。

示例:端口 B 输出 0x55。

```
GPIO_Write(GPIOB,0x55);
```

(5) GPIO_WriteHigh () 函数作用。基本定义:void GPIO_WriteHigh (GPIO_TypeDef * GPIOx, GPIO_Pin_TypeDef PortPins);

GPIO_WriteHigh () 函数用于置位指定端口的一个或多个引脚为高电平,无返回值。条件是该端口必须配置为输出模式。参数如下。

GPIOx:端口 GPIOA 到 GPIOI 可选。

PortPins:要置位引脚,可以用"或"方式选择多个引脚。

示例:把 GPIOB 的引脚 0 和引脚 2 置位。

```
GPIO_WriteHigh(GPIOB,(GPIO_PIN_0 |GPIO_PIN_2));
```

(6) GPIO_WriteLow () 函数作用。基本定义:void GPIO_WriteLow (GPIO_TypeDef * GPIOx, GPIO_Pin_TypeDef PortPins);

GPIO_WriteLow () 函数用于复位指定端口的一个或多个引脚为低电平,无返回值。条件是该端口必须配置为输出模式。

参数如下。

GPIOx:端口 GPIOA 到 GPIOI 可选。

PortPins:要置位引脚,可以用"或"方式选择多个引脚。

示例:把 GPIOB 的引脚 0 和引脚 2 复位。

```
GPIO_WriteLow(GPIOB,(GPIO_PIN_0 |GPIO_PIN_2));
```

(7) GPIO_WriteReverse () 函数作用。基本定义:void GPIO_WriteReverse (GPIO_TypeDef * GPIOx, GPIO_Pin_TypeDef PortPins);

GPIO_WriteReverse () 函数用于取反指定端口的一个或多个引脚的电平状态,无返回值。条件是该端口必须配置为输出模式。参数如下。

GPIOx:端口 GPIOA 到 GPIOI 可选。

PortPins:要置位引脚,可以用"或"方式选择多个引脚。

示例: 取反 GPIOB 的引脚 0、引脚 2。

```
GPIO_WriteReverse(GPIOB,(GPIO_PIN_0 | GPIO_PIN_2));
```

（8）GPIO_ReadInputData（） 函数作用。基本定义：u8 GPIO_ReadInputData（GPIO_TypeDef * GPIOx）;

GPIO_ReadInputData（） 函数用于读取指定端口的数据，返回一个 8 位无符号数值。条件是该端口必须配置为输出模式。参数如下。

GPIOx:端口 GPIOA 到 GPIOI 可选。

示例: 读取端口 B 的数值。

```
u8 Y_data;
Y_data=GPIO_ReadInputData(GPIOB);
```

（9）GPIO_ReadOutputData（） 函数作用。基本定义：u8 GPIO_ReadOutputData（GPIO_TypeDef * GPIOx）;

GPIO_ReadOutputData（） 函数用于读取指定端口输出寄存器的数据，返回一个 8 位无符号数值。条件是该端口必须配置为输出模式。参数如下。

GPIOx:端口 GPIOA 到 GPIOI 可选。

示例: 读取端口 B 输出寄存器的数值。

```
u8 x_data;
x_data=GPIO_ReadOutputData(GPIOB);
```

（10）GPIO_ReadInputPin（） 函数作用。基本定义：BitStatus GPIO_ReadInputPin（GPIO_TypeDef * GPIOx, GPIO_Pin_TypeDef GPIO_Pin）;

GPIO_ReadInputPin（） 函数用于读取指定端口一个或多个引脚的电平状态，任意一个引脚为高电平则返回 SET，否则返回 RESET。参数如下。

GPIOx:端口 GPIOA 到 GPIOI 可选。

GPIO_Pin:读取状态的引脚,GPIO_PIN_0～ GPIO_PIN_7,可以用"或"方式选择多个引脚。

示例: 读取 GPIOB 引脚 3 的电平状态。

```
GPIO_ReadInputPin(GPIOB,GPIO_PIN_3);
```

（11）GPIO_ExternalPullUpConfig（） 函数作用。基本定义：void GPIO_ExternalPullUpConfig（GPIO_TypeDef * GPIOx, GPIO_Pin_TypeDef GPIO_Pin, FunctionalState NewState）;

GPIO_ExternalPullUpConfig（） 函数用于使能或禁止指定端口某一个或多个引脚的内部上拉电阻，无返回值。参数如下。

GPIOx:端口 GPIOA 到 GPIOI 可选。

GPIO_Pin:要使能或禁止内部上拉电阻的引脚,用"或"方式选择多个引脚。

示例: 禁止和使能端口 GPIOB 引脚 1 的上拉电阻。

1) GPIO_ExternalPullUpConfig（GPIOB, GPIO_PIN_, DISABLE）; //禁止内部上拉电阻。

2）GPIO_ExternalPullUpConfig（GPIOB，GPIO_PIN_，ENABLE）；//使能内部上拉电阻。

四、使用 GPIO 库函数控制 LED

1. 项目准备

（1）在 E：\STM8\STM8S 目录下，新建一个文件夹 C00。

（2）在 C00 文件夹内，新建 Flib、User 子文件夹。

（3）将示例 C000 文件夹中的 Flib 的文件内 inc、src 文件拷贝到新建文件夹 Flib 内。

2. 创建库函数工程

（1）双击桌面"" IAR 图标，启动 IAR 开发软件，启动后的 IAR 软件界面如图 3-5 所示。

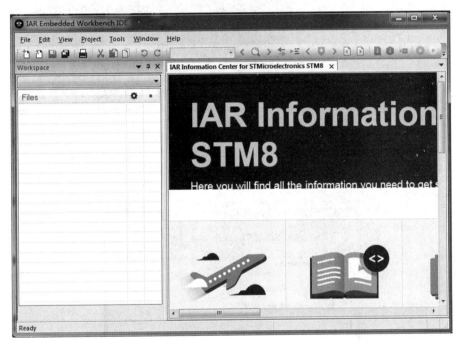

图 3-5　IAR 软件界面

（2）单击执行 File 文件菜单下 New Workspace 子菜单命令，创建工程管理空间（见图 3-6）。

（3）再单击 Project 文件下的 Create New Project 子菜单命令，出现图 3-7 创建新工程对话框。在工程模板 Project templates 中选择第 1 项 Empty project 空工程。

（4）单击"OK"按钮，弹出另存为对话框（见图 3-8），为新工程起名 C000。

（5）单击"保存"按钮，保存在 C00 文件夹。在工程项目浏览区，出现 C000_Debug 新工程（见图 3-9）。

（6）右键单击新工程 C000_Debug，在弹出的菜单中，选择执行"Add"菜单下的"Add Group"添加组命令（见图 3-10）。

（7）在弹出的新建组对话框，填写组名"Flib"（见图 3-11）。

（8）单击"OK"按钮，为工程新建一个组 Flib。

（9）用类似的方法，为工程新建一个组 User。

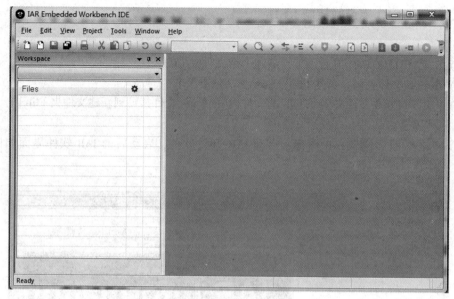

图 3-6 工程管理空间

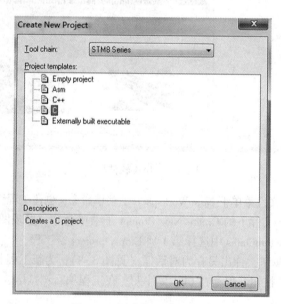

图 3-7 创建新工程对话框

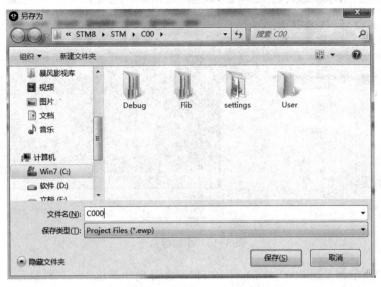

图 3-8　为新工程起名

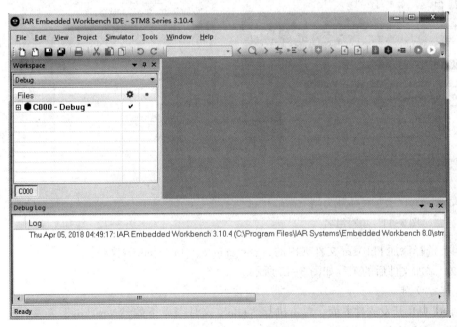

图 3-9　C000_Debug 新工程

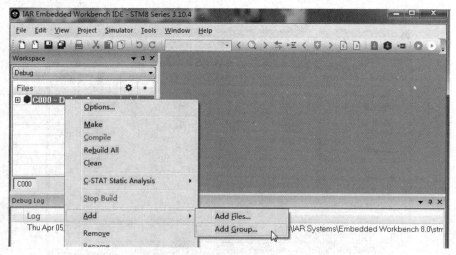

图 3-10　添加组命令

（10）右键单击新工程 C000_Debug 下的 Flib，在弹出的菜单中，选择执行"Add"菜单下的"Add Files"添加文件命令（见图 3-12）。

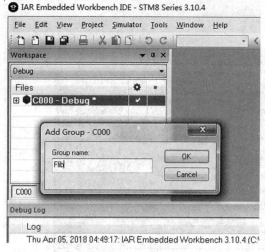

图 3-11　填写组名　　　　　　　　　　　　　图 3-12　添加文件

（11）选择添加 Flib\src 文件夹内的 stm8s_gpio.c、stm8s_clk 等文件。

（12）添加文件后的工程如图 3-13 所示。

3. 创建文件

（1）在 IAR 开发软件界面，单击执行"File"文件菜单下的"New File"新文件子菜单命令，创建一个新文件。

（2）单击执行"File"文件菜单下"Save As"另存为子菜单命令，弹出另存为对话框，在对话框文件名中输入"main.c"，单击"保存"按钮，保存新文件在 User 文件夹内。

（3）再创建 2 个新文件，分别另存为"led.h""led.c"。

4. 编辑文件

（1）编辑 led.h 文件。

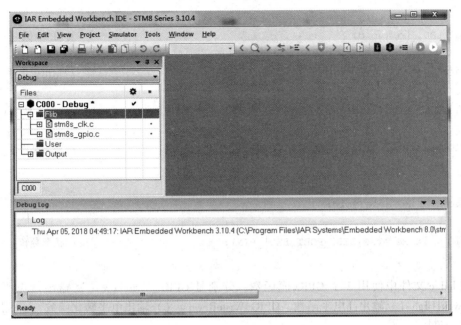

图 3-13　添加文件后

```
#ifndef __LED_H
#define __LED_H
#include "stm8s_gpio.h"

#define LED1_PIN          GPIO_PIN_1
#define LED1_PORT         GPIOG

void LED1_Init(void);          //LED1 初始化
void LED1_Low(void);           //点亮 LED1
void LED1_High(void);          //熄灭 LED1
void LED1_Reverse(void);       //LED1 翻转

#endif
```

在 led.h 文件中，通过包含 "stm8s_gpio.h" GPIO 库函数头文件语句，调用 GPIO 所有库函数。

使用 define 进行 LED1 的宏定义，便于程序移植。

定义几个使用 GPIO 库函数的用户函数，便于操作 LED1。

（2）编辑 led.c 文件。

```
#include "led.h"

void LED1_Init(void)                                    //LED1 初始化
{
  GPIO_Init(LED1_PORT,LED1_PIN,GPIO_MODE_OUT_PP_HIGH_FAST); //定义 LED1 的管脚
                                                            的模式
```

```
}
void LED1_Low(void)                                          //LED1 低电平输出
{
GPIO_WriteLow(LED1_PORT,LED1_PIN);                          //输出低电平
}
void LED1_High(void)                                         //LED1 高电平输出
{
GPIO_WriteHigh(LED1_PORT,LED1_PIN);                         //输出高电平
}

void LED1_Reverse(void)
{
GPIO_WriteReverse(LED1_PORT,LED1_PIN);                      //状态翻转
}
```

在 led.c 文件中使用 3 个 GPIO 库函数，分别是 GPIO_WriteLow（）输出低电平函数、GPIO_WriteHigh（）输出高电平函数、GPIO_WriteReverse（）输出电平转化函数，实现用户对 LED1 的控制。

（3）编辑 main.c 文件。

```
#include "stm8s.h"
#include "stm8s_clk.h"
#include "led.h"

/* Private defines ---------------------------------------*/
/* Private function prototypes ---------------------------*/
/* Private functions -------------------------------------*/
/*************************************************************L
//函数名称:Delayms()
**************************************************************/
void Delayms(u16  ValMS)                                     //函数1定义
{
    u16 i;                                                  //定义无符号整型变量 i

    while(ValMS--)
    for(i=2286;i>0;i--);                                    //进行循环操作,以达到延时的效果

}


/*******************************************************/
/* 函数功能;主函数                                    */
/*******************************************************/
int main(void)
{
```

```
/*设置内部高速时钟16M为主时钟*/
CLK_HSIPrescalerConfig(CLK_PRESCALER_HSIDIV1);

LED1_Init();                    //LED1 初始化

while(1)
{
    LED1_Low();                 //点亮 LED
    Delayms(500);               //延时 500ms
    LED1_High();                //关掉 LED
    Delayms(500);               //延时 500ms

}
}
```

主函数，首先设置系统时钟，接着 LED1 初始化，然后转入 while 循环，使 LED1 交替闪烁。

5. 添加用户文件

右键单击新工程 C000_Debug 下的 User，在弹出的菜单中，选择执行"Add"菜单下的"Add File"添加文件命令，给 User 组添加"led. c"、"main. c"等文件。

6. 设置工程选项 OPtions

（1）右键单击 C000_Debug，在弹出的快捷菜单中，选择 OPtions 进行工程文件设置。

（2）首先在 General Option 中的 Target 目标选择目标板，如图 3-14 所示，选择要编译的 CPU 类型，选择开发板使用的 STM8S2O7RB。

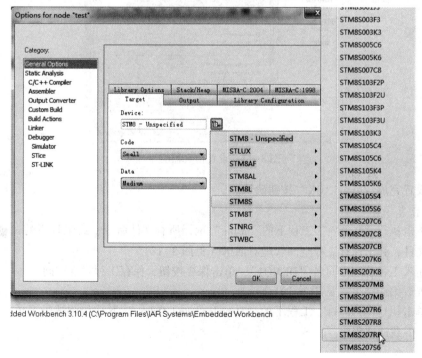

图 3-14 选择 CPU 类型

（3）设置 C 编译，要选择头文件的查找目录（见图 3-15）。

（4）选择输出文件格式，设置输出 hex 文件（见图 3-16）。

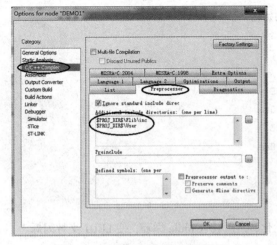

图 3-15 选择头文件的查找目录

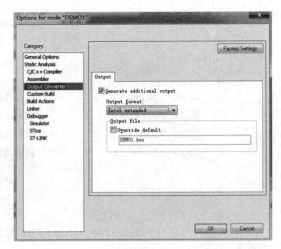

图 3-16 设置输出 hex 文件

（5）如果使用仿真器下载，设置仿真器类型（见图 3-17）。

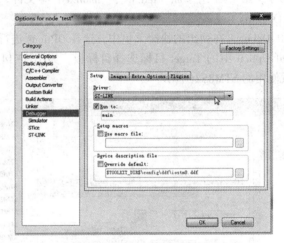

图 3-17 设置仿真器类型

（6）设置完成，单击"OK"按钮确认。

7. 下载与编译

（1）单击执行"Project"工程下的"Mike"编译所有文件命令，或工具栏的" "，编译所有项目文件，弹出保存工程空间管理对话框（见图 3-18）。

（2）输入工程管理空间名"DEMO1"，单击保存按钮，保存工程管理空间。

（3）查看编译结果（见图 3-19）。

（4）单击执行"Project"工程下的"Download and Debug"下载与调试子菜单，或工具栏的" "，下载调试程序。

图 3-18　保存工程空间管理对话框

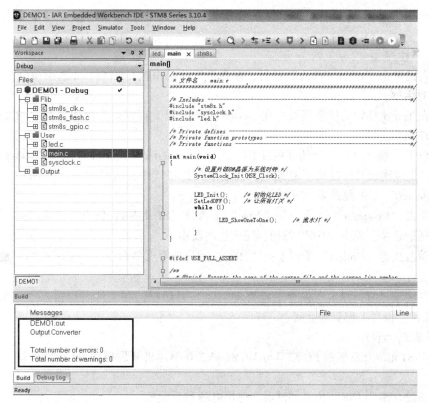

图 3-19　查看编译结果

⚙ 技能训练

一、训练目标

（1）学会 I/O 的配置方法。

（2）学会 8 只 LED 灯的交叉闪烁控制。

二、训练步骤与内容

1. 画出 8 只 LED 灯的交叉闪烁控制流程图

根据 8 只 LED 灯的交叉闪烁控制要求，画出 8 只 LED 灯的交叉闪烁控制流程图。

2. 建立一个工程

（1）在 E:\STM8\STM8S 目录下，新建一个文件夹 C01。

（2）启动 IAR 软件。

（3）选择执行 "Project" 菜单下的 "Create New Project" 子菜单命令，弹出创建新工程的对话框。

（4）在 Project templates 工程模板中选择 "C" 语言项目。

（5）单击 "OK" 按钮，弹出保存项目对话框，在另存为对话框，输入工程文件名 "C001"，单击 "保存" 按钮。

3. 编写程序文件

在 main 中输入 8 只 LED 灯的交叉闪烁控制程序，单击工具栏 "💾" 保存按钮，并保存文件。

4. 编译程序

（1）右键单击 "C001_Debug" 项目，在弹出的菜单中执行的 Option 选项命令，弹出 "选项设置" 对话框。

（2）在 Target 目标元件选项页，在 Device 器件配置下拉列表选项中选择 "STM8S" 下的 "STM8S207RB"。

（3）单击 "选项设置" 对话框项目下的 Output Converter 输出文件覆盖选项，弹出输出选项页，单击 "生成附加文件输出" 复选框，在输出文件格式中，选择 "inter extended"，再单击 "override default" 下的复选项。

（4）单击 "Debugger" 选项，在 "drive" 下选择 "ST-LINK" 仿真调试器。

（5）完毕选项，单击 "OK" 按钮，完成选项设置。

（6）单击执行 "Project" 工程下的 "Mike" 编译所有文件命令，或工具栏的 "⬇"，编译所有项目文件。

（7）首次编译时，弹出 "保存工程管理空间" 对话框，在文件名栏输入 "C001"，单击 "保存" 按钮，保存工程管理空间。

5. 下载调试程序

（1）将 STM8S 开发板的 PG 端口与 MGMC-V2.0 单片机开发板的 P2 端口连接，电源端口连接。

（2）通过 "ST-LINK" 仿真调试器，连接电脑和开发板。

（3）单击工具栏的 "▶" 下载调试按钮，程序自动下载到开发板。

（4）关闭仿真调试。

（5）观察单片机开发板与 PG 口连接的 LED 指示灯状态变化。

（6）修改延时函数中参数，观察与 PG 口连接的 LED 指示灯状态变化。

6. 应用库函数实现 8 只 LED 闪烁控制

任务5 LED 数 码 管 显 示

一、LED 数码管硬件基础知识

1. LED 数码管工作原理

LED 数码管是一种半导体发光器件，也称半导体数码管，是将若干发光二极管按一定图形排列并封装在一起的最常用的数码管显示器件之一。LED 数码管具有发光显示清晰、响应速度快、省电、体积小、寿命长、耐冲击、易于各种驱动电路连接等优点，在各种数显仪器仪表、数字控制设备中得到广泛应用。

2. LED 数码管的结构特点

目前，常用的小型 LED 数码管多为 8 字形数码管，内部由 8 个发光二极管组成，其中 7 个发光二极管（a–g）作为 7 段笔画组成 8 字结构（故也称 7 段 LED 数码管），剩下的 1 个发光二极管（h 或 dp）组成小数点，如图 3-20 所示。各发光二极管，按照共阴极或共阳极的方法连接，即把所有发光二极管的负极或正极连接在一起，作为公共引脚。而每个发光二极管对应的正极或者负极分别作为独立引脚（称"笔段电极"），其引脚名称分别与图 3-20 中的发光二极管相对应。

一个质量良好的 LED 数码管，其外观应该是做工精细、发光颜色均匀、无局部变色及无漏光等。对于不清楚性能好坏、产品型号及引脚排列的数码管，可采用下面介绍的简便方法进行检测。

（1）干电池检测法。如图 3-21 所示，将两个干电池串联起来，组成 3V 的检测电源，再串联一个 200Ω、1/8 W 的限流电阻，以防止过电流烧坏被测数码管。将 3V 干电池的负极引线接在被测共阴极数码管的公共阴极上，正极引线依次移动接触各笔段电极。当正极引线接触到某

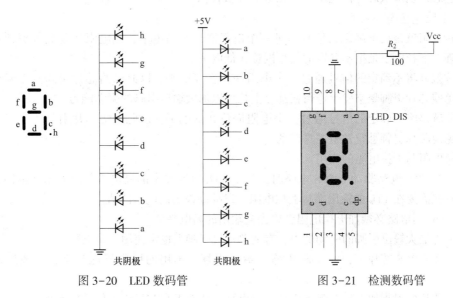

图 3-20　LED 数码管　　　　　　　　图 3-21　检测数码管

一笔段电极时，对应的笔段，就发光显示。用这种方法就可以快速测出数码管是否有断笔或连笔，并且可相对比较出不同的笔段，发光强弱是否一致。若检测共阳极数码管，只需将电池的正、负极引线对调一下即可。

（2）万用表检测法。使用指针式万用表的二极管挡或者使用 $R×10k$ 电阻挡，检测方法同干电池检测法，使用指针万用表时，指针万用表的黑表笔连接内电源的正极，红表笔连接的是万用表内电池的负极，检测共阴极数码管时，红表笔连接数码管的公共阴极，黑表笔依次移动接触各笔段电极。当黑表笔接触到某一笔段电极时，对应的笔段就发光显示。用这种方法就可以快速测出数码管是否有断笔或连笔，并且可相对比较出不同的笔段发光强弱是否一致。若检测共阳极数码管，只需将黑表笔、红表笔对调一下即可。

使用数字万用表的二极管检测挡，红表笔连接的是数字万用表的内电池正极，黑表笔连接的是数字万用表的内电池负极，检测共阴极数码管时，数字万用表的黑表笔连接数码管的公共阴极，红表笔依次移动接触各笔段电极。当红表笔接触到某一笔段电极时，对应的笔段就发光显示。用这种方法就可以快速测出数码管是否有断笔或连笔，并且可相对比较出不同的笔段发光强弱是否一致。若检测共阳极数码管，只需将黑表笔、红表笔对调一下即可。

3. 拉电流与灌电流

拉电流和灌电流是衡量电路输出驱动能力的参数，这种说法一般用在数字电路中。特别注意，拉、灌都是对输出端而言的，所以是驱动能力。这里首先要说明，芯片手册中的拉、灌电流是一个参数值，是芯片在实际电路中允许输出端拉、灌电流的上限值（所允许的最大值），而下面要讲的这个概念是电路中的实际值。

由于数字电路的输出只有高、低（0、1）两种电平值，高电平输出时，一般是输出端对负载提供电流，其提供电流的数值叫"拉电流"；低电平输出时，一般是输出端要吸收负载的电流，其吸收电流的数值叫"灌（入）电流"。

对于输入电流的器件而言，灌入电流和吸收电流都是输入的，灌入电流是被动的，吸收电流是主动的。如果外部电流通过芯片引脚向芯片内流入称为灌电流（被灌入）；反之如果内部电流通过芯片引脚从芯片内流出称为拉电流（被拉出）。

4. 上拉电阻与下拉电阻

上拉电阻就是把不确定的信号通过一个电阻嵌位在高电平，此电阻还起到限流器件的作用。同理，下拉电阻是把不确定的信号嵌位在低电平上。

上拉就是将不确定的信号通过一个电阻嵌位在高电平，以此来给芯片引脚一个确定的电平，以免使芯片引脚悬空发生逻辑错乱。上拉可以加大输出引脚的驱动能力。

下拉就是将不确定的信号通过一个电阻嵌位在低电平，以此来给芯片引脚一个确定的电平，以免使芯片引脚悬空发生逻辑错乱。

上拉电阻与下拉电阻的应用：

（1）当 TTL 电路驱动 CMOS 电路时，如果 TTL 电路输出的高电平低于 CMOS 电路最低电平，这时就需要在 TTL 的输出端接上拉电阻，以提高输出高电平的值。

（2）OC 门电路必须加上拉电阻，以提高输出的高电平值。

（3）为加大输出引脚的驱动能力，有的单片机引脚上也常使用上拉电阻。

（4）在 CMOS 芯片上，为了防止静电造成损坏，不用的引脚不能悬空，一般提供泄荷通路。

（5）芯片的引脚加上拉电阻来提高输出电平，从而提高芯片输入信号的噪声容限，以提高增强干扰能力。

（6）提高总线的抗电磁干扰能力，引脚悬空就比较容易接受外界的电磁干扰。

（7）长线传输中电阻不匹配容易引起反射波干扰，加下拉电阻是为了电阻匹配，从而有效抑制反射波干扰。

5. 单片机的输入/输出

单片机的拉电流比较小（100~200μA），灌电流比较大（最大是25mA，推荐别超过10 mA），直接用来驱动数码管肯定是不行的，所以扩流电路是必需的。如果使用三极管来驱动，原理上是正确无误的，可是HJ-2G实验板上的单片机只有32个I/O口，而板子又外接了好多器件，所以I/O口不够用，于是想个两全其美的方法，即扩流又扩I/O口。综合考虑之下，选用74HC573锁存器来解决这两个问题。其实以后做工程时，若用到数码管，采用三极管、锁存器并不是最好方案，因为要靠CPU不断刷新来显示，而工程中CPU还有好多事要干，所以采用74HC573方案并不是最佳方案。于是采用集成电路IC，如FD650、TA6932、TM1618等，既具有数码管驱动功能，又具有按键扫描功能，想改变数据或者读取按键值时，只需操作该芯片就可以了，大大提高了CPU的利用效率。HJ-2G实验板上数码的硬件设计电路图，如图3-22所示。74HC573的1D~8D分别接STM8单片机的PB0~PB7，573-2IC的C脚和573-1IC的C脚分别连接STM8单片机的PE2、PE3，PE2用于位选，用于控制哪个数码管亮，PE3用于段选，用于数字段码显示。

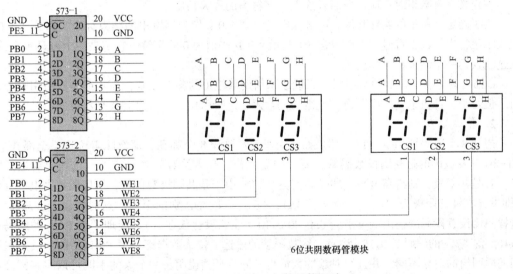

图3-22　74HC573与数码管驱动

对于74HC573，形象地说，只需将其理解为一扇大门（区别是这个门是单向的），其中第11引脚控制着门的开、关状态，高电平为大门敞开，低电平为大门关闭。1D~8D为进，1Q~8Q为出，详细可参考数据手册。

二、LED 数码管的软件驱动

1. 数组

数组是一组有序数据的集合，数组中的每一个数据都属于同一种数据类型。C语言中数组必须先定义，然后才能使用。

一维数组的定义形式如下：

数据类型 数组名 ［常量表达式］；

其中，"数据类型"说明了数组中各个元素的类型。

"数组名"是整个数组的标识符，它的定名方法与变量的定名方法一样。

"常量表达式"说明了该数组的长度，即数组中的元素个数。常量表达式必须用方括号"［］"括起来。

下面是几个定义一维数组的例子：

```
char y[4];    /* 定义字符型数组 y,它具有 4 个元素* /
int  x[6];    /* 定义整型数组 x,它具有 6 个元素* /
```

二维数组的定义形式为：

数据类型 数组名 ［常量表达式1］［常量表达式2］；

例如 char z ［3］［3］;定义了一个 3×3 的字符型数组。

需要说明的是，C 语言中数组的下标是从 0 开始的，比如对于数组 char y ［4］来说，其中 4 元素是 y ［0］~y ［3］，不存在元素 y ［4］，这一点在引用数组元素应当加以注意。

用来存放字符数据的数组称为字符数组，字符数组中的每个元素都是一个字符。因此可用字符数组来存放不同长度的字符串，字符数组的定义方法与一般数组相同。

例如：char str ［7］;／* 定义最大长度为 6 个字符的字符数组 */

在定义字符数组时，应使数组长度大于字符串的最大长度。

为了测定字符串的实际长度，C 语言规定以"\ 0"作为字符串的结束标志，遇到"\ 0"就表示字符串结束，符号"\ 0"是一个表示 ASCII 码值为 0 的字符，它不是一个可显示字符，在这里仅起一个结束标志作用。

C 语言规定在引用数值数组时，只能逐个引用数组中的各个元素，而不能一次引用整个数组。但对于字符数组，即可以通过数组的元素逐个进行引用，也可以对整个数组进行引用。

2. 数码管驱动

想让 8 个数码管都亮"1"，那该如何操作呢？要让 8 个都亮，那意味着位选要全部选中。HJ-2G 开发板用的是共阴极数码管，要选中哪一位，只需给数码管对应的位选线上要送低电平。若是共阳极，则给高电平。那又如何亮"1"？由于是共阴极数码管，所以段选高电平有效（即发光二极管阳极为"1"，相应段点亮）；位 b、c 段亮，别的全灭，这时数码管，显示 1。这样只需设置段码的输出端电平为 0b0000 0110（注意段选数在后）。同理，亮"3"的编码是0x4f，亮"7"的编码是 0x7f。注意，给数码管的段选、位选数据都是由 P0 口给的，只是在不同的时间给的对象不同，并且给对象的数据也不同。举例说明，一个人的手既可以写字，又可以吃饭，还可以打篮球，只是在上课的时候，手上拿的是笔，而吃饭时手上拿的又是筷子，打球时手上拍的是篮球。这就是所谓的时分复用。

数码管驱动程序如下：

```
#include "iostm8s208rb.h"        /*预处理命令,用于包含头文件等*/
#define PE3H() PE_ODR|=(1<<3)    //开段选大门
#define PE3L() PE_ODR&=~(1<<3)   //关段选大门
#define PE2H() PE_ODR|=(1<<2)    //开位选大门
#define PE2L() PE_ODR&=~(1<<2)   //关位选大门
/**********************************************/
//函数名称:main()
```

```
************************************************/
void main(void)                    //主函数
  {                                /*主函数开始*/
    PB_DDR=0xFF;                   //设置PB为输出模式
    PB_CR1=0xFF;                   //设置PB为推挽输出
    PB_CR2=0x00;                   //设置PB为2MHz快速输出
    PB_ODR=0xff;                   //设置PB口输出高电平
    PE_DDR=0x06;                   //设置PE为输出模式
    PE_CR1=0x06;                   //设置PE为推挽输出
    PE_CR2=0x00;                   //设置PE为2MHz快速输出
    PE_ODR=0x00;
    PE2H();                        //开位选大门
    PB_ODR=0x00;                   //让位选数据通过(选中8位)
    PE2L();                        //关位选大门
    PE3H();                        //开段选大门
    PB_ODR=0x06;                   //让段选数据通过,显示数字1
    PE3L();                        //关段选大门
       while(1);                   /*while循环语句*/
  }
```

3. 数码管静态显示

数码管静态显示是相对于动态显示来说的,即所有数码管在同一时刻都显示数据。

(1) 让1个数码管循环显示0~9、A~F,间隔为0.5s的程序。

```
#include "iostm8s208rb.h"          /*预处理命令,用于包含头文件等*/
typedef unsigned int uInt16;       /*定义无符号整型别名uInt16*/
typedef unsigned char uChar8;      /*定义无符号字符型别名uChar8*/
#define PE3H() PE_ODR|=(1<<3)      //开段选大门
#define PE3L() PE_ODR&=~(1<<3)     //关段选大门
#define PE2H() PE_ODR|=(1<<2)      //开位选大门
#define PE2L() PE_ODR&=~(1<<2)     //关位选大门
/*数码管段选数组定义*/
uChar8  Disp_Tab[]={0x3f,0x06,0x5b,0x4f,0x66,0x6d,0x7d,0x07,0x7f,0x6f,0x77,
0x7c,0x39,0x5e,0x79,0x71};
/********************************************L
//函数名称:Delayms()
************************************************/
void Delayms(uInt16  ValMS)        //函数1定义
{
    uInt16 i;                      //定义无符号整型变量i
    while(ValMS--)
    for(i=2286;i>0;i--);           //进行循环操作,以达到延时的效果
}
/************************************************
//函数名称:main()
```

```
* * * * * * * * * * * * * * * * * * * * * * * * * * * * * * * * * * * * * * * * * * * * * * * * */
void main(void)
{   unsigned char i;                    //定义内部变量 i
    PB_DDR=0xFF;                        //设置 PB 为输出模式
    PB_CR1=0xFF;                        //设置 PB 为推挽输出
    PB_CR2=0x00;                        //设置 PB 为 2MHz 快速输出
    PB_ODR=0x00;                        //设置 PB 口输出高电平
    PE_DDR=0x06;                        //设置 PE 为输出模式
    PE_CR1=0x06;                        //设置 PE 为推挽输出
    PE_CR2=0x00;                        //设置 PE 为 2MHz 快速输出
    PE_ODR=0x00;
            PE2H();                     //位选开
            PB_ODR=0xfe;                //送入位选数据,开启 1 位数码管
            PE2L();                     //位选关
    while(1)                            // while 循环
    {                                   // while 循环开始
        for(i=0; i<16; i++)             //for 循环
        {                               //for 循环开始
          PE3H();                       //段选开
          PB_ODR=Disp_Tab[i];           //送入段选数据
          PE3L();                       //段选关
          Delayms(500);                 //延时
        }                               //for 循环结束
    }                                   //while 循环结束
}
```

(2) 程序分析。

程序第 4、5 行,段选高、低电平定义,定义段选信号为 PE3,第 6、7 行,位选定义,定义位选信号为 PE2。

第 9 行定义了一个数组,总共 16 个元素,分别是 0~9 这 10 个数字和 A~F 这 6 个英文字符的编码。例如要亮 0,意味着 g、dp 灭(低电平),a、b、c、d、e、f 亮(高电平),对应的二进制数为 0b0011 1111,这就是数组的第一个元素 0x3f 了,其他同理。

第 12~17 行,定义延时函数 Delayms(uInt16 ValMS)。

在主函数中,首先定义内部变量,接着初始化端口,开位选信号,传位选数据,关位选信号。然后用 for 循环,循环开段选,送段选数据,关段选信号,延时 0.5s,完成 0~9 和 A~F 数码的显示。

4. 数码管动态显示

所谓动态扫描显示实际上是轮流点亮数码管,某一个时刻内有且只有一个数码管是亮的,由于人眼的视觉暂留现象(也即余辉效应),当这 8 个数码管扫描的速度足够快时,给人感觉是这 8 个数码管是同时亮了。例如要动态显示 01234567,显示过程就是先让第一个显示 0,过一会(小于某个时间),接着让第二个显示 1,依次类推,让 8 个数码管分别显示 0~7,由于刷新的速度太快,给大家感觉是都在亮,实质上,看上去的这个时刻点上只有一个数码管在显示,其他 7 个都是灭的。接下来以一个实例来演示动态扫描的过程,以下是常见的动态扫描程序代码。

```c
#include "iostm8s208rb.h"                    /*预处理命令,用于包含头文件等*/
typedef unsigned int uInt16;                 /*定义无符号整型别名 uInt16*/
typedef unsigned char uChar8;                /*定义无符号字符型别名 uChar8*/
#define PE3H() PE_ODR|=(1<<3)                 //开段选大门
#define PE3L() PE_ODR&=~(1<<3)                //关段选大门
#define PE2H() PE_ODR|=(1<<2)                 //开位选大门
#define PE2L() PE_ODR&=~(1<<2)                //关位选大门
                                              // 数码管数组定义
uChar8 Bit_Tab[]={0xfe,0xfd,0xfb,0xf7,0xef,0xdf,0xbf,0x7f};    //位选数组
uChar8 Disp_Tab[]={0x3f,0x06,0x5b,0x4f,0x66,0x6d,0x7d,0x07};   //0~7 数字数组
/************************************************************L
//函数名称:Delayms()
*************************************************************/
void Delayms(uInt16  ValMS)                   //函数1定义
{
    uInt16 i;                                 //定义无符号整型变量 i
    while(ValMS--)
    for(i=2286;i>0;i--);                      //进行循环操作,以达到延时的效果
}
/************************************************************
//函数名称:main()
*************************************************************/
void main(void)
{
    uChar8 j;                                 //定义内部变量 j
    PB_DDR=0xFF;                              //设置 PB 为输出模式
    PB_CR1=0xFF;                              //设置 PB 为推挽输出
    PB_CR2=0x00;                              //设置 PB 为 2MHz 快速输出
    PB_ODR=0xff;                              //设置 PB 口输出高电平
    PE_DDR=0x06;                              //设置 PE 为输出模式
    PE_CR1=0x06;                              //设置 PE 为推挽输出
    PE_CR2=0x00;                              //设置 PE 为 2MHz 快速输出
    PB_ODR=0x00;

    while(1)
    {
        for(i=0;i<8;i++)
        {
            PE2H();                           //位选开
            PB_ODR=Bit_Tab[i];                //送入位选数据
            PE2L();                           //位选关
            PE3H();                           //段选开
            PB_ODR=Disp_Tab[i];               //送入段选数据
            PE3L();                           //段选关
```

```
    Delayms(3);                        //延迟,就是两个数码管之间显示的时间差
    }
  }
}
```

程序第 8、9 行定义了动态显示的两个数组,一个是位选数组 Bit_Tab [ ],另一个是段选数组 Disp_Tab [ ]。

程序的延时函数中的延时参数是"3",读者可以手动修改延时参数来查看效果,具体操作:打开 IAR,编写该实例代码,将延时函数的延时参数 3 修改后重新编译、下载后看现象。将延时参数改成 100,编译、下载、看现象,可以看到流水般的数字显示;再将延时参数改成10 查看效果,可以看到闪烁的数字显示;此后将延时参数改成 2,看看这时的现象,可以看到静止的数字显示。

5. 使用 GPIO 库函数控制数码管

(1)项目准备。

1)在 E:\STM8\STM8S 目录下,新建一个文件夹 C004b。

2)在 C004b 文件夹内,新建 Flib、User 子文件夹。

3)将示例 C400a 文件夹中的 Flib 的文件内 inc、src 文件拷贝到新建文件夹 Flib 内。

4)将示例 C400a 文件夹中的 User 的文件内文件拷贝到新建 User 子文件夹内。

(2)创建库函数工程。

1)双击桌面 IAR 图标,启动 IAR 开发软件。

2)单击执行 File 文件菜单下 New Workspace 子菜单命令,创建工程管理空间。

3)再单击 Project 文件下的 Create New Project 子菜单命令,出现创建新工程对话框。在工程模板 Project templates 中选择第 1 项 Empty project 空工程。

4)单击"OK"按钮,弹出另存为对话框,为新工程起名 C400b。

5)单击"保存"按钮,保存在 C004b 文件夹。在工程项目浏览区,出现 C004b_Debug 新工程。

6)右键单击"新工程 C004b_Debug",在弹出的菜单中,选择执行"Add"菜单下的"Add Group"添加组命令,在弹出的新建组对话框,填写组名"Flib",单击"OK"按钮,为工程新建一个组 Flib。

7)用类似的方法,为工程新建一个组 User。

8)右键单击新工程 C004b_Debug 下的"Flib",在弹出的菜单中,选择执行"Add"菜单下的"Add File"添加文件命令。

9)选择添加 Flib\src 文件夹内的 stm8s_gpio. c、stm8s_clk、stm8s_flash. c 3 个文件。

(3)创建文件。

1)在 IAR 开发软件界面,单击执行"File"文件菜单下的"New File"新文件子菜单命令,创建一个新文件。

2)单击执行"File"文件菜单下"Save As"另存为子菜单命令,弹出"另存为"对话框,在对话框文件名中输入"main. c",单击"保存"按钮,保存新文件在 User 文件夹内。

3)再创建 2 个新文件,分别另存为"seg. h""seg. c"。

(4)编辑文件。

1)编辑 SEG. H 文件。

/**

```
*文件名   :SEG.h
******************************************************/

#ifndef __SEG_H
#define __SEG_H

/*包含系统头文件*/

/*包含自定义头文件*/
#include "stm8s.h"

/*自定义数据类型*/

/*自定义常量宏和表达式宏*/
/*SEG数码管所接的GPIO端口定义*/
#define PE_PORT    GPIOE          /*定义PE外设所接GPIO端口*/
#define SEG_PORT   GPIOB          /*定义PB外设所接GPIO端口*/

/*SEG所接的GPIO引脚定义*/
#define PE_3       GPIO_PIN_3
#define PE_2       GPIO_PIN_2
#define SEG_ALL    GPIO_PIN_ALL


#define ON  0                     /*定义SEG灯亮 -- 低电平*/
#define OFF 1                     /*定义SEG灯灭 -- 高电平*/

/*声明给外部使用的变量*/

/*声明给外部使用的函数*/

/******************************************************
*名称：SEG_Init
*功能：SEG外设GPIO引脚初始化操作
******************************************************/
void SEG_Init(void);
/******************************************************
*名称：PE3H
*功能：开段选大门操作
******************************************************/
void PE3H(void);
/******************************************************
*名称：PE3L
*功能：关段选大门
```

```
*********************************************/
void PE3L(void);
/*********************************************
*名称：PE2H
*功能：开位选大门
*********************************************/
void PE2H(void);
/*********************************************
*名称：PE2L
*功能：关位选大门
*********************************************/
void PE2L(void);
/*********************************************
*名称：Delay
*功能：简单的延时函数
*********************************************/
void Delay(u32 ncount);
#endif
/******************END OF FILE****************************/
```

在 seg.h 文件中，定义了 STM8S 单片机输出端与 74HC573 驱动关联端口 GPIOE、GPIOB，定义了位选引脚 PE_2，段选引脚 PE_3 的，定义了数据端口引脚 SEG_ALL。

在 seg.h 文件中，定义了引脚的驱动函数，开位选大门函数 PE2H（），关位选大门 PE2L（），开段选大门函数 PE3H（），关段选大门 PE3L（），定义简单延时函数 Delay（u32 ncount）。

2）编辑 seg.c 文件。

```
/*********************************************
*文件名  :seg.c
*********************************************/
/*包含系统头文件*/
/*包含自定义头文件*/
#include "seg.h"
/*自定义新类型*/
/*自定义宏*/
/*全局变量定义*/

/*********************************************
*名称：SEG_Init
*********************************************/
void SEG_Init(void)
{
GPIO_Init(PE_PORT,PE_3,GPIO_MODE_OUT_PP_HIGH_FAST);
GPIO_Init(PE_PORT,PE_2,GPIO_MODE_OUT_PP_HIGH_FAST);
GPIO_Init(SEG_PORTB,SEG_ALL,GPIO_MODE_OUT_PP_HIGH_FAST);//定义LED的管脚为输出
                                                          模式
```

```
}

/***************************************************************
*名称: PE3H
*功能: 开段选大门
***************************************************************/
void PE3H(void)
{
GPIO_WriteHigh(PE_PORT,PE_3);

}
/***************************************************************
*名称: PE3L
*功能: 关段选大门

***************************************************************/
void PE3L(void)
{
GPIO_WriteLow(PE_PORT,PE_3);

}
/***************************************************************
*名称: PE2H
*功能: 开位选大门

***************************************************************/
void PE2H(void)
{
GPIO_WriteHigh(PE_PORT,PE_2);

}
/***************************************************************
*名称: PE2L
*功能: 关位选大门

***************************************************************/
void PE2L(void)
{
GPIO_WriteLow(PE_PORT,PE_2);

}
/***************************************************************
*名称: Delay
*功能: 简单的延时函数
```

```
* * * * * * * * * * * * * * * * * * * * * * * * * * * * * * * * * * * * * * * * * * * * * * /
void Delay(u32 nCount)
{
/* Decrement nCount value*/
while(nCount ! =0)
{
     nCount--;
}
}
```

a）在 seg. c 文件中，定义了端口引脚初始化函数 SEG_Init（），将位选引脚、段选引脚、数码驱动数据端口均设置为推挽高速输出。

b）在开段选大门函数 PE3H（）中，通过 GPIO 函数 GPIO_WriteHigh（PE_PORT，PE_3）设置 PE_3 输出高电平，打开段选大门。

c）在关段选大门函数 PE3L（）中，通过 GPIO 函数 GPIO_WriteLow（PE_PORT，PE_3）设置 PE_3 输出低电平，关段选大门。

d）在开位选大门函数 PE2H（）中，通过 GPIO 函数 GPIO_WriteHigh（PE_PORT，PE_2）设置 PE_2 输出高电平，打开位选大门。

e）在关位选大门函数 PE2L（）中，通过 GPIO 函数 GPIO_WriteLow（PE_PORT，PE_2）设置 PE_2 输出低电平，关位选大门。

f）Delay（）函数通过 while 循环进行简单延时。

3）编辑 main. c 文件。

```
/* * * * * * * * * * * * * * * * * * * * * * * * * * * * * * * * * * * * * * * * * * * * * *
*文件名   :main. c
* * * * * * * * * * * * * * * * * * * * * * * * * * * * * * * * * * * * * * * * * * * * * * /
#include "stm8s. h"
#include "sysclock. h"
#include "seg. h"
u8   Bit_Tab[ ]={0xfe,0xfd,0xfb,0xf7,0xef,0xdf,0xbf,0x7f};
//位选数组
u8   Disp_Tab[ ]={0x3f,0x06,0x5b,0x4f,0x66,0x6d,0x7d,0x07,0x7f,0x6f};
    //0~9 数字数组
/* Private defines -----------------------------------------*/
/* Private function prototypes ----------------------------*/
/* Private functions --------------------------------------*/

int main(void)
{
    u8 j;   //定义内部变量 j
    /*设置外部 8M 晶振为系统时钟*/
    SystemClock_Init(HSE_Clock);
    SEG_Init();                              /*初始化 LED*/
    /*让所有数码管灭*/
    PE2H();                                  //位选开
```

```
GPIO_Write(SEG_PORT,0xff);                //送入位选数据
PE2L();
Delay(20000);                             //延迟等待一段时间
while(1)
{
  for(j=0;j <8;j++)
  {
      PE2H();                             //位选开
      GPIO_Write(SEG_PORT,Bit_Tab[j]);    //送入位选数据
      PE2L();                             //位选关
      PE3H();                             //段选开
      GPIO_Write(SEG_PORT,Disp_Tab[j]);   //送入段选数据
      PE3L();                             //段选关
      Delay(200);                         //延迟,就是两个数码管之间显示的时间差

      }
  }
}
```

a）通过 u8 j 语句定义内部变量 j。

b）通过#include "stm8s. h" 包含工程所需的头文件。

c）通过 SystemClock_Init（HSE_Clock）语句设置系统使用外部时钟。

d）通过 SEG_Init（）初始化数码管驱动端口为推挽高速输出。

e）位选打开后，通过 GPIO_Write（SEG_PORTB, 0xff）语句将 0xFF 送入数据端口，关闭所有数码管。

f）延迟等待一段时间，进入 while 循环。

g）在 while 循环中设置 for 循环。

h）在 for 循环中，首先开位选，送位选数据，驱动第一位数码管。

i）关闭位选后，开段选，送入段选数据，让第一位数码管显示数据 0。

j）延时一段时间。

k）进入下一次循环，第 2 位显示数据 1。

l）经过 8 次循环，使 8 个数码管依序动态显示 0~7 数字。

m）调节延时参数，可以调整动态显示数字的间隔。

（5）添加文件。

1）右键单击新工程 C004b_Debug 下的 User，在弹出的菜单中，选择执行 "Add" 菜单下的 "Add File" 添加文件命令。

2）选择给 User 添加 seg. c、main. c、sysclock. c 文件。

（6）设置工程选项 Options。

1）右键单击 C004b_Debug，在弹出的快捷菜单中，选择 Options 进行工程文件设置。

2）首先在 General Option 中的 Target 目标选择目标板，选择要编译的 CPU 类型，选择开发板使用的 STM8S2O7RB。

3）设置 C 编译，要选择头文件的查找目录。

4）选择输出文件格式，设置输出 hex 文件。

5）如果使用仿真器下载，设置仿真器类型为 ST-LINK。

6）设置完成，单击"OK"按钮确认。

技能训练

一、训练目标

（1）学会数码管的静态驱动。

（2）学会数码管的动态驱动。

二、训练步骤与内容

1. 建立一个工程

（1）在 E:\STM8\STM8S 目录下，新建一个文件夹 C003a。

（2）启动 IAR 软件。

（3）选择执行"Project"菜单下的"Create New Project"子菜单命令，弹出"创建新工程"对话框。

（4）在 Project templates 工程模板中选择"C"语言项目。

（5）单击"OK"按钮，弹出"保存项目"对话框，在"另存为"对话框，输入工程文件名"C003a"，单击"保存"按钮。

2. 编写程序文件

在 main 中输入数码管的静态驱动控制程序，单击工具栏"📄"保存按钮，并保存文件。

3. 编译程序

（1）右键单击"C003a _Debug"项目，在弹出的菜单中执行的 Option 选项命令，弹出"选项设置"对话框。

（2）在 Target 目标元件选项页，在 Device 器件配置下拉列表选项中选择"STM8S"下的"STM8S207RB"。

（3）单击"选项设置"对话框项目下的 Output Converter 输出文件覆盖选项，弹出输出选项页，单击"生成附加文件输出"复选框，在输出文件格式中，选择"inter extended"，再单击"override default"下的复选项。

（4）单击"Debugger"选项，在"drive"下选择"ST-LINK"仿真调试器。

（5）完毕选项，单击"OK"按钮，完成选项设置。

（6）单击执行"Project"工程下的"Mike"编译所有文件命令，或工具栏的"🔨"，编译所有项目文件。

（7）首次编译时，弹出"保存工程管理空间"对话框，在文件名栏输入"C003a"，单击"保存"按钮，保存工程管理空间。

4. 下载调试程序

（1）将 STM8S 开发板的 PB 端口与 MGMC-V2.0 单片机开发板的 P0 端口连接，PE2 位选信号连接 P1.6，PE3 段选信号连接 P1.7，电源端口连接。

（2）通过"ST-LINK"仿真调试器，连接电脑和开发板。

（3）单击工具栏的"▶"下载调试按钮，程序自动下载到开发板。

（4）关闭仿真调试。

（5）观察单片机开发板数码管状态变化。

（6）修改延时函数中参数，观察单片机开发板数码管状态变化。

5. 应用库函数实现数码管的动态驱动控制

（1）项目准备。

1）在 E：\STM8\STM8S 目录下，新建一个文件夹 C004b。

2）在 C004b 文件夹内，新建 Flib、User 子文件夹。

3）将示例 C004a 文件夹中的 Flib 的文件内 inc、src 文件拷贝到新建文件夹 Flib 内。

4）将示例 C004a 文件夹中的 User 的文件内文件拷贝到新建 User 子文件夹内。

（2）创建库函数工程。

1）双击桌面 IAR 图标，启动 IAR 开发软件。

2）创建工程管理空间。

3）创建 Empty project 空工程。

4）为新工程起名 C004b。

5）单击"保存"按钮，保存新工程。

6）在工程新建一个组 Flib、一个组 User。

7）选择添加 Flib\src 文件夹内的 stm8s_gpio.c、stm8s_clk、stm8s_flash.c 这 3 个文件。

（3）创建文件。

1）在 IAR 开发软件界面，单击执行"File"文件菜单下的"New File"新文件子菜单命令，创建一个新文件。

2）另存为"main.c"，保存新文件在 User 文件夹内。

3）再创建 2 个新文件，分别另存为"seg.h""seg.c"。

（4）编辑文件。

1）编辑 seg.h 文件。

2）编辑 seg.c 文件。

3）编辑 main.c 文件。

（5）添加文件。

1）右键单击新工程 C004b_Debug 下的 User，在弹出的菜单中，选择执行"Add"菜单下的"Add File"添加文件命令。

2）选择给 User 添加 seg.c、main.c、sysclock.c 这 3 个文件。

（6）设置工程选项 Options。

1）右键单击 C004b_Debug，在弹出的快捷菜单中，选择 Options 进行工程文件设置。

2）首先在 General Option 中的 Target 目标选择目标板，选择要编译的 CPU 类型，选择开发板使用的 STM8S2O7RB。

3）设置 C 编译，要选择头文件的查找目录。

4）选择输出文件格式，设置输出 hex 文件。

5）如果使用仿真器下载，设置仿真器类型为 ST-LINK。

6）设置完成，单击"OK"按钮确认。

（7）下载调试程序。

1）单击工具栏的" "下载调试按钮，程序自动下载到开发板。

2）观察单片机开发板数码管状态变化。

3）修改延时函数中参数，观察单片机开发板数码管状态变化。

任务6　按　键　控　制

　基础知识

一、独立按键控制

1. 键盘分类

键盘按是否编码分为编码键盘和非编码键盘。键盘上闭合键的识别由专用的硬件编码实现，并产生键编码号或键值的称为编码键盘，如计算机键盘。靠软件编程来识别的键盘称为非编码键盘。单片机组成的各种系统中，用得最多的是非编码键盘，也有用到编码键盘的。非编码键盘又分为：独立键盘和行列式（又称为矩阵式）键盘。

（1）独立键盘。独立键盘的每个按键单独占用一个I/O口，I/O口的高低电平反映了对应按键的状态。独立按键的状态：键未按下，对应端口为高电平；按下键，对应端口为低电平。

独立识别流程：

1）查询是否有按键按下？

2）查询是哪个按下？

3）执行按下键的相应键处理。

现以HJ-2G实验板上的独立按键为例，如图3-23所示，简述4个按键的检测流程。4个按键分别连接在单片机的PD0、PD1、PD2、PD3端口上，按流程检测是否有按键按下，就是读取该4个端口的状态值，若4个口都为高电平，说明没有按键按下；若其中某个端口的状态值变为低电平（0V），说明此端口对应的按键被按下，之后就是处理该按键按下的具体操作。

（2）矩阵按键。在键盘中按键数量较多时，为了减少I/O口的占用，通常将按键排列成矩阵形式，即每条水平线和垂直线在交叉处不直接连通，而是通过一个按键加以连接，这样的设计方法在硬件上节省I/O端口，可是在软件上会变得比较复杂。

矩阵按键电路如图3-24所示。

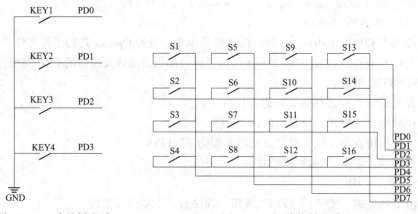

图3-23　4个按键电路　　　　　图3-24　矩阵按键电路

HJ-2G实验板上用的是2脚的轻触式按键，原理就是按下导通，松开则断开。

（3）矩阵按键的软件处理。矩阵按键一般有两种检测法，行扫描法和高低电平翻转法。介

绍之前，先说说一种关系，假如做这样一个电路，将 PD0、P3D、P3D、PD3 分别与 PD4、PD5、PD6、PD7 用导线相连，此时如果给 PD 口赋值 0xef，那么读到的值就为 0xee。这是一种线与的关系，即 PD0 的 "0" 与 PD4 的 "1" 进行 "与" 运算，结果为 "0"，因此 PD 也会变成 "0"。

1) 行扫描法。行扫描法就是先给 4 行中的某一行低电平，别的全给高电平，之后检测列所对应端口，若都为高，则没有按键按下；相反则有按键按下。也可以给 4 列中某一列低电平，别的全给高电平，之后检测行所对应的端口，若都为高，则表明没有按键按下，相反则有按键按下。

具体如何检测，举例来说，首先给 PD 口赋值 0xfe（0b1111 1110），这样只有第一行（PD0）为低，别的全为高，之后读取 PD 的状态，若 PD 口电平还是 0xfe，则没有按键按下，若值不是 0xfe，则说明有按键按下。具体是哪个，则由此时读到值决定，值为 0xee，则表明是 S1，若是 0xde 则是 S5（同理 0xbe 为 S9、0x7e 为 S13）；之后给 PD 赋值 0xfd，这样第二行（PD1）为低，同理读取 PD 数据，若为 0xed 则 S2 按下（同理 0xdd 为 S6，0xbd 为 S10，0x7d 为 S14）。这样依次赋值 0xfb，检测第三行。赋值 0xf7，检测第四行。

2) 高低电平翻转法。先让 PD 口高 4 位为 1，低 4 位为 0。若有按键按下，则高 4 位有一个转为 0，低 4 位不会变，此时即可确定被按下的键的列位置。然后让 PD 口高 4 位为 0，低 4 位为 1。若有按键按下，则低 4 位中会有一个 1 翻转为 0，高 4 位不会变，此时可确定被按下的键的行位置。最后将两次读到的数值进行或运算，从而可确定哪个键被按下了。

举例说明。首先给 PD 口赋值 0xf0，接着读取 PD 口的状态值，若读到值为 0xe0，表明第一列有按键按下；接着给 PD 口赋值 0x0f，并读取 PD 口的状态值，若值为 0x0e，则表明第一行有按键按下，最后把 0xe0 和 0x0e 按位或运算的值也是 0xee。这样，可确定被按下的键是 S1，与第一种检测方法对应的检测值 0xee 对应。虽然检测方法不同，但检测结果是一致的。

最后总结一下矩阵按键的检测过程：赋值（有规律）→读值（高低电平检测法还需要运算）→判值（由值确定按键）。

2. 键盘消抖的基本原理

通常的按键所用开关为机械弹性开关，由于机械触点的弹性作用，一个按键合时，不会立即稳定地接通，断开时也不会立即断开。按键按下时会有抖动，也就是说，只按一次按键，可实际产生的按下次数却是多次的，因而在闭合和断开的瞬间，均伴有一连串的抖动。

为了避免按键抖动现象所采取的措施，就是按键消抖。消抖的方法包括硬件消抖和软件消抖。

（1）硬件消抖。在键数较少时可采用硬件方法消抖，用 RS 触发器来消抖。通过两个与非门构成一个 RS 触发器，当按键未按下时，输出 1；当按键按下时，输出为 0。除了采用 RS 触发器消抖电路外，有时也可采用 RC 消抖电路。

（2）软件消抖。如果按键较多，常用软件方法去抖，即检测到有按键按下时执行一段延时程序，具体延时时间依机械性能而定，常用的延时间是 5~20ms，即按键抖动这段时间不进行检测，等到按键稳定时再读取状态；若仍然为闭合状态电平，则认为真有按键按下。

二、C 语言编程规范

1. 程序排版

（1）程序块要采用缩进风格编写，缩进的空格数为 4 个。说明：对于由开发工具自动生成的代码可以有不一致。本书采用程序块缩进 4 个空格的方式来编写。

（2）相对独立的程序块之间、变量说明之后必须加空行。由于篇幅所限，本书将所有的空格省略掉了。

（3）不允许把多个短语句写在一行中，即一行只写一条语句。同样为了压缩篇幅，本书将一些短小精悍的语句放到了同一行，但不建议读者这样做。

（4）if、for、do、while、case、default 等语句各自占一行，且执行语句部分无论多少都要加括号 {}。

2. 程序注释

注释是程序可读性和可维护性的基石，如果不能在代码上做到顾名思义，那么就需要在注释上下大功夫。

注释的基本要求，现总结以下几点：

（1）一般情况下，源程序有效注释量必须在 20% 以上。注释的原则是有助于对程序的阅读理解，在该加的地方都必须加，注释不宜太多但也不能太少，注释语言必须准确、易懂、简洁。

（2）注释的内容要清楚、明了，含义准确，防止注释的二义性。错误的注释不但无益反而有害。

（3）边写代码边注释，修改代码同时修改注释，以保证注释与代码的一致性，不再有用的注释要删除。

（4）对于所有具有物理含义的变量、常量，如果其命名起不到注释的作用，那么在声明时必须加以注释来说明物理含义。变量、常量、宏的注释应放在其上方相邻位置或右方。

（5）一目了然的语句不加注释。

（6）全局数据（变量、常量定义等）必须要加注释，并且要详细，包括对其功能、取值范围、哪些函数或过程存取它以及存取时该注意的事项等。

（7）在代码的功能、意图层次上进行注释，提供有用、额外的信息。注释的目的是解释代码的目的、功能和采用的方法，提供代码以外的信息，帮助读者理解代码，防止没必要的重复注释。

（8）对一系列的数字编号给出注释，尤其在编写底层驱动程序的时候（比如引脚编号）。

（9）注释格式尽量统一，建议使用"/* …… */"。

（10）注释应考虑程序易读及外观排版的因素，使用的语言若是中英文兼有，建议多使用中文，因为注释语言不统一，影响程序易读性和外观排版。

3. 变量命名规则

变量的命名好坏与程序的好坏没有直接关系。变量命名规范，可以写出简洁、易懂、结构严谨、功能强大的好程序。

（1）命名的分类。变量的命名主要有两大类，驼峰命名法、匈牙利命名法。

任何一个命名应该主要包括两层含义，望文生义、简单明了且信息丰富。

1）驼峰命名法。该方法是电脑程序编写时的一套命名规则（惯例）。程序员们为了自己的代码能更容易在同行之间交流，所以才采取统一的、可读性强的命名方式。例如：有些程序员喜欢全部小写，有些程序员喜欢用下划线，所以写一个 my name 的变量，一般写法有 myname、my_name、MyName 或 myName。这样的命名规则不适合所有的程序员阅读，而利用驼峰命名法来表示则可以增加程序的可读性。

驼峰命名法就是当变量名或函数名由一个或多个单字连接在一起而构成识别字时，第一个单字以小写开始，第二个单字开始首字母大写，这种方法统称为"小驼峰式命名法"，如 myFirstName；或每一个单字的首字母大写，这种命名称为"大驼峰式命名法"，如 MyFirst-Name。

这样命名，看上去就像驼峰一样此起彼伏，由此得名。驼峰命名法可以视为一种惯例，并无强制，只是为了增加可读性和可识别性。

2）匈牙利命名法。匈牙利命名法的基本规则是：变量名＝属性＋对象描述，其中每一个对象的名称都要求有明确含义，可以取对象的全名或名字的一部分。命名要基于容易识别、记忆的原则，保证名字的连贯性是非常重要的。

全局变量用 g_开头，如一个全局长整型变量定义为 g_lFirstName。

静态变量用 s_开头，如一个静态字符型变量定义为 s_cSecondName。

成员变量用 m_开头，如一个长整型成员变量定义为 m_lSixName。

对象描述采用英文单字或其组合，不允许使用拼音。程序中的英文单词不要太复杂，用词应准确。英文单词尽量不要缩写，特别是非常有的单词。用缩写时，在同一系统中对同一单词必须使用相同的表示法，并注明其含义。

（2）命名的补充规则。

1）变量命名使用名词性词组，函数使用动词性词组。

2）所有的宏定义、枚举常数、只读变量全用大写字母命名。

4. 宏定义

宏定义在单片机编程中经常用到，而且几乎是必然要用到的，C 语言中宏定义很重要，使用宏定义可以防止出错，提高可移植性，可读性，方便性等。

C 语言中常用宏定义来简化程序的书写，宏定义使用关键字 define，一般格式为：

```
#define 宏定义名称    数据类型
```

其中，"宏定义名称"为代替后续的数据类型而设置的标识符，"数据类型"为宏定义将取代的数据标识。

例如：

```
#define  uChar8 unsigned char
```

在编写程序时，写 unsigned char 明显比写 uChar8 麻烦，所以用宏定义给 unsigned char 来了一个简写的方法 uChar8，当程序运行中遇到 uChar8 时，则用 unsigned char 代替，这样就简化了程序编写。

5. 数据类型的重定义

数据类型的重定义使用关键字 typedef，定义方法如下：

```
typedef 已有的数据类型    新的数据类型名；
```

其中"已有的数据类型"是指 C 语言中所有的数据类型，包括结构、指针和数组等，"新的数据类型名"可按用户自己的习惯或根据任务需要决定。关键字 typedef 的作用只是将 C 语言中已有的数据类型做了置换，因此可用置换后的新数据类型的定义。

```
typedef int word;   /*定义 word 为新的整型数据类型名*/
word i,j;      /*将 i,j 定义为 int 型变量*/
```

例子中，先用关键字 typedef 将 word 定义为新的整型数据类型，定义的过程实际上是用 word 置换了 int，因此下面就可以直接用 word 对变量 i、j 进行定义，而此时 word 等效于 int，所以 i、j 被定义成整型变量。

一般而言，用 typedef 定义的新数据类型用大写字母中原有的数据类相区别。另外还要注意，用 typedef 可以定义各种新的但不能直接用来定义变量，只是对已有的数据类型做了一个名字上的置换，并没有创造出一个新的数据类型。

采用 typedef 来重新定义数据类型有利程序的移植，同时还可以简化较长的数据类型定义，如结构数据类型。在采用多模块程序设计时，如果不同的模块程序源文件中用到同一类型时（尤其是数组、指针、结构、联合等复杂数据类型），经常用 typedef 将这些数据类型重新定义，并放到一个单独的文件中，需要时再用预处理#include 将它们包含进来。

6. 枚举变量

枚举就是通过举例的方式将变量的可能值一一列举出来定义变量的方式，定义枚举型变量的格式：

enum 枚举名{枚举值列表}变量表列；

也可以将枚举定义和说明分两行写。

enum 枚举名{枚举值列表}；
enum 枚举名 变量表列；

例如：

enum day{Sun,Mon,Tue,Wed,Thu,Fri,Sat};d1,d2,d3;

在枚举列表中，每一项代表一个整数值。默认情况下，第一项取值 0，第二项取值 1，依次类推。也可以初始化指定某些项的符号值，某项符号值初始化以后，该项后续各项符号值依次递增加一。

三、按键处理程序

1. 独立按键控制 LED 灯程序

（1）控制要求。按下 HJ-2G 单片机开发板上的 KEY1 键，则 LED1 亮，按下 KEY2 键，则 LED1 灭。STM8S 开发板的 PG 端口与 LED 连接，PD 端口与 HJ-2G 单片机开发板的 P3 连接。

（2）控制程序。

```
#include "iostm8s207rb.h"          /*预处理命令,用于包含头文件等*/
#define uChar8 unsigned char       //定义无符号字符型数据类型 uChar8
#define uInt16 unsigned int        //定义无符号整型数据类
/*************************************************/
// 定义延时函数 DelayMS()
/*************************************************/
void Delayms(uInt16  ValMS)        //函数1定义
{
    uInt16 i;                      //定义无符号整型变量 i
    while(ValMS--)
    for(i=2286;i>0;i--);           //进行循环操作,以达到延时的效果
}
/*************************************************/
//主函数 main()
```

```
/*****************************************************/
void main(void)
{
    PG_DDR=0xFF;                          //设置 PG 为输出模式
    PG_CR1=0xFF;                          //设置 PG 为推挽输出
    PG_CR2=0x00;                          //设置 PG 为 2MHz 快速输出
    PG_ODR=0xff;                          //设置 PG 口输出高电平,熄灭所有 LED
    PD_DDR=0xF0;                          //设置 PD 为高 4 位为输出模式,低 4 位为输入模式
    PD_CR1=0xFF;                          //设置 PD 为高 4 位推挽输出,低 4 位为上拉输入
    PD_CR2=0x00;                          //设置 PD 为 2MHz 快速输出
    PD_ODR=0xff;

    while(1)                              //while 循环
    {
      if(0xfe==PD_IDR)                    //判断 KEY1 按下
        {
            DelayMS(5);                   //延时去抖
            if(0xfe==PD_IDR)              //再次判断 KEY1 按下
            {
            PG_ODR=0xfe;                  //点亮 LED1
            while(PD_IDR! =0xfe);         //等待 KEY1 弹起
            }
        }
      if(0xfd==PD_IDR)                    //判断 KEY2 按下
        {
            DelayMS(5);                   //延时去抖
            if(0xfd==PD_IDR)              //再次判断 KEY2 按下
            {
            PG_ODR=0xff;                  //熄灭 LED1
            while(PD_IDR! =0xfd);         //等待 KEY2 弹起
            }
        }

    }                                     //while 循环结束
}
```

程序分析:

程序使用 typedef unsigned int uInt16;语句重新定义一个无符号长整型数据类型,然后在延时函数中用新数据类型 uInt16 定义新变量 i、j。

程序使用 if 语句对 KEY1 按键是否按下进行判别,当 KEY1 按下时,if (0xfe==PD_IDR) 语句满足条件,执行其下面的程序语句,延时 5ms 后,重新检测按键 KEY1 是否按下,按下则点亮 LED1。

程序使用 if 语句对 KEY2 按键是否按下进行判别,当 KEY2 按下时,if (0xfd==PD_IDR) 语句满足条件,执行其下面的程序语句,延时 5ms 后,重新检测按键 S2 是否按下,按下则熄

灭 LED1。

2. 应用扫描按键处理的控制程序

```c
#include "iostm8s207rb.h"              /*预处理命令,用于包含头文件等*/
#define uChar8 unsigned char           //uChar8 宏定义
#define uInt16 unsigned int            //uInt16 宏定义
/*****************************************************/
// 定义延时函数 DelayMS()
/*****************************************************/
void DelayMS(uInt16 ValMS)
{
    uInt16 uiVal,ujVal;
    for(uiVal=0; uiVal < ValMS; uiVal++);
      for(ujVal=0; ujVal < 923; ujVal++);
}
uChar8 KeyResult;
/*****************************************************/
//键盘按下判断函数   Key_Press()
/*****************************************************/
unsigned char Key_Press()
{
    unsigned char KeyRead;

    PD_DDR=0x0F;                       //设置 PD 为低 4 位为输出模式,高 4 位为输入模式
    PD_CR1=0xFF;                       //设置 PD 为低 4 位推挽输出,高 4 位为上拉输入
    PD_CR2=0x00;                       //设置 PD 为 2MHz 快速输出,非中断输入
        PD_ODR=0xf0;
     KeyRead=PD_IDR;                   //读取 PD 口的值

    if(KeyRead! =0xf0) return 1;
    else return 0;
}
/*****************************************************/
//键盘扫描函数 Key_Scan()
/*****************************************************/
void Key_Scan()
{
    unsigned char KeyRead;

      if(Key_Press())                  //如果按下键盘
      {
          DelayMS(10);                 //消抖
          PD_DDR=0x0F;                 //设置 PD 为低 4 位为输出模式,高 4 位为输入模式
          PD_CR1=0xFF;                 //设置 PD 为低 4 位推挽输出,高 4 位为上拉输入
          PD_CR2=0x00;                 //设置 PD 为 2MHz 快速输出,非中断输入
```

```
        PD_ODR=0xfe;                    //PD0 输出低电平
        KeyRead=PD_IDR;                 //读取 PD 口的值

        switch(KeyRead)                 //哪个键盘被按下了
        {
        case 0xee: KeyResult=1; break;  //第一行的第一列键盘被按下
        case 0xde: KeyResult=2; break;  //第一行的第二列键盘被按下
        case 0xbe: KeyResult=3;  break; //第一行的第三列键盘被按下
        case 0x7e: KeyResult=4;  break; //第一行的第四列键盘被按下
        }
    }
}
/*************************************************/
//主函数 main()
/*************************************************/
void main(void)
{
    PG_DDR=0xFF;                        //设置 PG 为输出模式
    PG_CR1=0xFF;                        //设置 PG 为推挽输出
    PG_CR2=0x00;                        //设置 PG 为 2MHz 快速输出
    PG_ODR=0xff;                        //设置 PG 输出为 0xff,熄灭所有 LED

    while(1)                            //while 循环
    {
    Key_Scan();                         //while 循环开始
        switch(KeyResult)
        {
        case 1:
          PG_ODR==0xfe;
          break;
        case 2:
          PG_ODR==0xff;
          break;
          default: break;
        }
    }                                   //while 循环结束
}
```

　　程序设计了键盘按下判断函数 Key_Press () 和按键扫描函数 Key_Scan (),在按键扫描中调用键盘按下判断函数,如果有键按下,延时去抖后,再读取 PD_IDR 的数据,通过 switch语句,根据 PD_IDR 的数据不同,返回不同的按键结果值 KeyResult。

　　在主程序中,首先进行端口初始化,然后执行 wihle 循环,扫描键盘,根据不同的键值,确定 LED1 的亮灭。

3. 应用库函数的按键处理

（1）led. h 文件。

```
/***************************************************************
*文件名:led. h
硬件连接:PG1----led1
***************************************************************/
#ifndef __LED_H
#define __LED_H
#include "stm8s_gpio. h"

#define LED1_PIN          GPIO_PIN_1
#define LED1_PORT         GPIOG

void LED_Init(void);
void LED1_Open(void);
void LED1_Close(void);

#endif
```

（2）led. c 文件。

```
/***************************************************************
*文件名:led. c
硬件连接:PG1----led1

***************************************************************/

#include "led. h"

void LED_Init(void)
{
  GPIO_Init(LED1_PORT,LED1_PIN,GPIO_MODE_OUT_PP_HIGH_FAST);//定义 LED 的管脚的
                                                              模式

}

void LED1_Open(void)
{
GPIO_WriteLow(LED1_PORT,LED1_PIN);                          //输入低电平
}
void LED1_Close(void)
{
GPIO_WriteHigh(LED1_PORT,LED1_PIN);                         //输出高电平
}
```

（3）key. h 文件。

```
#ifndef __KEY_H
#define __KEY_H

#include "stm8s.h"
#include "stm8s_clk.h"
#include "stm8s_gpio.h"

#define KEY2_PIN        GPIO_PIN_2
#define KEY1_PIN        GPIO_PIN_1
#define KEY2_PORT       GPIOD
#define KEY1_PORT       GPIOD

void KEY_Init(void);
BitStatus KEY_Down(GPIO_TypeDef*GPIOx,GPIO_Pin_TypeDef GPIO_Pin);

#endif
```

（4）key. c 文件。

```
/*****************************************************************
 *文件名    :main
    硬件:key1-- PD1    key2 --PD2
 ****************************************************************/

#include "key.h"


void KEY_Init(void)
{ GPIO_Init(KEY1_PORT,KEY1_PIN,GPIO_MODE_IN_PU_NO_IT);   //定义 key 的管脚的模式
  GPIO_Init(KEY2_PORT,KEY2_PIN,GPIO_MODE_IN_PU_NO_IT);

}

void Delay(uint32_t temp)
{
  for(; temp! =0; temp--);
}


BitStatus KEY_Down(GPIO_TypeDef*GPIOx,GPIO_Pin_TypeDef  GPIO_Pin)
{
        /*检测是否有按键按下*/
        if(GPIO_ReadInputPin(GPIOx,GPIO_Pin) ==0)
      {
```

```
                        /*延时消抖*/
                   Delay(10000);
                    if(GPIO_ReadInputPin(GPIOx,GPIO_Pin)==0)
                    {
                    /*等待按键释放*/
                    while(GPIO_ReadInputPin(GPIOx,GPIO_Pin)==0);
                     return 0;
                    }
                    else
                    return 1;
               }
          else
          return 1;
     }
```

(5) main. c 文件。

```
/***********************************************************
*文件名:main
***********************************************************/

#include "stm8s.h"
#include "stm8s_clk.h"
#include "led.h"
#include "key.h"


int main(void)
{
//SystemClock_Init(HSE_Clock);
CLK_HSIPrescalerConfig(CLK_PRESCALER_HSIDIV1);
LED_Init();
KEY_Init();
LED1_Close();
while(1)

{
if(KEY_Down(KEY1_PORT,KEY1_PIN)==0)
{
LED1_Open();        //点亮 LED1
}
if(KEY_Down(KEY2_PORT,KEY2_PIN)==0)
{
LED1_Close();       //熄灭 LED1
}
```

```
  }
}
```

（6）C005B 按键处理程序结构（见图 3-25）。

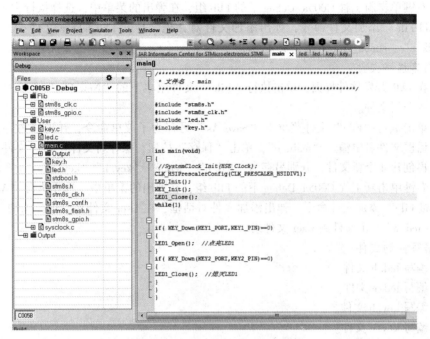

图 3-25　C005B 按键处理程序结构

 技能训练

一、训练目标

（1）学会独立按键的处理控制。

（2）学会矩阵按键处理控制。

二、训练步骤与内容

1. 工程准备

（1）在 E:\STM8\STM8S 目录下，新建一个文件夹 C05。

（2）在 C05 文件夹内，新建 Flib、User 子文件夹。

（3）将示例 D03 文件夹中的 Flib 的文件内 inc、src 文件拷贝到新建文件夹 Flib 内。

2. 新建项目工程

（1）在双击桌面 IAR 图标，启动 IAR 开发软件。

（2）单击执行 File 文件菜单下 "New Workspace" 子菜单命令，创建工程管理空间。

（3）再单击 Project 文件下的 "Create New Project" 子菜单命令，出现创建新工程对话框。在工程模板 Project templates 中选择第 1 项 Empty project 空工程。单击 "OK" 按钮，弹出 "另存为" 对话框，为新工程起名 C005a。单击 "保存" 按钮，保存在 C05 文件夹。在工程项目浏览区，出现 C005a_Debug 新工程。

（4）右键单击新工程 C005a_Debug，在弹出的菜单中，选择执行 "Add" 菜单下的 "Add

Group"添加组命令，在弹出的新建组对话框，填写组名"Flib"，单击"OK"按钮，为工程新建一个组 Flib。

（5）用类似的方法，为工程新建一个组 User。

（6）右键单击新工程 C005a_Debug 下的 Flib 组，在弹出的菜单中，选择执行"Add"菜单下的"Add File"添加文件命令，弹出添加文件对话框，打开 Flib 的 src 文件夹，选择添加"stm8s_clk. c""stm8s_gpio"这 2 个文件。

3. 创建程序文件

（1）在 IAR 开发软件界面，单击执行"File"文件菜单下的"New File"新文件子菜单命令，创建一个新文件。

（2）单击执行"File"文件菜单下"Save As"另存为子菜单命令，弹出"另存为"对话框，在对话框文件名中输入"main. c"，单击"保存"按钮，保存新文件在 User 文件夹内。

（3）再创建 4 个新文件，分别另存为"led. h""led. c""key. h""key. c"。

（4）右键单击新工程 C005a_Debug 下的 Flib 组，在弹出的菜单中，选择执行"Add"菜单下的"Add File"添加文件命令，弹出添加文件对话框，在 User 文件夹，选择添加"main. c""key. c""led. c" 3 个文件到 User 文件组。

4. 编写控制文件

（1）编写 led. h 文件。

（2）编写 led. c 文件。

（3）编写 key. h 文件。

（4）编写 key. c 文件。

（5）编写 main. c 文件。

5. 编译程序

（1）右键单击"C005a _Debug"项目，在弹出的菜单中执行的 Option 选项命令，弹出"选项设置"对话框。

（2）在 Target 目标元件选项页，在 Device 器件配置下拉列表选项中选择"STM8S"下的"STM8S207RB"。

（3）单击选项设置对话框项目下的 Output Converter 输出文件覆盖选项，弹出输出选项页，单击生成附加文件输出复选框，在输出文件格式中，选择"inter extended"，再单击"override default"下的复选项。

（4）单击"Debugger"选项，在"drive"下选择"ST-LINK"仿真调试器。

（5）完毕选项，单击"OK"按钮，完成选项设置。

（6）单击执行"Project"工程下的"Mike"编译所有文件命令，或工具栏的"🔽"，编译所有项目文件。

（7）首次编译时，弹出"保存工程管理空间"对话框，在文件名栏输入"C005a"，单击"保存"按钮，保存工程管理空间。

6. 下载调试程序

（1）按图 3-24 将 STM8S 开发板的 PG、PD 端口与 MGMC-V2. 0 单片机开发板的按键和发光二极管端口连接，电源端口连接。

（2）通过"ST-LINK"仿真调试器，连接电脑和开发板。

（3）单击工具栏的"🔘"下载调试按钮，程序自动下载到开发板。

（4）关闭仿真调试。

（5）分别按下 S1、S2 键，观察 MGMC-V2.0 单片机开发板 LED 状态变化。

（6）应用 C 语言，设计独立按键的处理控制，并编译下载到 STM8 开发板，调试运行。

（7）应用 C 语言，设计矩阵按键的处理控制，并编译下载到 STM8 开发板，调试运行。

📖 习题

1. 双 LED 灯控制，根据控制要求设计程序，并下载到 STM8F149 单片机开发板进行调试。
控制要求：

（1）按下 KEY1 键，LED1 亮。

（2）按下 KEY2 键，LED2 亮。

（3）按下 KEY3 键，LED1、LED2 熄灭。

2. 设计按键矩阵扫描处理程序。要求：在按键矩阵扫描处理中，应用给列赋值的方法，识别 S1～S16，并赋值给 KeyNum，然后根据 KeyNum 值显示对应的数值"0～9、A～F"。

项目四 突发事件的处理—中断

学习目标

(1) 学习中断基础知识。
(2) 学会设计外部中断控制程序。

任务7 外部中断控制

基础知识

一、中断知识

1. 中断

对于单片机来讲，在程序的执行过程中，由于某种外界的原因，必须终止当前的程序而去执行相应的处理程序，待处理结束后再回来继续执行被终止的程序，这个过程叫中断。对于单片机来说，突发的事情实在太多了。例如，用户通过按键给单片机输入数据，这对单片机本身来说是无法估计的事情，这些外部来的突发信号一般就由单片机的外部中断来处理。外部中断其实就是一个由引脚的状态改变所引的中断。中断流程如图4-1所示。

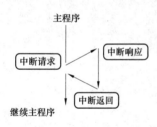

图4-1 中断流程

2. 采用中断的优点

(1) 实时控制。利用中断技术，各服务对象和功能模块可以根据需要，随时向 CPU 发出中断申请，并使 CPU 为其工作，以满足实时处理和控制需要。

(2) 分时操作。提高 CPU 的效率，只有当服务对象或功能部件向单片机发出中断请求时，单片机才会转去为他服务。这样，利用中断功能，多个服务对象和部件就可以同时工作，从而提高了 CPU 的效率。

(3) 故障处理。单片机系统在运行过程中突然发生硬件故障、运算错误及程序故障等，可以通过中断系统及时向 CPU 发出请求中断，进而 CPU 转到响应的故障处理程序进行处理。

3. 中断的优先级

中断的优先级是针对有多个中断同时发出请求，CPU 该如何响应中断，响应哪一个中断而提出的。

通常，一个单片机会有多个中断源，CPU 可以接收若干个中断源发出的中断请求。但在同一时刻，CPU 只能响应这些中断请求中的其中一个。为了避免 CPU 同时响应多个中断请求带来的混乱，在单片机中为每一个中断源赋予一个特定的中断优先级。一旦有多个中断请求信号，

CPU 先响应中断优先级较高的中断请求，然后再逐次响应优先级次一级的中断。中断优先级也反映了各个中断源的重要程度，同时也是分析中断嵌套的基础。

当低级别的中断服务程序正在执行的过程中，有高级别的中断发出请求，则暂停当前低级别中断，转入响应高级别的中断，待高级别的中断处理完毕后，再返回原来的低级别中断断点处继续执行，这个过程称为中断嵌套，其处理过程如图 4-2 所示。

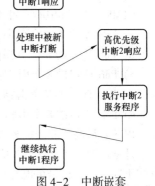

图 4-2　中断嵌套

二、STM8 的中断

1. STM8 的中断简介

中断控制器提供如下功能。

（1）硬件中断的管理。

1）所有 I/O 引脚都具有外部中断能力。

2）每一个端口都有独立的中断向量以及独立的标志。

（2）软件中断的管理（TRAP）。具有灵活的优先级和中断等级管理，支持可嵌套的或同级中断管理。

1）多达 4 个软件可编程的嵌套等级。

2）最多有 32 个中断向量，其入口地址由硬件固定。

3）2 个不可屏蔽的事件：RESET、TRAP。

4）1 个不可屏蔽的最高优先级的硬件中断（TLI）。

（3）基于如下资源的中断管理。

1）位 I1 和 I0 位于 CPU 的条件代码寄存器（CCR）。

2）软件优先级寄存器（ITC_SPRx）。

3）复位向量地址 0x00 8000 位于程序空间的起始部分。对于具有启动 ROM 的型号，ST 公司把复位初始化程序固化在 ROM 区中。

4）固定的中断向量地址位于程序空间映像的高位地址段（0x00 8004 to 0x00 807C），其地址顺序即为硬件的优先顺序。

2. 中断源

中断源是指能够向单片机发出中断请求信号的部件和设备，STM8 中断控制器处理如下两种类型的中断源。

（1）不可屏蔽的中断。不可屏蔽中断就是屏蔽不了的中断，即关不掉的中断，通俗地说，这类中断只要发生，CPU 必须无条件去处理。

不可屏蔽中断包括 RESET、TLI 和 TRAP。

RESET 复位中断是 STM8 的软件和硬件中断的最高优先级，这也就是说，在复位程序的开始，所有的中断被禁止，复位中断可以使处理器从停机（Halt）模式退出。

TLI 最高等级的硬件中断：当在特定的 I/O 边沿检测到在相应的 TLI 输入时将产生硬件中断。

TRAP 中断：当执行 TRAP 指令时就响应的不可屏蔽的软件中断。

（2）可屏蔽中断。可屏蔽中断是可以通过软件设置相关寄存器来开启或关闭的中断，当关闭后，即使这类中断发生时，CPU 也不会处理，因为它屏蔽了。

1）外部中断。外部中断可以用来把 MCU 从停机（Halt）模式唤醒。外部中断触发方式的选择，可以通过软件写控制外部中断控制寄存器（EXTI_CRx）来实现。

当多个连接到同一个中断向量的外部引脚中断被同时选定时候，那么它们是逻辑或的关系。

STM8S 为外部中断事件专门分配了五个中断向量：

a) Port A 口的 5 个引脚：PA [6：2]。

b) Port B 口的 8 个引脚：PB [7：0]。

c) Port C 口的 8 个引脚：PC [7：0]。

d) Port D 口的 7 个引脚：PD [6：0]。

e) Port E 口的 8 个引脚：PE [7：0]。

PD7 是最高优先级的外部中断源（TLI）。

外部中断就是从 STM8 单片机外部引脚输入到单片机的中断触发信号，根据设置寄存器的方式不同，触发信号可能是低电平、下降沿、上升沿，可通过外部中断控制寄存器 1（EXTI_CR1）和外部中断控制寄存器 2（EXTI_CR2）进行配置。

如果想使能外部中断，除了开启总中断外，还需将相应的 I/O 口设置为中断使能的输入口。

2）外设中断。内嵌的外设中断有模数转换器（ADC）、TIM、SP1、USART、I2C、CAN 等。

大部分的外设中断会导致 MCU 从停机（Halt）模式下唤醒。

当对应外设状态寄存器的中断标志位被置位，同时相应的外设控制寄存器的使能位被置位时将产生一个外设中断。

清除一个外设中断的标准顺序是在对状态寄存器的访问后再对相关寄存器进行读或者写操作。

3. 中断向量

中断源发出的请求信号被 CPU 检测到之后，如果单片机的中断控制系统允许响应中断，则 CPU 会自动转移，执行一个固定的程序空间地址中的指令。这个固定的地址称为中断入口地址，也称中断向量。

STM8 系列单片机有丰富的中断源，每个中断源在程序空间都有自己独立的中断向量，STM8 的中断向量见表 4-1。

表 4-1　　　　　　　　　　　　STM8 的中断向量

中断向量号	中断源	描述	从停机唤醒	从活跃停机唤醒	中断向量地址
	RESET	复位	是	是	8000H
	TRAP	软件中断			8004H
0	TLI	外部最高级中断			8008H
1	AWU	自动唤醒中断		是	800CH
2	CLK	时钟控制器			8010H
3	EXTI0	端口 A 外部中断	是	是	8014H
4	EXTI1	端口 B 外部中断	是	是	8018H
5	EXTI2	端口 C 外部中断	是	是	801CH
6	EXTI3	端口 D 外部中断	是	是	8020H
7	EXTI4	端口 E 外部中断	是	是	8024H

续表

中断向量号	中断源	描述	从停机唤醒	从活跃停机唤醒	中断向量地址
8	CAN	CAN RX 中断			8028H
9	CAN	CAN TX/ER/SC 中断			802CH
10	SPI	发送完成	是	是	8030H
11	TM1	更新/上溢出/下溢出/触发/刹车	是	是	8034H
12	TM1	捕获/比较	是	是	8038H
13	TM2	更新/上溢出	是	是	803CH
14	TM2	捕获/比较	是	是	8040H
15	TM3	更新/上溢出	是	是	8044H
16	TM3	捕获/比较	是	是	8048H
17	UART1	发送完成			804CH
18	UART1	接收寄存器满			8050H
19	I2C	I2C 中断	是	是	8054H
20	UART2/3	发送完成			8058H
21	UART2/3	接收寄存器满			805CH
22	ADC	转换结束			8060H
23	TM4	更新/上溢出			8064H
24	FLASH	编程结束/禁止编程			8068H
保留					806CH～807CH

4. STM8 的中断控制及响应过程

（1）STM8 的中断响应过程。

1）在当前正在执行指令结束之后，正常的操作被悬起。

2）保护现场。为了使中断处理不影响主程序的运行，需要把断点处有关寄存器的内容和标志位的状态压入堆栈区进行保护。PC、X、Y、A 和 CC 寄存器被自动压栈。根据 ITC_SPRx 寄存器中的值对应的中断服务向量，CC 寄存器中的位 I1 和 I0 被相应设置。

3）中断服务。通过中断向量载入中断服务子程序的入口地址，接着对中断服务子程序的第一条指令取址，执行相应的中断服务子程序。

4）恢复现场，中断返回。中断服务子程序必须以 IRET 指令结束，该指令会把堆栈中的保存的寄存器内容出栈，同时由于运行 IRET 指令，位 I1 和位 I0 被重新恢复，程序也恢复运行。

（2）同时发生的中断管理。在该模式下，所有的中断的中断优先级都是 3 级，因此它们都是不可以被中断的（除了被 TLI、RESET 或 TRAP 中断之外）。

（3）中断嵌套。当单片机正在执行一个中断服务时，有另一个优先级更高的中断提出中断请求时，这时就会暂停正在执行的中断服务程序，去处理级别更高的中断源，待处理完毕后，再返回到被中断了的程序继续执行，这个过程就是中断嵌套。

中断嵌套允许正在进行一个中断服务时，再次响应一个新的中断，而不是等待中断处理服务程序全部完成之后才允许新的中断产生，一旦嵌套的中断服务完成之后，则回到前一个中断服务函数，继续执行前一个中断服务。高优先级中断就是利用中断优先级来打断正在执行的低优先级的中断。

在该模式下，允许在中断子程序中响应中断。一旦一个中断的优先级被设置低于 3 级时该模式就立即有效。

（4）STM8 的中断的优先级。STM8S 单片机可以通过设置 ITC 的 SPRx 寄存器配置相应中断源的软件中断优先级，实现中断嵌套。

当两个中断同时申请中断时，如果几个排队的中断具有相同的软件优先级，那么最高硬件优先级的中断先被 MCU 响应。硬件的中断优先级按从低到高的顺序排列如下：MAIN、IT4、IT3、IT2、IT1、IT0，TRAP/TLI（同等优先级）以及 RESET。RESET 具有最高的优先级。STM8 的嵌套中断的优先级如图 4-3 所示。当中断请求没有立即得到响应时，该中断请求被锁存。当其软件优先级和硬件优先级均为最高的时候，该中断被 MCU 处理。

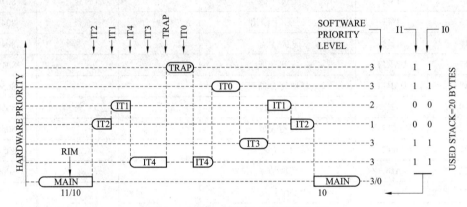

图 4-3　STM8 的嵌套中断的优先级

三、相关的寄存器

1. CPU 条件寄存器 CCR（见表 4-2）

表 4-2 　　　　　　　　　　**CPU 条件控制寄存器 CCR**

位	B7	B6	B5	B4	B3	B2	B1	B0
符号	V	—	I1	H	I0	N	Z	C
读写	r	r	rw	r	rw	r	r	r

I [1：0]：软件中断优先级位。

CPU 条件控制寄存器 CCR 这两位表明当前中断请求的优先级。当一个中断请求发生时，相应的中断向量的软件优先级自动从（ITC_SPRx）载入 I [1：0]。中断优先级配置见表 4-3。

表 4-3 　　　　　　　　　　**中断优先级配置**

I1	I0	优先级	级别
1	0	0 级	低 ↓ 高
0	1	1 级	
0	0	2 级	
1	1	3 级	

2. 软件优先级寄存器 ITC_SPRx

软件优先级寄存器 ITC_SPRx 的 x 是 1~8 中的一个数字，即有 8 个寄存器。这些寄存器用于设置表4-3中所列中断的优先级，对于 STM8S2O8RB 芯片的外部引脚中断用的是寄存器 ITC_SPR1和ITC_SPR2。外部中断优先级设置见表4-4。

表 4-4　　　　　　　　　　　　　　外部中断优先级设置

ITC_SPR1	B7	B6	B5	B4	B3	B2	B1	B0
被设端口	端口 A							
ITC_SPR2	B7	B6	B5	B4	B3	B2	B1	B0
被设端口	端口 E		端口 D		端口 C		端口 B	

例如设置 B 端口的优先级为 1 级，设置 C 口的中断优先级为 3 级，则需要给 ITC SPR2 进行如下设置：

```
ITC_SPR2=0x0d;
```

3. 外部中断控制寄存器 EXTI_CR1 与 EXTI_CR2

外部中断控制寄存器 EXTI_CR1、EXTI_CR2 见表4-5、表4-6。

表 4-5　　　　　　　　　　　　　　**EXTI_CR1 寄存器**

EXTI_CR1	B7	B6	B5	B4	B3	B2	B1	B0
被设端口	端口 D		端口 C		端口 B		端口 A	
读写	rw	rw	rw	rw	rw	rw	rw	rw

表 4-6　　　　　　　　　　　　　　**EXTI_CR2 寄存器**

EXTI_CR2	B7	B6	B5	B4	B3	B2	B1	B0
被设端口	保留					TLI	端口 E	
读写						rw	rw	rw

每两位控制一个端口的中断触发方式，其中 EXTI_CR2 中的高 5 位保留，第 2 位控制 TLI 的外部中断触发方式，见表4-7。

表 4-7　　　　　　　　　　　　　　外部中断触发方式

相应位		中断触发方式
0	0	下降沿和低电平触发
0	1	上升沿产生中断
1	0	下降沿产生中断
1	1	上升沿、下降沿产生中断

EXTI_CR2 中第 2 位为 "0" 时，TLI 为下降沿触发，否则为上升沿触发。该位只有在 PD7 关闭中断时才可写入，也就是说先设置触发方式。再开 PD7 中断，若想改变中断方式，也必须先关闭 PD7 口的中断，再改变触发方式，然后再打开中断。

而其他端口的外部中断，也必须先设置中断触发方式，再开总中断。因为只有 CCR 寄存器的 I1 和 I0 都为 1 时，这些位才可被写入。

中断设置步骤：

设置触发方式→设置中断优先级→设置 I/O 口引脚配置（所有用到的引脚，包括普通 I/O 口和中断触发引脚）→开总中断。

设置 PB0 为仅上升沿触发，PE2 仅为下降沿触发。

```
_asm("sim");                    //关总中断
EXTI_CR2=0x02;                  //设置 PE 口为仅下降沿触发
ExTI_CRl=0x04;                  //设置 PB 口为仅上升沿触发
PB_DDR &=~ (1<<2);              //PB0 设置为输入
PB_CR1 |=(1<<0);                //启用 PB0 上拉电阻
PBC_CR2 |=(1<<0);               //开 PB0 中断
PE_DDR &=~ (1<<2);              //PB0 设置为输入
PE_CR1 |=(1<<2);                //启用 PB0 上拉电阻
PE_CR2 |=(1<<2);                //开 PB0 中断
_asm("rim");                    //开总中断
```

四、外部中断操作的 C 语言程序及分析

```
#include "iostm8s207rb.h"
/*******************************************************************
****函数功能:初始化 LED 接口
*******************************************************************/
void InitLED(void)
{
  PG_DDR |=0xff;                //设置 PG 为输出模式
  PG_CR1 |=0xff;                //设置 PG 为推挽输出
  PG_CR2 |=0xff;                //设置 PG 为 10MHz 快速输出


}
/*******************************************************************
//函数功能:初始化外部中断
*******************************************************************/
void InitEXTI(void)
{
  EXTI_CR1 = (2<<2);            //PB 下降沿触发
  PB_DDR&=0xFe;                 //PB0 为输入模式
  PB_CR1 |=0x01;                //PB0 上拉
  PB_CR2 |=0x01;                //PB0 使能外部中断

  EXTI_CR1 |= (2<<6);           //PD 下降沿触发
  PD_DDR&=0xFB;                 //PD2 为输入模式
  PD_CR1 |=0x04;                //PD2 上拉
  PD_CR2 |=0x04;                //PD2 使能外部中断

  EXTI_CR2&=~ (1<<2);           //TLI 下降沿触发
  PD_DDR&=0x7F;                 //PD7 为输入模式
  PD_CR1 |=0x80;                //PD7 上拉
  PD_CR2 |=0x80;                //PD7 使能外部中断
```

```
}
/*******************************************************
//函数功能:延时
**********************************************************/
void Delay(unsigned int N)
{
  while(N--);
}
/*******************************************************
//函数功能:主函数
**********************************************************/
void main(void)
{
  InitLED();
  InitEXTI();

  asm("rim");                    //开中断

  while(1)
  {
  }

}
/*******************************************************
//函数备注:外部中断响应函数,下降沿触发
**********************************************************/
#pragma vector=0x06
__interrupt void EXTI1_IRQHandler(void)
{
  asm("sim");                    //关中断
  if(PB_IDR_IDR0==0)
    PG_ODR_ODR3^=1;              //PG_ODR 第 3 位翻转
  asm("rim");                    //开中断
}

#pragma vector=0x08
__interrupt void EXTI2_IRQHandler(void)
{
  asm("sim");                    //关中断
  if(PD_IDR_IDR2==0)
    PG_ODR_ODR0^=1;              //PG_ODR 第 0 位翻转
  asm("rim");                    //开中断
}
#pragma vector=0x02
```

```
__interrupt void EXTITLI_IRQHandler(void)
{
    asm("sim");                     //关中断
    if(PD_IDR_IDR7==0)
        PG_ODR_ODR2^=1;             //PG_ODR 第 2 位翻转
    asm("rim");                     //开中断
}
```

用 IAR 编程，在 C 语言程序中只要用伪指令#pragma 和中断向量说明服务程序的入口地址即可。如定义使用 INT1 中断服务函数程序：

```
#pragma vector=0x06
__interrupt void EXTI1_IRQHandler(void)
{
    asm("sim");                     //关中断
    if(PB_IDR_IDR0==0)
        PG_ODR_ODR3^=1;             //PG_ODR 第 3 位翻转
    asm("rim");                     //开中断
}
```

"#pragma" 为编译开关，控制编译器的编译方式，"_interrupt" 为函数属性的关键字，置于函数名称的前面。"void EXTI1_IRQHandler" 可自定义的函数名，符合一般函数名的命名规则就可以了。

要注意的是中断向量号从 "0" 开始，C 编译器会根据中断向量号自动生成程序中的中断向量，并且自动保存和恢复在函数中用到的全部寄存器。

五、外部中断控制 LED 灯

1. 控制要求

(1) 中断测试控制电路如图 4-4 所示。

(2) 利用连接在 TLI 的按键 S3 下降沿产生中断，将连接在 PG0 的 LED0 状态反转。

(3) 利用连接在 PB0 的按键 S1 下降沿产生中断，将连接在 PG1 的 LED1 状态反转。

(4) 利用连接在 PD2 的按键 S2 下降沿产生中断，将连接在 PG2 的 LED2 状态反转。

2. 控制程序

(1) 初始化 LED 接口。

```
#include "iostm8s207rb.h"
/*********************************************************
//函数功能:初始化 LED 接口
*********************************************************/
void InitLED(void)
{
    PG_DDR |=0x07;          //设置 PG0~PG2 为输出模式
    PG_CR1 |=0x07;          //设置 PG0~PG2 为推挽输出
    PG_CR2 |=0x07;          //设置 PG0~PG2 为 10MHz 快速输出

}
```

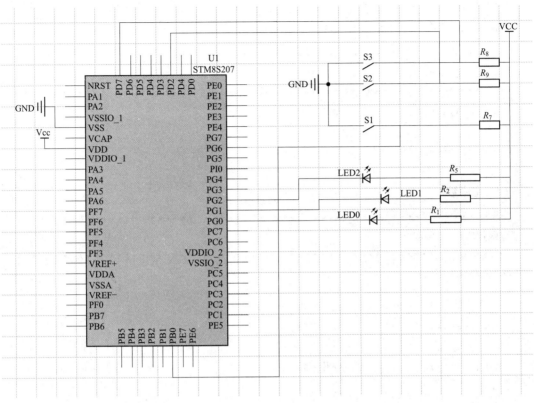

图 4-4　中断测试控制电路

（2）初始化外部中断。

```
/************************************************************
//函数功能:初始化外部中断
************************************************************/
void InitEXTI(void)
{
  EXTI_CR1=0x04;              //PB 下降沿触发
  PB_DDR&=0xFe;               //PB0 为输入模式
  PB_CR1|=0x01;               //PB0 上拉
  PB_CR2|=0x01;               //PB0 使能外部中断

  EXTI_CR1|=(2<<6);           //PD 下降沿触发
  PD_DDR&=0xFB;               //PD2 为输入模式
  PD_CR1|=0x04;               //PD2 上拉
  PD_CR2|=0x04;               //PD2 使能外部中断

  EXTI_CR2&=~(1<<2);          //TLI 下降沿触发
  PD_DDR&=0x7F;               //PD7 为输入模式
  PD_CR1|=0x80;               //PD7 上拉
  PD_CR2|=0x80;               //PD7 使能外部中断
```

```
}
```

(3) 延时函数。

```
/* * * * * * * * * * * * * * * * * * * * * * * * * * * * * * * * * * * * * * * * * * * * * * * * * * * * * *
//函数功能:延时
* * * * * * * * * * * * * * * * * * * * * * * * * * * * * * * * * * * * * * * * * * * * * * * * * * * * * * * /
void Delay(unsigned int ntime)
{
  while(ntime--);
}
```

(4) 主函数。

```
/* * * * * * * * * * * * * * * * * * * * * * * * * * * * * * * * * * * * * * * * * * * * * * * * * * * * * *
//函数功能:主函数
* * * * * * * * * * * * * * * * * * * * * * * * * * * * * * * * * * * * * * * * * * * * * * * * * * * * * * * /
void main(void)
{
  InitLED();
  InitEXTI();

  asm("rim");               //开中断

  while(1)
  {
  }
}
```

(5) 外部中断响应函数。

```
/* * * * * * * * * * * * * * * * * * * * * * * * * * * * * * * * * * * * * * * * * * * * * * * * * * * * * *
//函数备注:外部中断响应函数,下降沿触发
* * * * * * * * * * * * * * * * * * * * * * * * * * * * * * * * * * * * * * * * * * * * * * * * * * * * * ** /
#pragma vector=0x06
__interrupt void EXTI1_IRQHandler(void)
{
  asm("sim");               //关中断
  if(PB_IDR_IDR0==0)
     PG_ODR_ODR1^=1;        //PG_ODR 第 1 位翻转
  asm("rim");               //开中断
}


#pragma vector=0x08
__interrupt void EXTI2_IRQHandler(void)
{
  asm("sim");               //关中断
  if(PD_IDR_IDR2==0)
```

```
    PG_ODR_ODR2^=1;          //PG_ODR 第 2 位翻转
  asm("rim");               //开中断
}
#pragma vector=2
__interrupt void EXTITLI_IRQHandler(void)
{
  asm("sim");               //关中断
  if(PD_IDR_IDR7==0)
    PG_ODR_ODR0^=1;         //PG_ODR 第 0 位翻转
  asm("rim");               //开中断
}
```

　　主程序中，首先初始化 LED 端口，再调用外部中断初始化函数，然后开全局中断。通过 while（1）语句等待中断发生，在中断处理函数中驱动发光二极管发转。

　　在中断处理中，首先关中断，再检测按键是否按下，若按下，驱动相应位的状态转换。

3. 利用中断库函数处理外部按键中断

（1）外部按键中断程序结构（见图 4-5）。

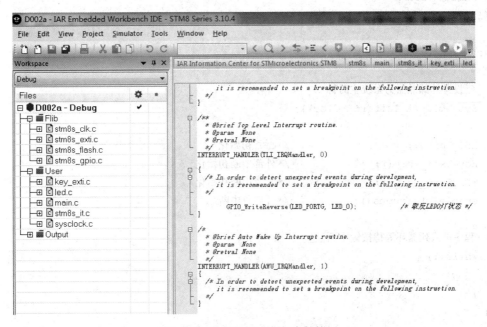

图 4-5　外部按键中断程序结构

　　外部按键中断程序使用了 stm8s_clk.c 时钟库函数、stm8s_exti.c 中断处理库函数、stm8s_flash.c 闪存库函数、stm8s_gpio.c 输入输出库函数。

　　在用户程序中，使用了 led.c LED 显示 C 语言程序、key_exti.c 按键处理 C 语言程序、main.c 主程序、stm8s_it.c 中断处理 C 语言程序、sysclock.c 时钟 C 语言程序。

　　在主程序中，使用到 STM8 的外部中断功能，所以需要在 stm8s_conf.h 头文件中将#include "stm8s_exti.h" 头文件的注释去掉。头文件的注释去掉方法如图 4-6 所示。

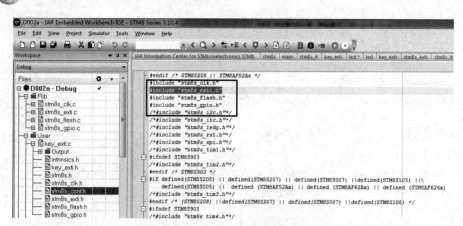

图 4-6 头文件的注释去掉方法

（2）主程序。

```
#include "stm8s.h"
#include "sysclock.h"
#include "led.h"
#include "key_exti.h"

int main(void)
{
    /*设置外部晶振为系统主时钟*/
    SystemClock_Init(HSE_Clock);

    LED_Init();                /*LED 初始化*/
    Key_Exti_Init();           /*外部中断初始化*/
    TLI_Exti_Init();           /*TLI 中断初始化*/
    enableInterrupts();        /*开启总中断*/

/*程序进入死循环等待按键中断发生*/
    while(1) {
        ;
    }
}
```

首先设置系统时钟，如果不设系统时钟，默认使用内部 16MHz 时钟。

LED 初始化，按键中断初始化，TLI 中断初始化。

初始化完成，开总中断。

通过 while（）循环，等待中断发生，然后进入中断处理程序。

（3）led. h 程序。

```
#ifndef __LED_H
#define __LED_H
#include "stm8s.h"
/*自定义数据类型*/
```

```
/*自定义常量宏和表达式宏*/
/*LED灯所接的GPIO端口定义*/
#define LED_PORTG   GPIOG              /*定义LED外设所接GPIO端口*/


/*LED灯所接的GPIO引脚定义*/
#define LED_0        GPIO_PIN_0
#define LED_1        GPIO_PIN_1
#define LED_2        GPIO_PIN_2


#define ON   0                        /*定义LED灯亮 -- 低电平*/
#define OFF 1                         /*定义LED灯灭 -- 高电平*/


/*************************************************************
*名称: LED_Init
*功能: LED外设GPIO引脚初始化操作
*************************************************************/
void LED_Init(void);


/*************************************************************
*名称: Delay
*功能: 简单的延时函数
*形参: nCount -> 延时时间数
*************************************************************/
static void Delay(u32 nCount);


#endif
/*************************************************************/
```

（4）led.c。

```
#include "led.h"
/*************************************************************
*名称: LED_Init
*功能: LED外设GPIO引脚初始化操作
*************************************************************/
void LED_Init(void)
{   /*定义LED的管脚为输出模式   */
  GPIO_Init(LED_PORTG,LED_0,GPIO_MODE_OUT_PP_HIGH_FAST);
  GPIO_Init(LED_PORTG,LED_1,GPIO_MODE_OUT_PP_HIGH_FAST);
  GPIO_Init(LED_PORTG,LED_2,GPIO_MODE_OUT_PP_HIGH_FAST);
}


/*************************************************************
*名称: Delay
*功能: 简单的延时函数
```

```
* * * * * * * * * * * * * * * * * * * * * * * * * * * * * * * * * * * * * * * * * * * * /
static void Delay(u32 nCount)
{
  /*Decrement nCount value*/
  while(nCount ! =0)
  {
    nCount--;
  }
}

/* * * * * * * * * * * * * * * * * * * * * * * * * * * * * * * * * * * * * * * * * * * */
```

（5）key_ exti. h。

```
#include "stm8s.h"
/*LED 灯所接的 GPIO 端口定义*/
#define KEY_PORTD  GPIOD          /*定义按键外设所接 GPIO 端口*/
#define KEY_PORTB  GPIOB          /*定义按键外设所接 GPIO 端口*/


/*LED 灯所接的 GPIO 引脚定义*/
#define KEY_1       GPIO_PIN_0
#define KEY_2       GPIO_PIN_2
#define KEY_3       GPIO_PIN_7


/* * * * * * * * * * * * * * * * * * * * * * * * * * * * * * * * * * * * * * * * * * * *
*名称：Key_Exti_Init
*功能：按键外设 GPIO 引脚初始化操作
* * * * * * * * * * * * * * * * * * * * * * * * * * * * * * * * * * * * * * * * * * * * /
void Key_Exti_Init(void);


/* * * * * * * * * * * * * * * * * * * * * * * * * * * * * * * * * * * * * * * * * * * *
*名称：Key_TLI_Init
*功能：TLI 中断初始化
* * * * * * * * * * * * * * * * * * * * * * * * * * * * * * * * * * * * * * * * * * * * /
void TLI_Exti_Init(void);


#endif
```

（6）key_ exti. c。

```
#include "key_exti.h"
/* * * * * * * * * * * * * * * * * * * * * * * * * * * * * * * * * * * * * * * * * * * *
*名称：Key_Exti_Init
*功能：按键外设 GPIO 引脚初始化操作
* * * * * * * * * * * * * * * * * * * * * * * * * * * * * * * * * * * * * * * * * * * * /
void Key_Exti_Init(void)
{
```

```
/*与按键相连的引脚设置为输入模式*/
GPIO_Init(GPIOB,GPIO_PIN_0,GPIO_MODE_IN_PU_IT);
GPIO_Init(GPIOD,GPIO_PIN_2,GPIO_MODE_IN_PU_IT);

/*将 GPIOB 端口设置为下降沿触发中断*/
EXTI_SetExtIntSensitivity(EXTI_PORT_GPIOB,
EXTI_SENSITIVITY_FALL_ONLY);
   /*将 GPIOD 端口设置为下降沿触发中断*/
   EXTI_SetExtIntSensitivity(EXTI_PORT_GPIOD,
EXTI_SENSITIVITY_FALL_ONLY);
}


/***********************************************************
*名称：Key_TLI_Init
*功能：TLI 中断初始化
************************************************************/
void TLI_Exti_Init(void)
{
   /*与按键相连的引脚设置为输入模式*/
   GPIO_Init(KEY_PORTD,KEY_3,GPIO_MODE_IN_PU_IT);

   /*将 PD7 引脚的 TLI 中断设置为下降沿中断*/
   EXTI_SetTLISensitivity(EXTI_TLISENSITIVITY_FALL_ONLY);
}
/************************************************************/
```

（7）中断处理程序。

1）TLI 中断处理程序。

```
INTERRUPT_HANDLER(TLI_IRQHandler,0)
{
  GPIO_WriteReverse(LED_PORTG,LED_0); /*取反 LED0 灯状态*/
}
```

中断程序则是位于 stm8s_it.c 这个文件中，在这个文件中，找到相应的中断处理函数，在其中添加中断处理用户程序即可。

如果不使用 stm8s_it.c 文件，也可以自己编辑中断处理 C 语言程序。

在 IAR 中，定义中断函数的格式是：

```
#pragma vector=中断向量号
_interrupt void 中端服务函数名(void)
{
      中断处理程序
}
```

所以，在中断函数体内添加读者的处理代码就可以了。

2）PB 端口中断处理函数。

```
INTERRUPT_HANDLER(EXTI_PORTB_IRQHandler,4)
{

  GPIO_WriteReverse(LED_PORTG,LED_1);          // 取反 LED1 灯状态
}
```

3）PD 端口中断处理函数。

```
INTERRUPT_HANDLER(EXTI_PORTD_IRQHandler,6)
{

  GPIO_WriteReverse(LED_PORTG,LED_2);          //取反 LED2 灯状态
}
```

4）复杂的端口中断处理函数。

```
INTERRUPT_HANDLER(EXTI_PORTC_IRQHandler,5)
{
  /*In order to detect unexpected events during development,
    it is recommended to set a breakpoint on the following instruction.
   */
  EXTI_Sensitivity_TypeDef  Keyexti_Sensitivity_Type;

  /*  需要知道的信息是:哪个引脚,发生哪个中断*/
  Keyexti_Sensitivity_Type=EXTI_GetExtIntSensitivity(EXTI_PORT_GPIOC);

  switch(Keyexti_Sensitivity_Type)              /*得到当前发生的是哪种中断类型*/
  {
    case EXTI_SENSITIVITY_FALL_LOW :           /*低电平触发*/
    break;
    case EXTI_SENSITIVITY_RISE_ONLY :          /*上升沿触发*/
    break;
    case EXTI_SENSITIVITY_FALL_ONLY :          /*下降沿触发*/
      /*判断是哪个引脚发生外部中断,做相应处理*/
      if(! GPIO_ReadInputPin(KEY_PORTC,KEY_2))
      {
        GPIO_WriteReverse(LED_PORTG,LED_2);
      }
    break;
    case EXTI_SENSITIVITY_RISE_FALL :          /*高电平触发*/
    break;
    default;
    break;
  }
}
```

技能训练

一、训练目标

(1) 学会使用 STM8 单片机的外部中断。

(2) 利用连接在 TLI 的按键 S3 下降沿产生中断,将连接在 PG0 的 LED0 状态反转。

(3) 利用连接在 PB0 的按键 S1 下降沿产生中断,将连接在 PG1 的 LED1 状态反转。

(4) 利用连接在 PD2 的按键 S2 下降沿产生中断,将连接在 PG2 的 LED2 状态反转。

二、训练步骤与内容

1. 建立一个工程

(1) 在 E:\STM8\STM8S 目录下,新建一个文件夹 D02。

(2) 选择执行 "Project" 菜单下的 "Create New Project" 子菜单命令,弹出创建新工程的对话框。

(3) 在 Project templates 工程模板中选择 "C" 语言项目。

(4) 单击 "OK" 按钮,弹出保存项目对话框,在 "另存为" 对话框,输入工程文件名 "D002",单击 "保存" 按钮。

2. 编写程序文件

在 main 中输入外部按键中断程序,单击工具栏 "🖫" 保存按钮,并保存文件。

3. 编译程序

(1) 右键单击 "D002_Debug" 项目,在弹出的菜单中执行的 Option 选项命令,弹出 "选项设置" 对话框。

(2) 在 Target 目标元件选项页,在 Device 器件配置下拉列表选项中选择 "STM8S" 下的 "STM8S207RB"。

(3) 单击选项设置对话框项目下的 Output Converter 输出文件覆盖选项,弹出输出选项页,单击 "生成附加文件输出" 复选框,在输出文件格式中,选择 "inter extended",再单击 "override default" 下的复选项。

(4) 单击 "Debugger" 选项,在 "drive" 下选择 "ST-LINK" 仿真调试器。

(5) 完毕选项,单击 "OK" 按钮,完成选项设置。

(6) 单击执行 "Project" 工程下的 "Mike" 编译所有文件命令,或工具栏的 "🞜",编译所有项目文件。

(7) 首次编译时,弹出保存工程管理空间对话框,在文件名栏输入 "D002",单击 "保存" 按钮,保存工程管理空间。

4. 下载调试程序

(1) 按图 4-5 将 STM8S 开发板的 PB、PG、PD 端口与 MGMC-V2.0 单片机开发板的按键和发光二极管端口连接,电源端口连接。

(2) 通过 "ST-LINK" 仿真调试器,连接电脑和开发板。

(3) 单击工具栏的 "▶" 下载调试按钮,程序自动下载到开发板。

(4) 关闭仿真调试。

(5) 分别按下 S1、S2、S3 键,观察单片机开发板 LED 状态变化,体会 TLI 端口、PD 端口、PB 端口的外部按键中断。

5. 应用库函数实现外部按键中断控制

任务 8　学用 STM8 库函数中文参考软件

一、学习 STM8 库函数中文参考软件

STM8 函数库中文参考软件是适合 STM8 的初学者设计应用程序的软件，能自动生成应用程序所需要的 STM8 单片机的基本配置，简单易学，快捷方便。

将 STM8 函数库中文参考软件复制硬盘如图 4-7 所示。

图 4-7　STM8 函数库中文参考软件复制硬盘

双击 STM8 函数库中文参考软件图标，即可打开该软件，打开后的 STM8 函数库中文参考软件界面如图 4-8 所示。

图 4-8　参考软件界面

二、应用 STM8 库函数中文参考软件设计中断控制程序

1. 控制要求

（1）利用连接在 PB0 的按键 S1 下降沿产生中断，将连接在 PG1 的 LED1 点亮。

（2）利用连接在 PD2 的按键 S2 下降沿产生中断，将连接在 PG1 的 LED1 熄灭。

2. 程序架构（见图 4-9）

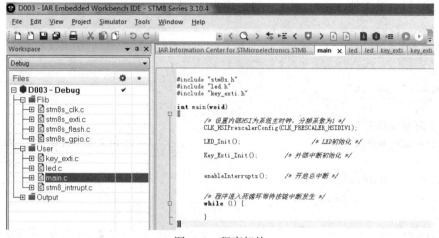

图 4-9　程序架构

（1）工程准备。

1）在 E：\STM8\STM8S 目录下，新建一个文件夹 D03。

2）在 D03 文件夹内，新建 Flib、User 子文件夹。

3）将示例 D03 文件夹中的 Flib 的文件内 inc、src 文件拷贝到新建文件夹 Flib 内。

（2）新建项目工程。

1）在双击桌面 IAR 图标，启动 IAR 开发软件。

2）单击执行 File 文件菜单下 New Workspace 子菜单命令，创建工程管理空间。

3）再单击 Project 文件下的 Create New Project 子菜单命令，出现创建新工程对话框。在工程模板 Project templates 中选择第 1 项 Empty project 空工程。单击"OK"按钮，弹出"另存为"对话框，为新工程起名 D003。单击"保存"按钮，保存在 D03 文件夹。在工程项目浏览区，出现 D003_Debug 新工程。

4）右键单击新工程 D003_Debug，在弹出的菜单中，选择执行"Add"菜单下的"Add Group"添加组命令，在弹出的新建组对话框，填写组名"Flib"，单击"OK"按钮，为工程新建一个组 Flib。

5）用类似的方法，为工程新建一个组 User。

6）右键单击新工程 D003_Debug 下的 Flib 组，在弹出的菜单中，选择执行"Add"菜单下的"Add File"添加文件命令，弹出添加文件对话框，打开 Flib 的 src 文件夹，选择添加"stm8s_clk. c""stm8s_exti. c""stm8s_flash""stm8s_gpio"文件。

（3）创建程序文件。

1）在 IAR 开发软件界面，单击执行"File"文件菜单下的"New File"新文件子菜单命令，创建一个新文件。

2）单击执行"File"文件菜单下"Save As"另存为子菜单命令，弹出另存为对话框，在

对话框文件名中输入"main. c"，单击"保存"按钮，保存新文件在 User 文件夹内。

3）再创建 5 个新文件，分别另存为"led. h""led. c""key_exti. h""key_exti. c""stm8_interrupt. c"。

4）右键单击新工程 D003a_Debug 下的 Flib 组，在弹出的菜单中，选择执行"Add"菜单下的"Add File"添加文件命令，弹出添加文件对话框，在 User 文件夹，选择添加"main. c""key_exti. c""led. c""stm8_interrupt. c"等文件到 User 文件组。

（4）编写 led. h 文件。打开 led. h 文件，在文件中输入：

```
#ifndef __LED_H
#define __LED_H

#include "stm8s. h"

/*LED 灯所接的 GPIO 端口定义*/
#define LED_PORTG  GPIOG                          /*定义 LED 外设所接 GPIO 端口*/

/*LED 灯所接的 GPIO 引脚定义*/
#define LED_1      GPIO_PIN_1

#define ON  0                                      /*定义 LED 灯亮 -- 低电平*/
#define OFF 1                                      /*定义 LED 灯灭 -- 高电平*/

/*********************************************************
*名称：LED_Init
*功能：LED 外设 GPIO 引脚初始化操作
**********************************************************/
void LED_Init(void);

#endif
```

输入完成，单击"保存"按钮，保存文件。

（5）编写 led. c 文件。在 led. c 文件中输入：

```
#include "led. h"

/*********************************************************
*名称：LED_Init
*功能：LED 外设 GPIO 引脚初始化操作
**********************************************************/
void LED_Init(void)
{
    GPIO_Init(LED_PORTG,LED_1,GPIO_MODE_OUT_PP_HIGH_FAST);   //定义 LED 的管脚为
                                                              输出模式

}

/*********************************************************/
```

　　定义引脚模式时，在关于 STM8 库函数配置程序栏，单击选择通用输入/输出端口（GPIO）左边的"+"加号，展开该选项，在其下的项目中，选择"初始化端口位"，然后在初始化端口的参数选择中，参数 1 选择端口 GPIOG，参数 2 选择 GPIO_PIN_1，参数 3 选择"高速开漏输出高阻态"，如图 4-10 所示。

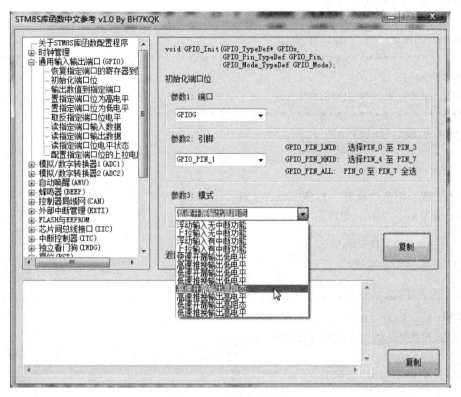

图 4-10　初始化端口位

　　设置完成，单击中部的"复制"按钮，在下面的程序文本栏出现"GPIO_Init（GPIOG，GPIO_PIN_1，GPIO_MODE_OUT_OD_HIZ_FAST）;"库函数 C 语言程序。

　　单击下部的"复制"按钮，复制到 LED_Init（）初始化函数体中，并作修改：

```
void LED_Init(void)
{
    GPIO_Init(LED_PORTG,LED_1,GPIO_MODE_OUT_PP_HIGH_FAST); //定义 LED 的管脚为输
                                                           出模式
}
```

完成初始化端口设置。

输入完成，单击保存按钮，保存文件。

（6）编写 key_exti.h 文件。在 key_exti.h 文件中输入：

```
#ifndef __KEY_EXTI_H
#define __KEY_EXTI_H

#include "stm8s.h"
```

```
/*KEY 所接的 GPIO 端口定义*/
#define KEY_PORTD        GPIOD        //定义按键 S2 外设所接 GPIO 端口
#define KEY_PORTB        GPIOB        //定义按键 S1 外设所接 GPIO 端口


/*KEY 所接的 GPIO 引脚定义*/
#define KEY_1        GPIO_PIN_0
#define KEY_2        GPIO_PIN_2
/*************************************************************
*名称：Key_Exti_Init
*功能：按键外设 GPIO 引脚初始化操作
*************************************************************/
void Key_Exti_Init(void);


#endif
```

输入完成，单击"保存"按钮，保存文件。

(7) 编写 key_exti.c 文件。

在 key_exti.c 文件中输入：
```
#include "key_exti.h"


/*************************************************************
*名称：Key_Exti_Init
*功能：按键外设 GPIO 引脚初始化操作
*************************************************************/
void Key_Exti_Init(void)
{
    /*与按键相连的引脚设置为输入模式*/
    GPIO_Init(GPIOB,GPIO_PIN_0,GPIO_MODE_IN_PU_IT);
    GPIO_Init(GPIOD,GPIO_PIN_2,GPIO_MODE_IN_PU_IT);
}


/*************************************************************/
```

按键引脚模式初始化时，在关于 STM8 库函数配置程序栏，单击选择通用输入/输出（GPIO）左边的"+"加号，展开该选项，在其下的项目中，选择"初始化端口位"，然后在初始化端口的参数选择中，参数 1 选择端口 GPIOD，参数 2 选择 GPIO_PIN2，参数 3 选择"上拉输入有中断功能"。

设置完成，单击中部的"复制"按钮，在下面的程序文本栏出现"GPIO_Init（GPIOD，GPIO_PIN_2，GPIO_MODE_IN_PU_IT）;"库函数 C 语言程序。

单击下部的"复制"按钮，复制到 Key_Exti_Init（）初始化函数体中。

同样方法设置按键 S1 的初始化程序，"GPIO_Init（GPIOB，GPIO_PIN_0，GPIO_MODE_IN_PU_IT）;"上拉输入有中断功能，单击下部的"复制"按钮，复制到 Key_Exti_Init（）初始化函数体中。

输入完成，单击保存按钮，保存文件。

（8）编写 main. c 文件。在 main. c 文件中输入：

```
#include "stm8s.h"
#include "led.h"
#include "key_exti.h"

int main(void)
{
  /*设置内部 HSI 为系统主时钟,分频系数为1*/
    CLK_HSIPrescalerConfig(CLK_PRESCALER_HSIDIV1);

  LED_Init();                /*LED 初始化*/
  Key_Exti_Init();           /*外部中断初始化*/
  enableInterrupts();        /*开启总中断*/

  /*程序进入死循环等待按键中断发生*/
  while(1) {

  }
}
```

在主函数程序中，首先设置系统时钟。

设置系统时钟时，在关于 STM8 库函数配置程序栏，单击选择时钟管理左边的"+"加号，展开该选项，在其下的项目中，选择"配置 HIS 分频器"，然后在参数 1"分频值"的选项中，选择"1 分频"。

单击中部"复制"按钮（见图 4-11），出现系统时钟设置 C 语言程序。

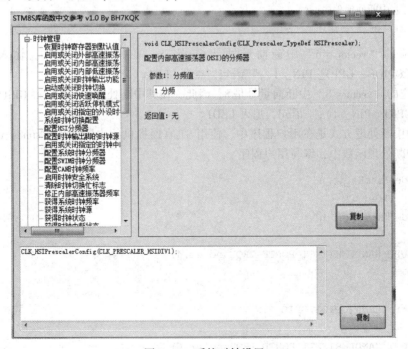

图 4-11 系统时钟设置

单击右下角"复制"按钮，将"CLK_HSIPrescalerConfig（CLK_PRESCALER_HSIDIV1）;"C 语言程序复制到主程序中。

输入完成，单击"保存"按钮，保存文件。

（9）编写 stm8_ interrupt. c 中断控制文件。

```c
#include "stm8s.h"
#include "led.h"

EXTI_Sensitivity_TypeDef  Keyexti_Sensitivity_Type;

#pragma vector=6
__interrupt void EXTI_PORTB_IRQHandler(void)
{
GPIO_WriteHigh(GPIOG,GPIO_PIN_1);
}


#pragma vector=8
__interrupt void EXTI_PORTD_IRQHandler(void)
{
GPIO_WriteLow(GPIOG,GPIO_PIN_1);

}
```

在 IAR 中，定义中断函数的格式是：

```
#pragma vector=中断向量号
_interrupt void 中端服务函数名(void)
{ 中断处理程序
}
```

PB 对应的"vector = 6"中断向量号是 6，因此，在其中断处理中，输入"GPIO_WriteHigh（GPIOG, GPIO_ PIN_ 1）;"语句，点亮 LED1。

PD 对应的"vector=8"中断向量号是 8，因此，在其中断处理中，输入"GPIO_ WriteLow（GPIOG, GPIO_ PIN_ 1）;"语句，熄灭 LED1。

另一种中断处理方式是在用户程序中，使用 ST 官网提供的中断处理"stm8s_it. c"程序，在相应的中断处理函数中，编写用户程序。

```c
#include "stm8s_it.h"
#include "led.h"
#include "key_exti.h"

INTERRUPT_HANDLER(EXTI_PORTB_IRQHandler,4)
{

GPIO_WriteHigh(GPIOG,GPIO_PIN_1);
}
INTERRUPT_HANDLER(EXTI_PORTD_IRQHandler,6)
```

```
{
GPIO_WriteLow(GPIOG,GPIO_PIN_1);


}
```

要注意的是中断号稍有不同，注意实参数 EXTI_PORTB_IRQHandler、EXTI_PORTD_IRQHandler，以免出错。

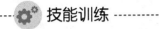 **技能训练**

一、训练目标

（1）学会使用 STM8 单片机的外部中断。
（2）学会使用 STM8 库函数中文参考软件。
（3）通过单片机的外部 PB、PD 中，控制 LED 灯显示。

二、训练步骤与内容

1. 工程准备
（1）在 E：\STM8\STM8S 目录下，新建一个文件夹 D03。
（2）在 D03 文件夹内，新建 Flib、User 子文件夹。
（3）将示例 D03 文件夹中的 Flib 的文件内 inc、src 文件拷贝到新建文件夹 Flib 内。

2. 新建项目工程
（1）在双击桌面 IAR 图标，启动 IAR 开发软件。
（2）单击执行 File 文件菜单下 New Workspace 子菜单命令，创建工程管理空间。
（3）再单击 Project 文件下的 Create New Project 子菜单命令，出现创建新工程对话框。在工程模板 Project templates 中选择第 1 项 Empty project 空工程。单击"OK"按钮，弹出另存为对话框，为新工程起名 D003a。单击"保存"按钮，保存在 D03 文件夹。在工程项目浏览区，出现 D003a_Debug 新工程。
（4）右键单击新工程 D003a_Debug，在弹出的菜单中，选择执行"Add"菜单下的"Add Group"添加组命令，在弹出的新建组对话框，填写组名"Flib"，单击"OK"按钮，为工程新建一个组 Flib。
（5）用类似的方法，为工程新建一个组 User。
（6）右键单击新工程 D003a_Debug 下的 Flib 组，在弹出的菜单中，选择执行"Add"菜单下的"Add File"添加文件命令，弹出添加文件对话框，打开 Flib 的 src 文件夹，选择添加"stm8s_clk. c""stm8s_ exti. c""stm8s_flash. c""stm8s_gpio"等文件。

3. 创建程序文件
（1）在 IAR 开发软件界面，单击执行"File"文件菜单下的"New File"新文件子菜单命令，创建一个新文件。
（2）单击执行"File"文件菜单下"Save As"另存为子菜单命令，弹出另存为对话框，在对话框文件名中输入"main. c"，单击"保存"按钮，保存新文件在 User 文件夹内。
（3）再创建 5 个新文件，分别另存为"led. h""led. c""key_exti. h""key_exti. c""stm8_interrupt. c"。
（4）右键单击新工程 D003a_Debug 下的 Flib 组，在弹出的菜单中，选择执行"Add"菜单下的"Add File"添加文件命令，弹出添加文件对话框，在 User 文件夹，选择添加"main. c""key_exti. c""led. c""stm8_interrupt. c"等文件到 User 文件组。

4. 编写控制文件

（1）编写 led. h 文件。

（2）编写 led. c 文件。

（3）编写 key_exti. h 文件。

（4）编写 key_exti. c 文件。

（5）编写 main. c 文件。

（6）编写 stm8_interrupt. c 中断控制文件。

5. 编译程序

（1）右键单击"D003a_Debug"项目，在弹出的菜单中执行的 Option 选项命令，弹出选项设置对话框。

（2）在 Target 目标元件选项页，在 Device 器件配置下拉列表选项中选择"STM8S"下的"STM8S207RB"。

（3）单击选项设置对话框项目下的 Output Converter 输出文件覆盖选项，弹出输出选项页，单击生成附加文件输出复选框，在输出文件格式中，选择"inter extended"，再单击"override default"下的复选项。

（4）单击"Debugger"选项，在"drive"下选择"ST-LINK"仿真调试器。

（5）完毕选项，单击"OK"按钮，完成选项设置。

（6）单击执行"Project"工程下的"Mike"编译所有文件命令，或工具栏的"🔘"，编译所有项目文件。

（7）首次编译时，弹出保存工程管理空间对话框，在文件名栏输入"D003a"，单击"保存"按钮，保存工程管理空间。

6. 下载调试程序

（1）将 STM8S 开发板的 PB、PG、PD 端口与 MGMC-V2.0 单片机开发板的按键和发光二极管端口连接，电源端口连接。

（2）通过"ST-LINK"仿真调试器，连接电脑和开发板。

（3）单击工具栏的"▶"下载调试按钮，程序自动下载到开发板。

（4）关闭仿真调试。

（5）分别按下 S1、S2 键，观察 MGMC-V2.0 单片机开发板 LED 状态变化，体会 PD 端口、PB 端口的外部按键中断。

📖 习题

1. 利用外部中断循环控制 PG 端的 8 只 LED 灯。

2. 利用外部中断进行计数控制，并通过数码管，显示计数数据。

3. 利用 STM8 库函数中文参考软件，设计使用外部中断，循环控制 PG 端的 8 只 LED 灯亮灭的程序。

项目五 定时器应用

学习目标

（1）学会使用 STM8 单片机软件延时。

（2）学会使用 STM8 单片机的定时器。

任务 9　单片机的软件定时控制

基础知识

1. STM8 单片机的时钟控制器功能

STM8 单片机的时钟控制器功能强大而且灵活易用，其目的在于使用户在获得最好性能的同时，也能保证消耗的功率最低。

用户可独立地管理各个时钟源，并将它们分配到 CPU 或各个外设。主时钟和 CPU 时钟均带有预分频器。

具有安全可靠的无故障时钟切换机制，可在程序运行中将主时钟从一个时钟源切换到另一个时钟源。

在 STM8 系列中默认情况是把所有的外设时钟打开的，所以操作的时候是不必再设置外设的时钟，当你不需要用到外设的时候可以把对应的外设的时钟关掉，可以减少功耗。

（1）STM8 单片机的时钟控制器结构（见图 5-1）。

（2）主时钟源。STM8 单片机有下面 4 种时钟源可用做主时钟：

1）1~24MHz 高速外部晶体振荡器（HSE）。

2）最大 24MHz 高速外部时钟信号（HSE user-ext）。

3）16MHz 高速内部 RC 振荡器（HSI）。

4）128kHz 低速内部 RC（LSI）。

各个时钟源可单独打开或关闭，从而优化功耗。

（3）HSE 高速外部时钟信号。高速外部时钟信号可由下面两个时钟源产生：

1）HSE 外部晶体/陶瓷谐振器。外部 1~24MHz 的振荡器，其优点在于能够产生精确的占空比为 50% 的主时钟信号。

2）HSE 用户外部有源时钟。用户外部有源时钟是指外部提供了一个信号源，最大也只能是 24MHz，可以由有源晶振来提供，同时也要设置相关的选项字节。

有源晶振比无源晶振的精度要高，也要稳定，但是成本也会提高，一般不用。

（4）HIS 内部高速 RC 振荡器。HSI 信号由内部 16MHz RC 振荡器与一个可编程分频器（分频因子从 1~8）产生。分频因子由寄存器 CLK_CKDIVR 决定。

HSI RC 可以提供一个低成本的 16MHz 时钟源（无须外部器件），其占空比为 50%。HSI 启

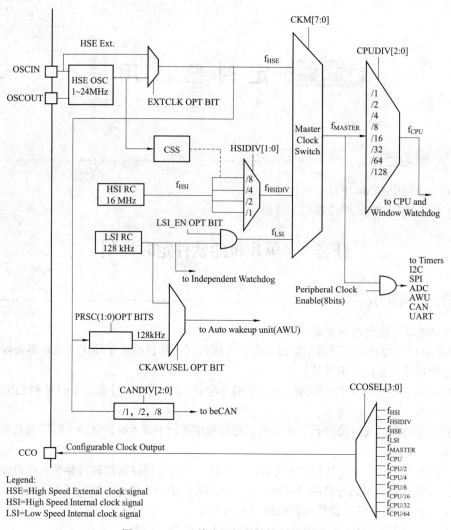

图 5-1 STM8 单片机的时钟控制器结构

动速度比 HSE 晶体振荡器快，但是其精度即使经过校准也仍然比外部晶体振荡器或陶瓷谐振器低。

HSI RC 可通过设置内部时钟寄存器 CLK_ICKR 中的 HSIEN 位打开或关闭。

内部时钟寄存器 CLK_ICKR 中的标志位 HSIRDY 用以指示 HSI RC 是否稳定。启动时，HSI 时钟信号将不会生效，直至这个标志位被硬件置位。

（5）LSI 低速 RC 时钟。128kHz 的 LSI RC 时钟是一个低功耗、低成本的可选主时钟源，也可在停机（Halt）模式下作为维持独立看门狗和自动唤醒单元（AWU）运行的低功耗时钟源。

LSI 可通过设置内部时钟寄存器 CLK_ICKR 中的 LSIEN 位打开或关闭。

内部时钟寄存器 CLK_ICKR 中的标志位 LSIRDY 用以指示 LSI 是否稳定。启动时，LSI 时钟信号将不会生效，直至此标志位被硬件置位。

（6）主时钟切换。时钟切换功能为用户提供了一种易用、快速、安全的从一个时钟源切换到另一个时钟源的途径。

1）系统启动。为使系统快速启动，复位后时钟控制器自动使用 HSI 的 8 分频（HSI/8）主时钟。其原因为 HSI 的稳定时间短，而 8 分频可保证系统在较差的 VDD 条件下安全启动。

一旦主时钟源稳定，用户程序可将主时钟切换到另外的时钟源。

2）主时钟切换的过程。主时钟切换有自动切换和手动切换两种方式。

自动切换使用户可使用最少的指令完成时钟源的切换。应用软件可继续其他操作而不用考虑切换事件所占的确切时间。

手动切换与自动切换不同，不能够立即切换，但它允许用户精确地控制切换事件发生的时间。

（7）CPU 时钟分频器。CPU 时钟（f_{CPU}）由主时钟（f_{MASTER}）分频而来，分频因子由时钟分频寄存器（CLK_CKDIVR）中的位 CPUDIV [2：0] 决定。共 7 个分频因子可供选择（1~128 即 2^0~2^7）。时钟分频寄存器见表 5-1。

表 5-1　　　　　　　　　　时钟分频寄存器（CLK_CKDIVR）

位	B7	B6	B5	B4	B3	B2	B1	B0
符号	保留			HSIDIV [1：0]		CPUDIV [2：0]		
初值				0	0	0	0	0

HSIDIV [1：0]：高速内部时钟预分频器。
由软件写入，用于指定 HSI 分频因子。

$00：f_{HSI} = f_{HSI}$ RC 输出
$01：f_{HSI} = f_{HSI}$ RC 输出/2
$10：f_{HSI} = f_{HSI}$ RC 输出/4
$11：f_{HSI} I = f_{HSI}$ RC 输出/8

CPUDIV [2：0]：CPU 时钟预分频器
由软件写入，用于指定 CPU 时钟预分频因子。

$000：f_{CPU} = f_{MASTER}$
$001：f_{CPU} = f_{MASTER}/2$
$010：f_{CPU} = f_{MASTER}/4$
$011：f_{CPU} = f_{MASTER}/8$
$100：f_{CPU} = f_{MASTER}/16$
$101：f_{CPU} = f_{MASTER}/32$
$110：f_{CPU} = f_{MASTER}/64$
$111：f_{CPU} = f_{MASTER}/128$

2. 软件延时
软件延时函数：

```
void delay(unsigned int m)
{unsigned int i;
for(i=0;i<m;i++);
}
```

在单片机软件延时函数中，通过 for 循环多次执行空操作，而每次空操作要耗费一定时间，从而达到延时目的。软件延时的长短与系统时钟有关。

3. 软件延时控制 LED

（1）延时控制 LED 程序架构（见图 5-2）。

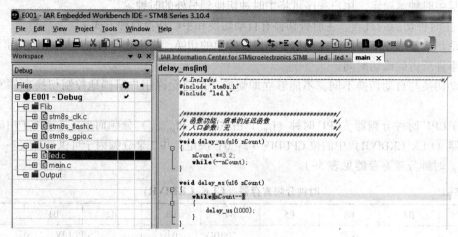

图 5-2　延时控制 LED 程序架构

（2）编写 led. h 文件。

```
#ifndef __LED_H
#define __LED_H
#include "stm8s_gpio.h"

#define LED1_PIN        GPIO_PIN_1
#define LED1_PORT       GPIOG

void LED_Init(void);
void LED1_Low(void);
void LED1_High(void);
void LED1_Reverse(void);

#endif
```

（3）编写 led. c 文件。

```
#include "led.h"

void LED_Init(void)
{
  GPIO_Init(LED1_PORT,LED1_PIN,GPIO_MODE_OUT_PP_HIGH_FAST);  //定义 LED 的管脚的
                                                               模式

}

void LED1_Low(void)
```

```
{
GPIO_WriteLow(LED1_PORT,LED1_PIN);                    //输入低电平
}
void LED1_High(void)
{
GPIO_WriteHigh(LED1_PORT,LED1_PIN);                   //输入低电平
}

void LED1_Reverse(void)
{
GPIO_WriteReverse(LED1_PORT,LED1_PIN);
}
```

（4）编写 main.c 文件。

```
/*Includes -------------------------------------*/
#include "stm8s.h"
#include "led.h"


/***********************************************/
/*函数功能:简单的延迟函数                          */
/*入口参数:无                                   */
/***********************************************/
void delay_us(u16 nCount)
{
    nCount*=3.2;
    while(--nCount);
}


void delay_ms(u16 nCount)
{
    while(nCount--)
    {
        delay_us(1000);
    }
}
/***********************************************/
/*函数功能:主函数                                */
/*入口参数:无                                   */
/***********************************************/
int main(void)
{
    LED_Init();
/*采用16MHz内部HIS,分频值为1*/
```

```
CLK_HSIPrescalerConfig(CLK_PRESCALER_HSIDIV1);
while(1)
{
    LED1_Low();                                    //点亮 LED 灯
    delay_ms(500);                                 //延时 500ms
    LED1_High();                                   //关掉 LED 灯
    delay_ms(500);                                 //延时 500ms
}
}
```

这里使用了库函数"CLK_HSIPrescalerConfig（CLK_PRESCALER_HSIDIV1）"，其原型是：

```
void CLK_HSIPrescalerConfig(CLK_Prescaler_TypeDef HSIPrescaler)
{

    /*check the parameters*/
    assert_param(IS_CLK_HSIPRESCALER_OK(HSIPrescaler));

    /*Clear High speed internal clock prescaler*/
    CLK->CKDIVR &=(uint8_t)(~CLK_CKDIVR_HSIDIV);   //清除 HIS 时钟预分频

    /*Set High speed internal clock prescaler*/
    CLK->CKDIVR |=(uint8_t)HSIPrescaler;           //设置 HIS 时钟预分频参数

}
```

查看预分频宏定义：

```
typedef enum {
    CLK_PRESCALER_HSIDIV1   = (uint8_t)0x00,/*! < High speed internal clock pres-
caler: 1*/
    CLK_PRESCALER_HSIDIV2   = (uint8_t)0x08,/*! < High speed internal clock pres-
caler: 2*/
    CLK_PRESCALER_HSIDIV4   = (uint8_t)0x10,/*! < High speed internal clock pres-
caler: 4*/
    CLK_PRESCALER_HSIDIV8   = (uint8_t)0x18,/*! < High speed internal clock pres-
caler: 8*/
    CLK_PRESCALER_CPUDIV1   = (uint8_t)0x80,/*! < CPU clock division factors 1*/
    CLK_PRESCALER_CPUDIV2   = (uint8_t)0x81,/*! < CPU clock division factors 2*/
    CLK_PRESCALER_CPUDIV4   = (uint8_t)0x82,/*! < CPU clock division factors 4*/
    CLK_PRESCALER_CPUDIV8   = (uint8_t)0x83,/*! < CPU clock division factors 8*/
    CLK_PRESCALER_CPUDIV16  = (uint8_t)0x84,/*! < CPU clock division factors 16*/
    CLK_PRESCALER_CPUDIV32  = (uint8_t)0x85,/*! < CPU clock division factors 32*/
    CLK_PRESCALER_CPUDIV64  = (uint8_t)0x86,/*! < CPU clock division factors 64*/
    CLK_PRESCALER_CPUDIV128 = (uint8_t)0x87  /*! < CPU clock division factors 128*/
} CLK_Prescaler_TypeDef;
```

CLK_PRESCALER_HSIDIV1 的值是 0x00，与 STM8S 参数手册一致。

技能训练

一、训练目标

(1) 学会使用 STM8 单片机的软件延时。

(2) 学会使用 STM8 库函数中文参考软件。

二、训练步骤与内容

1. 工程准备

(1) 在 E:\STM8\STM8S 目录下，新建一个文件夹 E01。

(2) 在 E01 文件夹内，新建 Flib、User 子文件夹。

(3) 将示例 E01 文件夹中的 Flib 的文件内 inc、src 文件拷贝到新建文件夹 Flib 内。

2. 新建项目工程

(1) 在双击桌面 IAR 图标，启动 IAR 开发软件。

(2) 单击执行 File 文件菜单下 New Workspace 子菜单命令，创建工程管理空间。

(3) 再单击 Project 文件下的 Create New Project 子菜单命令，出现创建新工程对话框。在工程模板 Project templates 中选择第 1 项 Empty project 空工程。单击"OK"按钮，弹出另存为对话框，为新工程起名 E001a。单击保存按钮，保存在 E01 文件夹。在工程项目浏览区，出现 E001a_Debug 新工程。

(4) 右键单击新工程 E001a_Debug，在弹出的菜单中，选择执行"Add"菜单下的"Add Group"添加组命令，在弹出的新建组对话框，填写组名"Flib"，单击"OK"按钮，为工程新建一个组 Flib。

(5) 用类似的方法，为工程新建一个组 User。

(6) 右键单击新工程 E001a_Debug 下的 Flib 组，在弹出的菜单中，选择执行"Add"菜单下的"Add File"添加文件命令，弹出添加文件对话框，打开 Flib 的 src 文件夹，选择添加"stm8s_clk. c""stm8s_flash""stm8s_gpio"文件。

3. 创建程序文件

(1) 在 IAR 开发软件界面，单击执行"File"文件菜单下的"New File"新文件子菜单命令，创建一个新文件。

(2) 单击执行"File"文件菜单下"Save As"另存为子菜单命令，弹出另存为对话框，在对话框文件名中输入"main. c"，单击"保存"按钮，保存新文件在 User 文件夹内。

(3) 再创建 3 个新文件，分别另存为"led. h""led. c"。

(4) 右键单击新工程 E001a_Debug 下的 Flib 组，在弹出的菜单中，选择执行"Add"菜单下的"Add File"添加文件命令，弹出添加文件对话框，在 User 文件夹，选择添加"main. c""led. c"文件到 User 文件组。

4. 编写控制文件

(1) 编写 led. h 文件。

(2) 编写 led. c 文件。

(3) 编写 main. c 文件。

5. 编译程序

(1) 右键单击"E001a _Debug"项目，在弹出的菜单中执行的 Option 选项命令，弹出选项设置对话框。

（2）在 Target 目标元件选项页，在 Device 器件配置下拉列表选项中选择"STM8S"下的"STM8S207RB"。

（3）单击选项设置对话框项目下的 Output Converter 输出文件覆盖选项，弹出输出选项页，单击生成附加文件输出复选框，在输出文件格式中，选择"inter extended"，再单击"override default"下的复选项。

（4）单击"Debugger"选项，在"drive"下选择"ST-LINK"仿真调试器。

（5）完毕选项，单击"OK"按钮，完成选项设置。

（6）单击执行"Project"工程下的"Mike"编译所有文件命令，或工具栏的" "，编译所有项目文件。

（7）首次编译时，弹出保存工程管理空间对话框，在文件名栏输入"E001a"，单击"保存"按钮，保存工程管理空间。

6. 下载调试程序

（1）STM8 开发板 PG1 连接 MGMC-V2.0 单片机开发板的任意一个 LED 指示灯端，连接电源端。

（2）通过"ST-LINK"仿真调试器，连接电脑和开发板。

（3）单击工具栏的" "下载调试按钮，程序自动下载到开发板。

（4）关闭仿真调试。

（5）观察 LED 指示灯的状态变化。

（6）修改延时函数 delay_ms（）参数值，重新编译下载程序，观察 LED 指示灯的状态变化。

（7）保持延时函数 delay_ms（500）参数值，修改"CLK_HSIPrescalerConfig（CLK_PRES-CALER_HSIDIV1）"参数值为"CLK_PRESCALER_HSIDIV8"，重新编译下载程序，观察 LED 指示灯的状态。

任务 10　STM8 定 时 器 使 用

基础知识

一、定时器/计数器

（1）定时器/计数器。定时器/计数器的基本功能是对脉冲信号进行自动计数。定时器/计数器是单片机中最基本的内部资源之一。在单片机内部，通过专门的硬件电路构成可编程的定时器/计数器，CPU 通过指令设置定时器/计数器的工作方式，以及根据定时器/计数器的计数值或工作状态进行必要的响应和处理。

定时器/计数器的用途非常广泛，主要用于计数、延时、测量周期、频率、脉宽、提供定时脉冲信号等。在实际应用中，对于转速、位移、速度、流量等物理量的测量，通常是由传感器转换成脉冲电信号，通过使用"T/C"来测量其周期或频率，再经过计算处理获得。

STM8S 提供三种类型的 TIM 定时器：高级控制型（TIM1）、通用型（TIM2/TIM3/TIM5）和基本型定时器（TIM4/TIM6）。它们虽有不同功能但都基于共同的架构；共同的架构使得采用各个定时器来设计应用变得非常容易与方便（相同的寄存器映射，相同的基本功能）。

STM8S 系列的定时器 TIM1、TIM5 和 TIM6 之间没有共享任何资源，但是它们可以按 TIM5/TIM6 定时器的同步中的描述来同步和连接。在拥有 TIM1、TIM2、TIM3 和 TIM4 定时器的 STM8S 系列产品中，定时器是没有连接在一起的。

（2）STM8S 单片机定时器功能比较（见表 5-2）。

表 5-2   STM8S 单片机定时器功能比较

定时器	计数长度	计数方式	预分频	捕获/比较通道	互补输出	重复计数	外部触发	外部刹车	同步级联
TM1 高级定时器	16	向上/向下	从 1~65536 任何整数	4	3	有	1	1	与 TM5 或 TM6
TM2 通用定时器	16	向上	从 1~32768 的任何 2 的指数幂	3	无	无	0	0	无
TM3 通用定时器	16	向上	从 1~32768 的任何 2 的指数幂	2	无	无	0	0	无
TM4 基本定时器	8	向上	从 1~128 的任何 2 的指数幂	0	无	无	0	0	无
TM5 通用定时器	16	向上	从 1~32768 的任何 2 的指数幂	3	无	无	0	0	无
TM6 基本定时器	8	向上	从 1~128 的任何 2 的指数幂	0	无	无	0	0	无

二、16 位高级控制定时器（TIM1）

TIM1 由一个 16 位的自动装载计数器组成，它由一个可编程的预分频器驱动。

1. 高级控制定时器用途

（1）基本的定时。

（2）测量输入信号的脉冲宽度（输入捕获）。

（3）产生输出波形（输出比较、PWM 和单脉冲模式）。

（4）对应与不同事件（捕获、比较、溢出、刹车、触发）的中断。

（5）与 TIM5/TIM6 或者外部信号（外部时钟、复位信号、触发和使能信号）同步。

高级控制定时器广泛地适用于各种控制应用中，包括那些需要中间对齐模式 PWM 的应用，该模式支持互补输出和死区时间控制。

高级控制定时器的时钟源可以是内部时钟，也可以是外部的信号，可以通过配置寄存器来进行选择。

2. TIM1 的主要特性

（1）16 位向上、向下、向上/下自动装载计数器。

（2）允许在指定数目的计数器周期之后更新定时器寄存器的重复计数器。

（3）16 位可编程（可以实时修改）预分频器，计数器时钟频率的分频系数为 1~65535 的任意数值。

（4）同步电路，用于使用外部信号控制定时器以及定时器互联（某些型号的芯片没有定时器互联功能)。

(5) 多达 4 个独立通道,每个通道可以配置成:

1) 输入捕获。

2) 输出比较。

3) PWM 生成 (边缘或中间对齐模式)。

4) 六步 PWM 输出。

5) 单脉冲模式输出。

6) 三个支持带互补输出,并且死区时间可编程的通道。

(6) 刹车输入信号可以将定时器输出信号置于复位状态或者一个已知状态。

(7) 产生中断的事件。

1) 数据更新。计数器向上溢出/向下溢出,计数器初始化 (通过软件或者内部/外部触发)。

2) 触发事件 (计数器启动、停止、初始化或者由内部/外部触发计数)。

3) 输入捕获。

4) 输出比较。

5) 刹车信号输入。

3. TM1 结构框图 (见图 5-3)

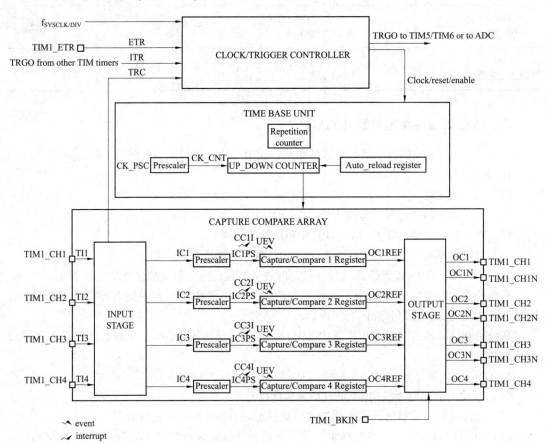

图 5-3 TM1 结构框图

4. 时基单元

时基单元包含：16 位向上/向下计数器、16 位自动重载寄存器、重复计数器、预分频器。

16 位计数器，预分频器，自动重载寄存器和重复计数器寄存器都可以通过软件进行读写操作。

自动重载寄存器由预装载寄存器和影子寄存器组成。

（1）写自动重载寄存器。

1）自动预装载已使能（TIM1_CR1 寄存器的 ARPE 位置位）。在此模式下，写入自动重载寄存器的数据将被保存在预装载寄存器中，并在下一个更新事件（UEV）时传送到影子寄存器。

2）自动预装载已禁止（TIM1_CR1 寄存器的 ARPE 位清除）。在此模式下，写入自动重载寄存器的数据将立即写入影子寄存器。

（2）更新事件的产生条件。

1）计数器向上或向下溢出。

2）软件置位了 TIM1_EGR 寄存器的 UG 位。

3）时钟/触发控制器产生了触发事件。

在预装载使能时（ARPE = 1），如果发生了更新事件，预装载寄存器中的数值（TIM1_ARR）将写入影子寄存器中，并且 TIM1_PSCR 寄存器中的值将写入预分频器中。

置位 TIM1_CR1 寄存器的 UDIS 位将禁止更新事件（UEV）。

计数器由预分频器的输出 CK_CNT 驱动，而 CK_CNT 仅在 TM1_CR1 寄存器的计数器使能位（CEN）被置位时才有效。在使能了 CEN 位的一个时钟周期后，计数器才开始计数。

5. 预分频器

TIM1 的预分频器基于一个由 16 位寄存器（TIM1_PSCR）控制的 16 位计数器。由于这个控制寄存器带有缓冲器，因此它能够在运行时被改变。预分频器可以将计数器的时钟频率按 1~65536 的任意值分频。

计数器的频率可以由下式计算

$$f_{CK\_CNT} = f_{CK\_PSC} / (PSCR[15:0] + 1)$$

预分频器的值由预装载寄存器写入，保存了当前使用值的影子寄存器在低位（LS）写入时被载入。

需两次单独的写操作来写 16 位寄存器，高位（MS）先写。不要使用先写低位（LS）的 LDW 指令。

新的预分频器的值在下一次更新事件到来时被采用。

对 TIM1_PSCR 寄存器的读操作通过预装载寄存器完成，因此不需要特别的关注。

6. 向上计数模式

在向上计数模式中，计数器从 0 计数到用户定义的比较值（TIMx_ARR 寄存器的值），然后重新从 0 开始计数并产生一个计数器溢出事件，同时，如果 TIM1_CR1 寄存器的 UDIS 位是 0，将会产生一个更新事件（UEV）。

7. 向下计数模式

在向下模式中，计数器从自动装载的值（TIMx_ARR 寄存器的值）开始向下计数到 0，然后再从自动装载的值重新开始计数，并产生一个计数器向下溢出事件。如果 TIM1_CR1 寄存器的 UDIS 位被清除，还会产生一个更新事件（UEV）。

8. 中央对齐模式（向上/向下计数）

在中央对齐模式，计数器从 0 开始计数到自动加载的值（TIMx_ARR 寄存器）−1，产生一个计数器溢出事件，然后向下计数到 0 并且产生一个计数器下溢事件；然后再从 0 开始重新计数。在此模式下，不能写入 TIMx_CR1 中的 DIR 方向位，它由硬件更新并指示当前的计数方向。

9. 时钟/触发控制器

时钟/触发控制器允许用户选择计数器的时钟源，输入触发信号和输出信号。

三、TM1 高级定时器应用

（1）用定时器实现 LED 闪烁控制。LED 闪烁控制程序架构（见图 5-4）。

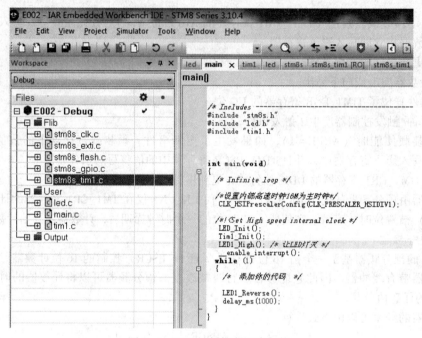

图 5-4　LED 闪烁控制程序架构

程序包含 stm8s_clk.c 时钟库函数、stm8s_exti.c 中断处理库函数、stm8s_flash.c 闪存库函数、stm8s_gpio.c 输入输出库函数、stm8s_time1.c 定时器库函数。

在用户程序中，使用了 led.c LED 显示 C 语言程序、main.c 主程序、stm8s_it.c 中断处理 C 语言程序。

（2）编写 led.h 文件。

```
#ifndef __LED_H
#define __LED_H
#include "stm8s_gpio.h"


#define LED1_PIN        GPIO_PIN_1
#define LED1_PORT       GPIOG

void LED_Init(void);
void LED1_Low(void);
```

```
void LED1_High(void);
void LED1_Reverse(void);

#endif
```

（3）编写 led.c 文件。

```
#include "led.h"

void LED_Init(void)
{
    GPIO_Init(LED1_PORT,LED1_PIN,GPIO_MODE_OUT_PP_HIGH_FAST);//定义 LED 的管脚的
                                                              模式

}

void LED1_Low(void)
{
GPIO_WriteLow(LED1_PORT,LED1_PIN);                           //输出低电平
}
void LED1_High(void)
{
GPIO_WriteHigh(LED1_PORT,LED1_PIN);                          //输出高电平
}

void LED1_Reverse(void)
{
GPIO_WriteReverse(LED1_PORT,LED1_PIN);
}
```

（4）编写 time1.h 文件。

```
#ifndef __TIM1_H
#define __TIM1_H
#include "stm8s.h"

void Tim1_Init(void);
void Tim1Delay_Decrement(void);
void delay_ms(u32 nTime);
#endif
```

（5）编写 time1.c 文件。

```
#include "tim1.h"
static  u32 Tim1Delay;

void Tim1_Init(void)
{
```

```
    TIM1_TimeBaseInit(16,TIM1_COUNTERMODE_UP,1000,0);          //16 分频,向上计数,
                                                                 计数值 1000 触发
                                                                 中断

    TIM1_ARRPreloadConfig(ENABLE);                             //使能自动重装
    TIM1_ITConfig(TIM1_IT_UPDATE,ENABLE);                      //使能数据更新中断
    TIM1_Cmd(ENABLE);                                          //开定时器
}

void Tim1Delay_Decrement(void)
{
  if(Tim1Delay! =0x00)
    {
   Tim1Delay--;
    }
}


void delay_ms(u32 nTime)
{
  Tim1Delay=nTime;

  while(Tim1Delay! =0);
}
```

在定时器 1 初始化程序中，通过 TIM1_TimeBaseInit（16，TIM1_COUNTERMODE_UP，1000，0）语句，设置 16 分频，向上计数，计数完了触发中断，如果想再 1ms 触发中断，则计数器应该计数 1000 次，1MHz/1000=1kHz，正好就是 1ms。

通过 TIM1_ARRPreloadConfig（ENABLE）语句，设置使能自动重装。

通过 TIM1_ITConfig（TIM1_IT_UPDATE，ENABLE）语句，设置数据更新中断。

通过 TIM1_Cmd（ENABLE）语句，开定时器 1 中断。

（6）编写 stm8s_interrupt.c 定时器中断处理文件。

```
#include "stm8s.h"
#include "tim1.h"


#pragma vector=0xD
__interrupt void TIM1_UPD_OVF_TRG_BRK_IRQHandler(void)
{
  Tim1Delay_Decrement();
  TIM1_ClearITPendingBit(TIM1_IT_UPDATE);


}
```

执行一次 Tim1Delay_Decrement（）函数，计数值减 1，然后清除向上计数中断标志。

（7）编写 main.c 文件。

```
#include "stm8s.h"
```

```
#include "led.h"
#include "tim1.h"

int main(void)
{
    /*设置内部 HSI 高速时钟 16M 为主时钟*/
    CLK_HSIPrescalerConfig(CLK_PRESCALER_HSIDIV1);

    LED_Init();                    //LED 初始化
    Tim1_Init();                   //TM1 初始化
    LED1_High();                   /*让 LED 灯灭*/
    __enable_interrupt();          //开总中断
    while(1)
    {
    LED1_Reverse();                //LED1 状态反转
    delay_ms(1000);                //延时 1s
    }
}
```

技能训练

一、训练目标

（1）学会 LED 灯的定时中断驱动。
（2）学会 8 只 LED 灯的流水控制。

二、训练步骤与内容

1. 工程准备
（1）在 E:\STM8\STM8S 目录下，新建一个文件夹 E02。
（2）在 E02 文件夹内，新建 Flib、User 子文件夹。
（3）将示例 E02 文件夹中的 Flib 的文件内 inc、src 文件拷贝到新建文件夹 Flib 内。

2. 新建项目工程
（1）双击桌面 IAR 图标，启动 IAR 开发软件。
（2）单击执行 File 文件菜单下 New Workspace 子菜单命令，创建工程管理空间。
（3）再单击 Project 文件下的 Create New Project 子菜单命令，出现创建新工程对话框。在工程模板 Project templates 中选择第 1 项 Empty project 空工程。单击 OK 按钮，弹出另存为对话框，为新工程起名 E002a。单击保存按钮，保存在 E02 文件夹。在工程项目浏览区，出现 E002a_Debug 新工程。
（4）右键单击新工程 E002a_Debug，在弹出的菜单中，选择执行"Add"菜单下的"Add Group"添加组命令，在弹出的新建组对话框，填写组名"Flib"，单击"OK"按钮，为工程新建一个组 Flib。
（5）用类似的方法，为工程新建一个组 User。
（6）右键单击新工程 E001a_Debug 下的 Flib 组，在弹出的菜单中，选择执行"Add"菜单下的"Add File"添加文件命令，弹出添加文件对话框，打开 Flib 的 src 文件夹，选择添加

"stm8s_clk. c" "stm8s_flash" "stm8s_gpio" "stm8s_time1. c" 定时器库函数文件。

3. 创建程序文件

（1）在 IAR 开发软件界面，单击执行 "File" 文件菜单下的 "New File" 新文件子菜单命令，创建一个新文件。

（2）单击执行 "File" 文件菜单下 "Save As" 另存为子菜单命令，弹出另存为对话框，在对话框文件名中输入 "main. c"，单击 "保存" 按钮，保存新文件在 User 文件夹内。

（3）再创建 5 个新文件，分别另存为 "led. h" "led. c" "time1. h" "time1. c" "stm8s_interrupt. c"。

（4）右键单击新工程 E002a_Debug 下的 Flib 组，在弹出的菜单中，选择执行 "Add" 菜单下的 "Add File" 添加文件命令，弹出添加文件对话框，在 User 文件夹，选择添加 "main. c" "led. c" "time1. c" 文件到 User 文件组。

4. 编写控制文件

（1）编写 led. h 文件。

（2）编写 led. c 文件。

（3）编写 time1. h 文件。

（4）编写 time1. c 文件。

（5）编写 stm8s_interrupt. c 文件。

（6）编写 main. c 文件。

5. 编译程序

（1）右键单击 "E002a _Debug" 项目，在弹出的菜单中执行的 Option 选项命令，弹出选项设置对话框。

（2）在 Target 目标元件选项页，在 Device 器件配置下拉列表选项中选择 "STM8S" 下的 "STM8S207RB"。

（3）单击选项设置对话框项目下的 Output Converter 输出文件覆盖选项，弹出输出选项页，单击生成附加文件输出复选框，在输出文件格式中，选择 "inter extended"，再单击 "override default" 下的复选项。

（4）单击 "Debugger" 选项，在 "drive" 下选择 "ST-LINK" 仿真调试器。

（5）完毕选项，单击 "OK" 按钮，完成选项设置。

（6）单击执行 "Project" 工程下的 "Mike" 编译所有文件命令，或工具栏的 "🔻"，编译所有项目文件。

（7）首次编译时，弹出保存工程管理空间对话框，在文件名栏输入 "E002a"，单击保存按钮，保存工程管理空间。

6. 下载调试程序

（1）STM8 开发板 PG1 连接 MGMC-V2.0 单片机开发板的任意一个 LED 指示灯端，连接电源端。

（2）通过 "ST-LINK" 仿真调试器，连接电脑和开发板。

（3）单击工具栏的 "▶" 下载调试按钮，程序自动下载到开发板。

（4）关闭仿真调试。

（5）观察 LED 指示灯的状态变化。

7. 设计 8 只 LED 灯的循环点亮 1s 的控制程序（使用定时中断库函数）程序并调试运行

（1）新建项目工程。

1）在双击桌面 IAR 图标，启动 IAR 开发软件。

2）单击执行 File 文件菜单下 New Workspace 子菜单命令，创建工程管理空间。

3）再单击 Project 文件下的 Create New Project 子菜单命令，出现创建新工程对话框。在工程模板 Project templates 中选择第 1 项 Empty project 空工程。单击 OK 按钮，弹出另存为对话框，为新工程起名 E003。单击保存按钮，保存在 E03 文件夹。在工程项目浏览区，出现 E003_Debug 新工程。

4）右键单击新工程 E003_Debug，在弹出的菜单中，选择执行 "Add" 菜单下的 "Add Group" 添加组命令，在弹出的新建组对话框，填写组名 "Flib"，单击 "OK" 按钮，为工程新建一个组 Flib。

5）用类似的方法，为工程新建一个组 User。

6）右键单击新工程 E003_Debug 下的 Flib 组，在弹出的菜单中，选择执行 "Add" 菜单下的 "Add File" 添加文件命令，弹出添加文件对话框，打开 Flib 的 src 文件夹，选择添加 "stm8s_clk. c" "stm8s_flash" "stm8s_gpio" "stm8s_time1. c" 定时器库函数文件。

（2）创建程序文件。

1）在 IAR 开发软件界面，单击执行 "File" 文件菜单下的 "New File" 新文件子菜单命令，创建一个新文件。

2）单击执行 "File" 文件菜单下 "Save As" 另存为子菜单命令，弹出另存为对话框，在对话框文件名中输入 "main. c"，单击 "保存" 按钮，保存新文件在 User 文件夹内。

3）再创建 5 个新文件，分别另存为 "led. h" "led. c" "time1. h" "time1. c" "stm8s_interrupt. c"。

4）右键单击新工程 E003_Debug 下的 Flib 组，在弹出的菜单中，选择执行 "Add" 菜单下的 "Add File" 添加文件命令，弹出添加文件对话框，在 User 文件夹，选择添加 "main. c" "led. c" "time1. c" 文件到 User 文件组。

（3）编写控制文件。

1）编写 led. h 文件。

2）编写 led. c 文件。

3）编写 time1. h 文件。

4）编写 time1. c 文件。

5）编写 stm8s_interrupt. c 文件。

6）编写 main. c 文件。

（4）编译程序。

1）右键单击 "E003 _Debug" 项目，在弹出的菜单中执行的 Option 选项命令，弹出选项设置对话框。

2）在 Target 目标元件选项页，在 Device 器件配置下拉列表选项中选择 "STM8S" 下的 "STM8S207RB"。

3）单击选项设置对话框项目下的 Output Converter 输出文件覆盖选项，弹出输出选项页，单击生成附加文件输出复选框，在输出文件格式中，选择 "inter extended"，再单击 "override default" 下的复选项。

4）单击 "Debugger" 选项，在 "drive" 下选择 "ST-LINK" 仿真调试器。

5）完毕选项，单击 "OK" 按钮，完成选项设置。

6）单击执行 "Project" 工程下的 "Mike" 编译所有文件命令，或工具栏的 "⬇"，编译所有项目文件。

7）首次编译时，弹出保存工程管理空间对话框，在文件名栏输入"E003"，单击保存按钮，保存工程管理空间。

（5）下载调试程序。

1）通过"ST-LINK"仿真调试器，连接电脑和开发板。

2）单击工具栏的" ▶ "下载调试按钮，程序自动下载到开发板。

3）关闭仿真调试。

4）观察 LED 指示灯的状态变化。

📖 习题

1. 使用 TIM4 定时中断，产生 1ms 定时脉冲，在定时中断处理程序中，对 1ms 脉冲计数，每当计数到 500 个脉冲时，复位计数值，控制 PG1 连接的 LED 状态翻转 1 次。

2. 使用定时中断完成可调时钟控制。在可调时钟控制中，时钟显示格式为"小时分钟秒钟"，如"13-46-25"表示 13 时 46 分 25 秒。电路上设置 4 个按键，K1 控制时钟的启动。K2 控制小时数的增加，每按一次 K2，小时数加 1，小时数大于 23 时，复位为 0。K3 控制分钟数的增加，每按一次 K3，分钟数加 1，分钟数大于 59 时，复位为 0。K4 控制时钟的停止。

3. 设计简易交通灯的控制程序，使其满足简易交通灯的控制需求。

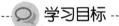

项目六 单片机的串行通信

📣 **学习目标**

（1）学习串口中断基础知识。

（2）学会设计串口中断控制程序。

（3）实现单片机与 PC 间的串行通信。

任务 11 单片机与 PC 间的串行通信

一、串口通信

串行接口（Serial Interface）简称串口，串口通信是指数据一位一位地按顺序传送，实现两个串口设备的通信。例如单片机与别的设备就是通过该方式来传送数据的。其特点是通信线路简单，只要一对传输线就可以实现双向通信，从而降级了成本，特别适用于远距离通信，但传送速度较慢。

1.通信的基本方式

（1）并行通信。数据的每位同时在多根数据线上发送或者接收，其示意图如图 6-1 所示。

并行通信的特点：各数据位同时传送，传送速度快，效率高，有多少数据位就需要多少根数据线，传送成本高。在集成电路芯片的内部，同一插件板上各部件之间，同一机箱内部插件之间等的数据传送是并行的，并行数据传送的距离通常小于 30m。

（2）串行通信。数据的每一位在同一根数据线上按顺序逐位发送或者接收，其通信示意图如图 6-2 所示。

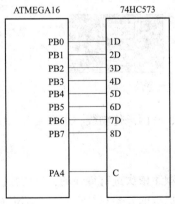

图 6-1 并行通信方式示意图

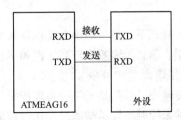

图 6-2 串行通信方式示意图

串行通信的特点：数据传输按位顺序进行，只需两根传输线即可完成，成本低，速度慢。

计算机与远程终端，远程终端与远程终端之间的数据传输通常都是串行的。与并行通信相比，串行通信还有较为显著的特点：

1）传输距离较长，可以从几米到几千米。

2）串行通信的通信时钟频率较易提高。

3）串行通信的抗干扰能力十分强，其信号间的互相干扰完全可以忽略。

但是串行通信传送速度比并行通信慢得多。

基于以上各个特点的综合考虑，串行通信在数据采集和控制系统中得到了广泛的应用，产品种类也是多种多样的。

2. 串行通信的工作模式

通过单线传输信息是串行数据通信的基础，数据通常是在两个站（点对点）之间进行传输，按照数据流的方向可分为三种传输模式（制式）。

（1）单工模式。单工模式的数据传输是单向的。通信双方中，一方为发送端，另一方则固定为接收端。信息只能沿一个方向传输，使用一根数据线，如图 6-3 所示。

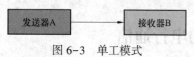

图 6-3　单工模式

单工模式一般用在只向一个方向传输数据的场合，例如收音机，收音机只能接收发射塔给它的数据，它并不能给发射塔数据。

（2）半双工模式。半双工模式是指通信双方都具有发送器和接收器，双方即可发射也可接收，但接收和发射不能同时进行，即发射时就不能接收，接收时就不能发送，如图 6-4 所示。

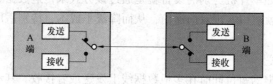

图 6-4　半双工模式

半双工一般用在数据能在两个方向传输的场合。例如对讲机，就是很典型的半双工通信实例，读者有机会，可以自己购买套件，之后焊接、调试，亲自体验一下半双工的魅力。

（3）全双工模式。全双工数据通信分别由两根可以在两个不同的站点同时发送和接收的传输线进行传输，通信双方都能在同一时刻进行发送和接收操作，如图 6-5 所示。

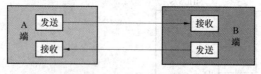

图 6-5　全双工模式

在全双工模式下，每一端都有发送器和接收器，有两条传输线，可在交互式应用和远程监控系统中使用，信息传输效率较高，例如手机。

3. 异步传输和同步传输

在串行传输中，数据是一位一位地按照到达的顺序依次进行传输的，每位数据的发送和接收都需要时钟来控制。发送端通过发送时钟确定数据位的开始和结束，接收端需在适当的时间间隔对数据流进行采样来正确地识别数据。接收端和发送端必须保持步调一致，否则就会在数据传输中出现差错。为了解决以上问题，串行传输可采用以下两种方式：异步传输和同步传输。

（1）异步传输。在异步传输方式中，字符是数据传输单位。在通信的数据流中，字符之间异步，字符内部各位间同步。异步通信方式的"异步"主要体现在字符与字符之间通信没有严格的定时要求。在异步传输中，字符可以是连续地，一个个地发送，也可以是不连续地，随机地单独发送。在一个字符格式的停止位之后，立即发送下一个字符的起始位，开始一个新的字符的传输，这叫作连续地串行数据发送，即帧与帧之间是连续的。断续的串行数据传输是指在一帧结束之后维持数据线的"空闲"状态，新的起始位可在任何时刻开始。一旦传输开始，组成这个字符的各个数据位将被连续发送，并且每个数据位持续时间是相等的。接收端根据这个特点与数据发送端保持同步，从而正确地恢复数据。收发双方则以预先约定的传输速度，在时钟的作用下，传输这个字符中的每一位。

（2）同步传输。同步通信是一种连续传送数据的通信方式，一次通信传送多个字符数据，称为一帧信息。数据传输速率较高，通常可达 56000bit/s 或更高。其缺点是要求发送时钟和接收时钟保持严格同步。例如，可以在发送器和接收器之间提供一条独立的时钟线路，由线路的一端（发送器或者接收器）定期地在每个比特时间中向线路发送一个短脉冲信号，另一端则将这些有规律的脉冲作为时钟。这种方法在短距离传输时表现良好，但在长距离传输中，定时脉冲可能会和信息信号一样受到破坏，从而出现定时误差。另一种方法是通过采用嵌有时钟信息的数据编码位向接收端提供同步信息。同步传输格式如图 6-6 所示。

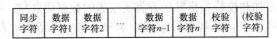

图 6-6　同步传输格式

4. 串口通信的格式

在异步通信中，数据通常以字符（char）或者字节（byte）为单位组成字符帧传送的。既然要双方要以字符传输，一定要遵循一些规则，否则双方肯定不能正确传输数据，或者什么时候开始采样数据，什么时候结束数据采样，这些都必须事先预定好，即规定数据的通信协议。

（1）字符帧。由发送端一帧一帧的发送，通过传输线被接收设备一帧一帧的接收。发送端和接收端可以有各自的时钟来控制数据的发送和接收，这两个时钟源彼此独立。

（2）异步通信中，接收端靠字符帧格式判断发送端何时开始发送，何时结束发送。平时，发送先为逻辑 1（高电平），每当接收端检测到传输线上发送过来的低电平逻辑 0 时，就知道发送端开始发送数据，每当接收端接收到字符帧中的停止位时，就知道一帧字符信息发送完毕。异步通信格式帧如图 6-7 所示。

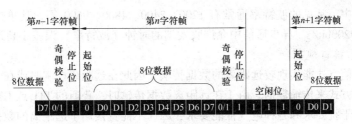

图 6-7　异步通信格式帧

1）起始位。在没有数据传输时，通信线上处于逻辑"1"状态。当发送端要发送 1 个字符数据时，首先发送 1 个逻辑"0"信号，这个低电平便是帧格式的起始位。其作用是向接收端表达发送端开始发送一帧数据。接收端检测到这个低电平后，就准备接收数据。

2）数据位。在起始位之后，发送端发出（或接收端接收）的是数据位，数据的位数没有严格的限制，5~8位均可，由低位到高位逐位发送。

3）奇偶校验位。数据位发送完（接收完）之后，可发送一位用来验证数据在传送过程中是否出错的奇偶校验位。奇偶校验是收发双方预先约定的有限差错校验方法之一，有时也可不用奇偶校验。

4）停止位。字符帧格式的最后部分是停止位，逻辑"高（1）"电平有效，它可占1/2位、1位或2位。停止位表示传送一帧信息的结束，也为发送下一帧信息做好准备。

5. 串行通信的校验

串行通信的目的不只是传送数据信息，更重要的是应确保准确无误地传送。因此必须考虑在通信过程中对数据差错进行校验，差错校验是保证准确无误通信的关键。常用差错校验方法有奇偶校验、累加和校验以及循环冗余码校验等。

（1）奇偶校验。奇偶校验的特点是按字符校验，即在发送每个字符数据之后都附加一位奇偶校验位（1或0），当设置为奇校验时，数据中1的个数与校验位1的个数之和应为奇数；反之则为偶校验。收发双方应具有一致的差错校验设置，当接收1帧字符时，对1的个数进行校验，若奇偶性（收发双方）一致则说明传输正确。奇偶校验只能检测到那种影响奇偶位数的错误，比低级且速度慢，一般只用在异步通信中。

（2）累加和校验。累加和校验是指发送方将所发送的数据块求和，并将"校验和"附加到数据块末尾。接收方接收数据时也是先对数据块求和，将所得结果与发送方的"校验和"进行比较，若两者相同，表示传送正确，若不同则表示传送出了差错。"校验和"的加法运算可用逻辑加，也可用算术加。累加和校验的缺点是无法校验出字节或位序的错误。

（3）循环冗余码校验（CRC）。循环冗余码校验的基本原理是将一个数据块看成一个位数很长的二进制数，然后用一个特定的数去除它，将余数作校验码附在数据块之后一起发送。接收端收到数据块和校验码后，进行同样的运算来校验传输是否出错。

6. 波特率

波特率是表示串行通信传输数据速率的物理参数，其定义为在单位时间内传输的二进制bit数，用位/秒（Bit per Second）表示，其单位量纲为bit/s。例如串行通信中的数据传输波特率为9600bit/s，意即每秒钟传输9600个bit，合计1200个字节，则传输一个比特所需要的时间为：

$$1/9600bit/s = 0.000104s = 0.104ms$$

传输一个字节的时间为：$0.104ms \times 8 = 0.832ms$

在异步通信中，常见的波特率通常有1200、2400、4800、9600等，其单位都是bit/s。高速的可以达到19200bit/s。异步通信中允许收发端的时钟（波特率）误差不超过5%。

7. 串行通信接口规范

由于串行通信方式能实现较远距离的数据传输，因此在远距离控制时或在工业控制现场通常使用串行通信方式来传输数据。由于在远距离数据传输时，普通的TTL或CMOS电平无法满足工业现场的抗干扰要求和各种电气性能要求，因此不能直接用于远距离的数据传输。国际电气工业协会EIA推进了RS-232、RS-485等接口标准。

（1）RS-232接口规范。RS-232-C是1969年EIA制定的在数据终端设备（DTE）和数据通信设备（DCE）之间的二进制数据交换的串行接口，全称是EIA-RS-232-C协议，实际中常称RS-232，也称EIA-232，最初采用DB-25作为连接器，包含双通道，但是现在也有采用

DB-9的单通道接口连接，RS-232C串行端口定义见表6-1。

表 6-1 　　　　　　　　　　　　　　　**RS-232C 串行端口定义**

DB9	信号名称	数据方向	说明
2	RXD	输入	数据接收端
3	TXD	输出	数据发送端
5	GND	—	地
7	RTS	输出	请求发送
8	CTS	输入	清除发送
9	DSR	输入	数据设备就绪

在实际中，DB9 由于结构简单，仅需要 3 根线就可以完成全双工通信，所以在实际中应用广泛。RS-232 采用负逻辑电平，用负电压表示数字信号逻辑"1"，用正电平表示数字信号的逻辑"0"。规定逻辑"1"的电压范围为-5~-15V，逻辑"0"的电压范围为+5~+15V。RS-232-C 标准规定，驱动器允许有 2500pF 的电容负载，通信距离将受此电容限制，例如，采用 150pF/m 的通信电缆时，最大通信距离为 15m；若每米电缆的电容量减小，通信距离可以增加。传输距离短的另一原因是 RS-232 属单端信号传送，存在共地噪声和不能抑制共模干扰等问题，因此一般用于 20m 以内的通信。

（2）RS-485 接口规范。RS-485 标准最初由 EIA 于 1983 年制定并发布，后由通信工业协会修订后命名为 TIA/EIA-485-A，在实际中习惯上称之为 RS-485。RS-485 是为弥补 RS-232 的不足而提出的。为改进 RS-232 通信距离短、速率低的缺点，RS-485 定义了一种平衡通信接口，将传输速率提高到 10Mbit/s，传输距离延长到 4000 英尺（速率低于 100kbit/s 时），并允许在一条平衡线上连接最多 10 个接收器。RS-485 是一种单机发送、多机接收的单向、平衡传输规范，为扩展应用范围，随后又增加了多点、双向通信功能，即允许多个发送器连接到同一条总线上，同时增加了发送器的驱动能力和冲突保护特性，扩展了总线共模范围，其特点为：

1）差分平衡传输。

2）多点通信。

3）驱动器输出电压（带载）：$\geqslant |1.5V|$。

4）接收器输入门限：±200mV。

5）-7V~+12V 总线共模范围。

6）最大输入电流：1.0mA/-0.8mA（12Vin/-7Vin）。

7）最大总线负载：32 个单位负载（UL）。

8）最大传输速率：10Mbit/s。

9）最大电缆长度：4000 英尺（3000m）。

RS-485 接口是采用平衡驱动器和差分接收器的组合，抗共模干能力更强，即抗噪声干扰性好。RS-485 的电气特性用传输线之间的电压差表示逻辑信号，逻辑"1"以两线间的电压差为+2~+6V 表示；逻辑"0"以两线间的电压差为-2~-6V 表示。

RS-232-C 接口在总线上只允许连接 1 个收发器，即一对一通信方式。而 RS-485 接口在总线上允许最多 128 个收发器存在，具备多站能力，基于 RS-485 接口，可以方便组建设备通信网络，实现组网传输和控制。

由于 RS-485 接口具有良好的抗噪声干扰性，使之成为远传输距离、多机通信的首选串行接口。RS-485 接口使用简单，可以用于半双工网络（只需 2 条线），也可以用于全双工通信（需 4 条线）。RS-485 总线对于特定的传输线径，从发送端到接收端数据信号传输所允许的最大电缆长度是数据信号速率的函数，这个长度数据主要受信号失真及噪声等影响所限制，所以实际中 RS-485 接口均采用屏蔽双绞线作为传输线。

RS-485 允许总线存在多主机负载，其仅仅是一个电气接口规范，只规定了平衡驱动器和接收器的物理层电特性，而对于保证数据可靠传输和通信的连接层、应用层等协议并没有定义，需要用户在实际使用中予以定义。Modbus、RTU 等是基于 RS-485 物理链路的常见的通信协议。

（3）串行通信接口电平转换。

1）TTL/CMOS 电平与 RS-232 电平转换。TTL/CMOS 电平采用的是 0～5V 的正逻辑，即 OV 表示逻辑 0，5V 表示逻辑 1，而 RS-232 采用的是负逻辑，逻辑 0 用+5～ +15V 表示，逻辑 1 用-5～-15V 表示。在 TTL/CMOS 的中，如果使用 RS-232 串行口进行通信，必须进行电平转换。MAX232 是一种常见的 RS-232 电平转换芯片，单芯片解决全双工通信方案，单电源工作，外围仅需少数几个电容器即可。

2）TTL/CMOS 电平与 RS-485 电平转换。RS-485 电平是平衡差分传输的，而 TTL/CMOS 是单极性电平，需要经过电平转换才能进行信号传输。常见的 RS-485 电平转换芯片有 MAX485、MAX487 等。

二、STM8S 单片机的串行接口

1. STM8S 串行接口简介

STM8S 单片机的通用同步异步收发器提供了一种灵活的方法与使用工业标准 NRZ 异步串行数据格式的外部设备之间进行全双工数据交换。STM8S 的 UART 提供宽范围的波特率选择，并且支持多处理器通信。

STM8S 系列有三个串口（UART1、UART2、UART3），不同的 UART 支持不同的功能，UART 功能见表 6-2。

表 6-2   UART 功 能

UART 模式	UART1	UART2	UART3
异步模式	√	√	√
多处理器通信	√	√	√
同步通信	√	√	×
智能卡模式	√	√	×
IrDA	√	√	×
半双工（单线模式）	√	×	×
LIN 主模式	√	√	√
LIN 从模式	×	√	√

2. UART 主要特性

（1）全双工的，异步通信。

（2）NRZ 标准格式。

（3）高精度波特率发生器系统。发送和接收共用的可编程波特率，最高达 2.5Mbit/s。

（4）可编程数据字长度（8 位或 9 位）。

（5）可配置的停止位支持 1 或 2 个停止位。

（6）LIN 主模式（LIN 断开和分隔符生成、通过不同标志位和不同中断源检测）。

（7）发送方为同步传输提供时钟（UART1、UART2）。

（8）IRDA SIR 编码器解码器（UART1、UART2）。

（9）智能卡模拟功能（UART1、UART2）。

（10）单线半双工通信（UART1）。

（11）单独的发送器和接收器使能位。

（12）检测标志。

- 接收缓冲器满
- 发送缓冲器空
- 传输结束标志

（13）奇偶校验控制。

- 发送奇偶校验位
- 对接收数据进行校验

（14）四个错误检测标志（溢出错误、噪声错误、帧错误、奇偶校验错误）。

- 溢出错误
- 噪声错误
- 帧错误
- 奇偶校验错误

（15）6 个带标志的中断源：发送数据寄存器空、发送完成、接收数据寄存器满、检测到总线为空闲、校验错误、LIN 断开和分隔符检测（UART2、UART3）。

（16）2 个中断向量（发送中断、接收中断）。

（17）低功耗模式。

（18）多处理器通信（如果地址不匹配，则进入静默模式）。

（19）从静默模式中唤醒（通过空闲总线检测或地址标志检测）。

（20）2 种唤醒接收器的方式：地址位（MSB）和总线空闲。

3. UART1 串口组成

UART1 由 3 个主要部分构成：时钟发生器、数据发送器和数据接收器。控制寄存器由 3 个单元共享。时钟发生器包含同步逻辑，通过它将波特率发生器及为从机同步操作所使用的外部输入时钟同步起来。UART1 有 3 个引脚：UART_TX、UART_RX 和 UART_SK、UART_SK 引脚为发送器时钟输出，此引脚用于同步传输的时钟，可以用来控制带有移位寄存器的外部设备。发送器和接收器由共用的波特率发生器驱动，当发送器和接收器的使能位分别置位时，波特率发生器为其提供相应的时钟。发送器包括一个写缓冲器、串行移位寄存器、奇偶发生器以及处理不同帧格式所需要的逻辑控制。写缓冲器可以保持连续发送数据而不会在数据帧之间引入延迟。接收器包括奇偶校验、逻辑控制和移位寄存器。

接收器和发送器的波特率可按照 UART_DIV 来设置

Tx/Rx baud rate＝f_{MASTER}/UART_DIV

UART_DIV 是一个无符号的整数，存储在寄存器 BRR1 和 BRR2 中，波特率设置如图 6-8 所示。

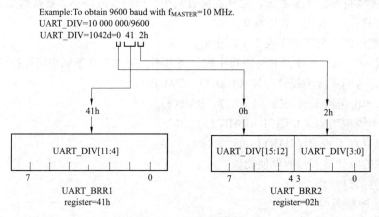

图 6-8   波特率设置

注意：波特计数器会在对寄存器 BRR1 写入新值时更新为新的波特率寄存器值。考虑到波特率寄存器值在传输进行时不该被修改，应当在写寄存器 BRR1 前，先写寄存器 BRR2。

4. UART 寄存器描述

（1）状态寄存器 UART_SR 见表 6-3，状态寄存器说明见表 6-4。

表 6-3   状态寄存器 UART_SR

位	B7	B6	B5	B4	B3	B2	B1	B0
符号	TXE	TC	RXNE	IDLE	OR/LHE	NF	FE	PE
初值	0	0	0	0	0	0	0	0

表 6-4   状态寄存器说明

位	功　　能
B7	TXE：发送数据寄存器空 当 TDR 寄存器中的数据被硬件转移到移位寄存器的时候，该位被硬件置位。如果 UART_CR2 寄存器中的 TIEN 位为 1，则产生中断。对 UART_DR 的写操作会使该位消零。0：数据还没有被转移到移位寄存器；1：数据已经被转移到移位寄存器
B6	TC：发送完成 当包含有数据的一帧发送完成后，由硬件将该位置位。如果 UART_CR2 中的 TCIEN 为 1，则产生中断。可用用户程序清除该位（先读 UART_SR，然后写入 UART_DR）。对于 UART2 和 UART3，该位也可以通过写入 0 来清除。0：发送还未完成；1：发送完成
B5	RXNE：读数据寄存器非空 当 RDR 移位寄存器中的数据被转移到 UART_DR 寄存器 ILIEN 为 1，该位被硬件置位。如果 UART_CR1 寄存器中的 RXNEIE 为 1，则产生中断。对 UART_DR 的读操作可以将该位清零。RXNE 位也可以通过写入 0 来消除，对于 UART2 和 UART3，该位也可以通过写入 0 来消除。 0：数据没有收到；1：收到数据，可以读出
B4	IDLE：监测到 IDLE 总线 当检测到空闲总线时，该位被硬件置位。如果 UART CR1 中的 ILIEN 为 1，则产生中断。由软件按下列操作顺序清 0 该位（先读 UART_SR，然后读 UART_DR）0：没有检测到空闲总线；1：检测到空闲总线

续表

位	功　　能
B3	OR：过载错误 当 RXNE＝1，并且当前接收到的数据在移位寄存器中就绪，准备转移到 RDR 寄存器时，该位由硬件置 1。如果 UART_CR2 寄存器中的 RIEN 为 1，则产生中断。由软件按下列操作顺序将该位清零（先读 UART_SR，然后读 UART_DR） 0：没有过载错误；1：检测到过载错误
B2	NF：噪声标志位 在接收到的帧检测到噪声时，由硬件对该位置位。由软件按下列操作顺序清 0 该位（先读 UART_SR，然后读 UART_DR），0：没有检测到噪声；1：检测到噪声
B1	FE：帧错误 当检测到同步错位，过多的噪声或者检测到 break 符，该位被硬件置位。由软件按下列操作顺序清 0 该位（先读 UART_SR，然后读 UART_DR） 0：没有检测到帧错误；1：检测到帧错误或者 break 符
B0	PE：奇偶校验错误 在接收模式下，如果出现奇偶校验错误，硬件对该位置位。由软件按下列操作顺序消 0 该位（先读 UART_SR，然后读 UART_DR）。在清除 PE 位前，软件必须等待 RXNE 标志位被置 1。如果 UART_CR1 中的 PIEN 为 1，则产生中断。 0：没有校验错误；1：校验错误

（2）数据寄存器 UART_DR。数据寄存器 UART_DR 是一个字节的 8 位寄存器，它的每一位都可以读写。DR［7：0］：数据值包含了发送或接收的数据，其值取决于对该寄存器的操作是读取还是写入。

由于它是由两个寄存器组成的，一个给发送用（TDR），一个给接收用（RDR），该寄存器兼具读和写的功能。

TDR 寄存器提供了内部总线和输出移位寄存器之间的并行接口。

RDR 寄存器提供了输入移位寄存器和内部总线之间的并行接口。

（3）波特率寄存器 1（UART_BRR1）。波特率寄存器 1（UART_BRR1）见表 6-5。

波特率寄存器对于发送方和接收方来说是一致的。波特率通过对 2 个寄存器 BRR1 和 BRR2 编程来确定。写 BRR2 应当先于写 BRR1，因为对 BRR1 的写操作会更新波特计数器。

表 6-5　　　　　　　　　　波特率寄存器 1（UART_BRR1）

位	B7	B6	B5	B4	B3	B2	B1	B0
作用	UART_DIV［11：4］							
读写	RW	RW	RW	RW	RW	RW	RW	RW

如果 TE 或 RE 被分别禁止，波特计数器停止计数。

BRR1＝00h 意味着 UART 时钟被禁用。

（4）波特比率寄存器 2（UART_BRR2）。波特率寄存器 2（UART_BRR2）见表 6-6。

表 6-6　　　　　　　　　　波特率寄存器 2（UART_BRR2）

位	B7	B6	B5	B4	B3	B2	B1	B0
作用	UART_DIV［15：12］				UART_DIV［3：0］			
读写	RW	RW	RW	RW	RW	RW	RW	RW

（5）控制寄存器1（UART_CR1）。控制寄存器1（UART_CR1）见表6-7。

表6-7   控制寄存器1（UART_CR1）

位	B7	B6	B5	B4	B3	B2	B1	B0
符号	R8	T8	UARTD	M	WAKE	PCEN	PS	PIEN
读写	RW	RW	RW	RW	RW	RW	RW	RW

控制寄存器1（UART_CR1）描述见表6-8。

表6-8   控制寄存器1（UART_CR1）描述

位	描述
B7	RB：接收数据位8 该位用来在 M=1 时存放接收到字的第9位
B6	T8：发送数据位8 该位用来在 M=1 时存放待发送字的第9位
B5	UARTD：UART 禁用（用以实现低功耗） 当该位置1，UART 预分频器和输出在当前字节传输完成后停止工作，用来降低功耗。该位由软件置1，或者清0。 0：UART 使能；1：UART 预分频器和输出禁用
B4	M：字长 该位定义了数据字的长度，由软件对其置位和消零操作 0：一个起始位，8个数据位，n 个停止位（n 取决于 UART_CR3 中的 STOP [1：0] 位） 1：一个起始位，9个数据位，一个停止位。 注意：在数据传输过程中（发送或者接收时），不能修改这个位，在 LIN 从模式，M 位和 UART_CR3 寄存器的 STOP [1：0] 应当保持为0
B3	WAKE：唤醒的方法 这位决定了把 USART 唤醒的方法，由软件对其置位或者清零。 0：被空闲总线唤醒； 1：被地址标记唤醒
B2	PCEN：奇偶校验控制使能 UART 模式： 用该位来选择是否进行硬件奇偶校验控制（对于发送来说就是校验位的产生；对于接收来说就是校验位的检测）。当使能了该位，在发送数据的 MSB（如果 M=1，MSB 就是第9位；如果 M=0，MSB 就是第8位）位后插入校验位；对接收到的数据检查其校验位。软件对它置位或者清零。一旦该位被置位，当前字节传输完成后，校验控制才生效。 0：奇偶校验控制被禁用； 1：奇偶校验控制被使能。 LIN 从模式： 在 LIN 从模式下，该位使能 LIN 标识符奇偶校验检测 0：标识符奇偶校验控制被禁止； 1：标识符奇偶校验控制被使能
B1	PS：奇偶校验选择 该位用来选择当奇偶校验校验控制使能后，是采用偶校验还是奇校验。软件对它置位或者清零。当前字节传输完成后，该选择生效。 0：偶校验；1：奇校验

续表

位	描　述
B0	PIEN：校验中断使能 软件对该位可以置位或者清零 0：中断被禁止； 1：当 USART SR 中的 PE 为 1 时，产生 USART 中断

（6）控制寄存器 2（UART_CR2）。控制寄存器 2（UART_CR2）见表 6-9。

表 6-9　　　　　　　　　　　　控制寄存器 2（UART_CR1）

位	B7	B6	B5	B4	B3	B2	B1	B0
符号	TIEN	TCIEN	RIEN	ILIEN	TEN	REN	RWU	SBK
读写	RW	RW	RW	RW	RW	RW	RW	RW

控制寄存器 2（UART_CR2）描述见表 6-10。

表 6-10　　　　　　　　　　控制寄存器 2（UART_CR2）描述

位	描　述
B7	TIEN：发送中断使能 软件对该位置位或者清零 0：中断被禁止； 1：当 USART_SR 中的 TXE 为 1 时，产生 USART 中断
B6	TCIEN：发送完成中断使能 软件对该位置位或者清零 0：中断被禁止； 1：当 USART_SR 中的 TC 为 1 时，产生 USART 中断
B5	RIEN：接收中断使能 软件对该位置位或者消零 0：中断被禁止； 1：当 USAR_SR 中的 OR 或者 RXNE 为 1 时，产生 USART 中断
B4	ILIEN：IDLE 中断使能 软件对该位置位或者清零 0：中断被禁止； 1：当 USART_SR 中的 IDLE 为 1 时，产生 USART 中断
B3	TEN：发送使能 该位使能发送器。软件对该位置位或者清零 0：发送被禁； 1：发送被使能
B2	REN：接收使能 该位使能接收器。软件对该位置位或者清零 0：接收被禁； 1：接收被使能，开始搜寻 RX 引脚上的起始位

位	描　　述
B1	RWU：接收唤醒 UART 模式： 　该位用来决定是否把 USART 置于静默模式。软件对该位置位或者清零。当一个唤醒序列被识别出来时，硬件也会将其清零。 LIN 模式： 　在 LIN 从模式下，设置 RWU 位允许对 LIN 报文头的检测而拒绝接收其他字符。当 RDRF 位置 1 时，软件不能设置或者清零 RWU 位。 　0：接收器处于正常工作模式；1：接收器处于静默模式
B0	SBK：发送断开帧 　使用该位来发送断开字符。软件可以对该位置位或者清零。应该由软件来置位它，然后在断开帧的停止位时，由硬件将该位复位。 　0：没有发送断开字符；1：将要发送断开字符

三、串口通信程序与调试

1. 串口通信的子函数

（1）串口配置初始化函数。

```
void USART_Configuration(void)          //串口配置初始化函数
  {
    UART1_DeInit();                      //复位 UART1
    UART1_Init((u32)9600,UART1_WORDLENGTH_8D,UART1_STOPBITS_1, \
    UART1_PARITY_N0,UART1_SYNCMODE_CLOCK_DISABLE,UART1_MODE_TXRX_ENABLE);
                                         //波特率,字节数,1 个停止位,无奇偶效验位,非同步模
                                                式,允许接受和发送

    UART1_Cmd(ENABLE);                   //使能 UART1
  }
```

在串口配置初始化函数中，首先复位 UART1 初始化参数，然后配置串口通信参数。

波特率设置为 9600，数据传输设置为 8 位，停止位设置为 1 位，校验设置为无奇偶校验位，通信模式设置为非同步模式，最后使能数据发送和接收。

设置完成，使能串口 UART1。

利用 STM8 库函数中文参考设置串口初始化（见图 6-9）。

设置完串口初始化参数后，通过 STM8 库函数中文参考右下角的复制按钮，可以将串口 1 配置初始化程序拷贝到串口配置初始化程序中。

（2）发送 1 个字节数据函数。

```
void UART_send_byte(uint8_t byte)
{
    UART1_SendData8((unsigned char)byte);               //使用发送单字节数据库函数
  while(UART1_GetFlagStatus(UART1_FLAG_TXE)==RESET);//发送数据为空
}
```

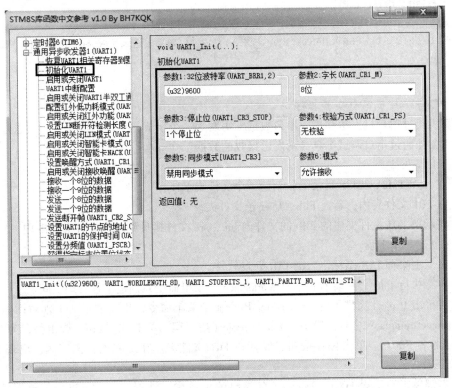

图 6-9 设置串口初始化

（3）发送多字节函数。

```
void UART_Send(uint8_t*Buffer,uint16_t Length)
{
  uint16_t n=0;
  for(n=0;n<Length;n++)
    UART_send_byte(Buffer[n]);                //发送多字节数据
}
```

在多字节发送中，使用 for 循环，依次发送各个数据。

（4）接收数据函数。

```
uint8_t UART_Recive(void)                     //接收数据
{
    uint8_t UART1_Re_Buf;                     //定义数据接收缓冲变量
    while(UART1_GetFlagStatus(UART1_FLAG_RXNE)==RESET);  //接受数据寄存器非空
    UART1_Re_Buf=UART1_ReceiveData8();        //使用接收单字节数据库函数
    return  UART1_Re_Buf;
}
```

（5）发送字符函数。

```
PUTCHAR_PROTOTYPE                             //发送一个字符协议
{
```

```
/*将 Printf 内容发往串口*/
UART1_SendData8((unsigned char) ch);
while(!(UART1->SR & UART1_FLAG_TXE));      //如果发送未完成,标志位未置位,则循环等待
return(ch);
}
```

2. PC 与单片机串口实验程序

计算机通过单片机发送和接收串口数据,每发送一个字节,单片机接收后,回送计算机发送的数据,并通过串口调试工具显示发送接收的数据。

(1) 工程准备。

1) 在 E:\STM8\STM8S 目录下,新建一个文件夹 F01。

2) 在 F01 文件夹内,新建 Flib、User 子文件夹。

3) 将示例 F01 文件夹中的 Flib 的文件内 inc、src 文件拷贝到新建文件夹 Flib 内。

(2) 创建一个工程。

1) 在双击桌面 IAR 图标,启动 IAR 开发软件。

2) 单击执行 File 文件菜单下 New Workspace 子菜单命令,创建工程管理空间。

3) 再单击 Project 文件下的 Create New Project 子菜单命令,出现创建新工程对话框。在工程模板 Project templates 中选择第 1 项 Empty project 空工程。单击 OK 按钮,弹出另存为对话框,为新工程起名 F001a。单击保存按钮,保存在 F01 文件夹。在工程项目浏览区,出现 F001a_Debug 新工程。

4) 右键单击新工程 F001a_Debug,在弹出的菜单中,选择执行 "Add" 菜单下的 "Add Group" 添加组命令,在弹出的新建组对话框,填写组名 "Flib",单击 "OK" 按钮,为工程新建一个组 Flib。

5) 用类似的方法,为工程新建一个组 User。

6) 右键单击新工程 F001a_Debug 下的 Flib 组,在弹出的菜单中,选择执行 "Add" 菜单下的 "Add File" 添加文件命令,弹出添加文件对话框,打开 Flib 的 src 文件夹,选择添加 "stm8s_clk. c" "stm8s_flash" "stm8s_uart1. c" 串口 1 库函数等文件。

(3) 创建程序文件。

1) 在 IAR 开发软件界面,单击执行 "File" 文件菜单下的 "New File" 新文件子菜单命令,创建一个新文件。

2) 单击执行 "File" 文件菜单下 "Save As" 另存为子菜单命令,弹出另存为对话框,在对话框文件名中输入 "main. c",单击 "保存" 按钮,保存新文件在 User 文件夹内。

3) 再创建 5 个新文件,分别另存为 "uart. h" "uart. c"。

4) 右键单击新工程 F001a_Debug 下的 User 组,在弹出的菜单中,选择执行 "Add" 菜单下的 "Add File" 添加文件命令,弹出添加文件对话框,在 User 文件夹,选择添加 "main. c" "uart. c" 文件到 User 文件组。

(4) 编写控制文件。

1) 编写 uart. h 文件。

```
#ifndef__UART_H
#define__UART_H

#include "stm8s.h"
```

```
#include "stm8s_clk. h"
#include <stdio. h>

void USART_Configuration(void);
void UART_send_byte(uint8_t byte);
void UART_Send(uint8_t*Buffer,uint16_t Length);
uint8_t UART_Recive(void);
int fputc(int ch,FILE*f);
#endif
```

2）编写 uart. c 文件。

```
#include "uart. h"
#include <stdarg. h>
#include <stdio. h>

/*Private function prototypes -------------------------------------------*/

#ifdef __GNUC__
  /*With GCC/RAISONANCE,small printf(option LD Linker->Libraries->Small printf
    set to 'Yes') calls __io_putchar()*/
  #define PUTCHAR_PROTOTYPE int __io_putchar(int ch)
#else
  #define PUTCHAR_PROTOTYPE int fputc(int ch,FILE*f)
#endif /*__GNUC__*/

/*Private functions --------------------------------------------------*/

void USART_Configuration(void)                          //串口初始化函数
  {

    UART1_DeInit();
    UART1_Init((u32)9600,UART1_WORDLENGTH_8D,UART1_STOPBITS_1, \
    UART1_PARITY_NO,UART1_SYNCMODE_CLOCK_DISABLE,UART1_MODE_TXRX_ENABLE);//波
特率,字节数,1 个停止位,无奇偶效验位,非同步模式,允许接受和发送
    //UART1_ITConfig(UART1_IT_RXNE_OR,ENABLE  );
    UART1_Cmd(ENABLE);                                   //使能 UART1
  }

void UART_send_byte(uint8_t byte)                        //发送 1 字节数据
  {
    UART1_SendData8((unsigned char)byte);                //使用发送单字节数据库函数
  /*Loop until the end of transmission*/
    while(UART1_GetFlagStatus(UART1_FLAG_TXE)==RESET);   //发送数据为空
  }
```

```
void UART_Send(uint8_t*Buffer,uint16_t Length)
{
   uint16_t n=0;
   for(n=0;n<Length;n++)
   UART_send_byte(Buffer[n]);                      //发送多字节数据
}

uint8_t UART_Recive(void)                          //接收数据
{
    uint8_t UART1_Re_Buf;
    while(UART1_GetFlagStatus(UART1_FLAG_RXNE)==RESET);  //接受数据寄存器非空
    UART1_Re_Buf=UART1_ReceiveData8();             //使用接收单字节数据库函数
    return  UART1_Re_Buf;
}

PUTCHAR_PROTOTYPE                                  //发送一个字符协议
{
/*将 printf 内容发往串口*/
   UART1_SendData8((unsigned char) ch);           //使用发送单字节数据库函数
   while(!(UART1->SR & UART1_FLAG_TXE));           //如果发送未完成,标志位未置
                                                   //位,则循环等待

   return(ch);

}
```

在编写串口通用程序时，可以利用 STM8 库函数中文参考，得到基本库函数语句，稍加修改，就可以应用。

在多字节发送中需要使用单字节发送库函数，利用 STM8 库函数中文参考，得到库函数基本形式，"UART1_SendData8（0x00）;"，修改该语句中的数据值"0x00"为"Buffer［n］"，得到多字节发送的语句"UART1_SendData8（Buffer［n］）;"。

在判断"发送数据为空"的语句"while（UART1_GetFlagStatus（UART1_FLAG_TXE）＝＝RESET）;"中，利用 STM8 库函数中文参考，可以在通用异步串口 1 下找到"获得指定位置位标志状态"语句，在右边标志栏，选择"发送数据寄存器空标志"，单击"复制"按钮，可得"UART1_GetFlagStatus（UART1_FLAG_TXE）"发送数据寄存器空标志语句（见图 6-10）。

利用 STM8 库函数中文参考，可以快速找到编程用的库函数语句，提高编程效率。

3) 编写 main.c 文件。

```
#include "stm8s.h"
#include "stm8s_clk.h"
#include "uart.h"
#include <stdio.h>

#define countof(a) (sizeof(a) / sizeof(*(a)))      //计算数组内的成员个数
uint8_t Tx_Buffer[]="I love STM8";
u8  RX_buf=0x00;
```

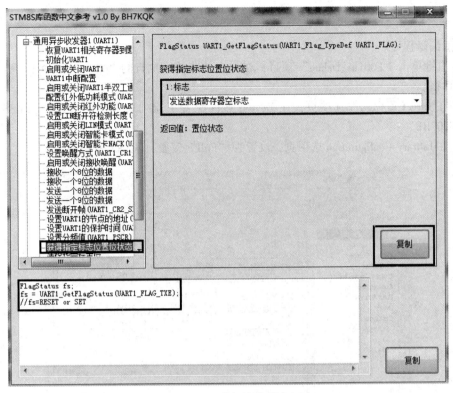

图 6-10　发送数据寄存器空标志

```
static void delay(u16 cnt)
{
  while(cnt--);
}

int main(void)
{

    /*设置内部高速时钟16M为主时钟*/
    CLK_HSIPrescalerConfig(CLK_PRESCALER_HSIDIV1);

    USART_Configuration();//串口配置
    UART_Send(Tx_Buffer,countof(Tx_Buffer)-1);            //发送字符串
        delay(20000);                                     //延时

while(1)
{
  while(UART1_GetFlagStatus(UART1_FLAG_RXNE)==RESET);//接受数据寄存器非空
  RX_buf=UART1_ReceiveData8();                            //使用接收单字节数据库函数

    UART_send_byte(RX_buf);                               //发送接收到的数据
```

```
        }
    }
```

（5）编译程序。

1）右键单击"F001a _Debug"项目，在弹出的菜单中执行的 Option 选项命令，弹出选项设置对话框。

2）在 Target 目标元件选项页，在 Device 器件配置下拉列表选项中选择"STM8S"下的"STM8S207RB"。

3）在 Library Configuration 选项页，设置为"Full"完整（见图 6-11）。

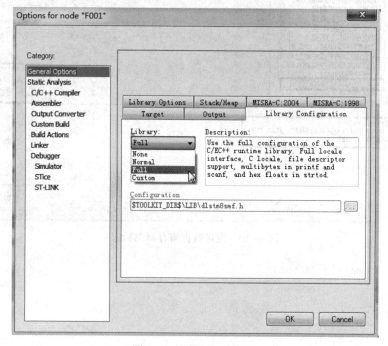

图 6-11　设置为"Full"

4）单击选项设置对话框项目下的 Output Converter 输出文件覆盖选项，弹出输出选项页，单击生成附加文件输出复选框，在输出文件格式中，选择"inter extended"，再单击"override default"下的复选项。

5）单击"Debugger"选项，在"drive"下选择"ST-LINK"仿真调试器。

6）完毕选项，单击"OK"按钮，完成选项设置。

7）单击执行"Project"工程下的"Mike"编译所有文件命令，或工具栏的""，编译所有项目文件。首次编译时，弹出保存工程管理空间对话框，在文件名栏输入"F001a"，单击保存按钮，保存工程管理空间。

技能训练

一、训练目标

（1）学会使用单片机的串口通信。

（2）通过单片机的串口与计算机进行通信。

二、训练步骤与内容

1. 工程准备

（1）在 E：\STM8\STM8S 目录下，新建一个文件夹 F01。

（2）在 F01 文件夹内，新建 Flib、User 子文件夹。

（3）将示例 F01 文件夹中的 Flib 的文件内 inc、src 文件拷贝到新建文件夹 Flib 内。

2. 创建一个工程

（1）在双击桌面 IAR 图标，启动 IAR 开发软件。

（2）单击执行 File 文件菜单下 New Workspace 子菜单命令，创建工程管理空间。

（3）再单击 Project 文件下的 Create New Project 子菜单命令，出现创建新工程对话框。在工程模板 Project templates 中选择第 1 项 Empty project 空工程。单击 OK 按钮，弹出另存为对话框，为新工程起名 F001a。单击保存按钮，保存在 F01 文件夹。在工程项目浏览区，出现 F001a_Debug 新工程。

（4）右键单击新工程 F001a_Debug，在弹出的菜单中，选择执行 "Add" 菜单下的 "Add Group" 添加组命令，在弹出的新建组对话框，填写组名 "Flib"，单击 "OK" 按钮，为工程新建一个组 Flib。

（5）用类似的方法，为工程新建一个组 User。

（6）右键单击新工程 F001a_Debug 下的 Flib 组，在弹出的菜单中，选择执行 "Add" 菜单下的 "Add File" 添加文件命令，弹出添加文件对话框，打开 Flib 的 src 文件夹，选择添加 "stm8s_clk. c" "stm8s_flash" "stm8s_uart1. c" 串口 1 库函数等文件。

3. 创建程序文件

（1）在 IAR 开发软件界面，单击执行 "File" 文件菜单下的 "New File" 新文件子菜单命令，创建一个新文件。

（2）单击执行 "File" 文件菜单下 "Save As" 另存为子菜单命令，弹出另存为对话框，在对话框文件名中输入 "main. c"，单击 "保存" 按钮，保存新文件在 User 文件夹内。

（3）再创建 2 个新文件，分别另存为 "uart. h" "uart. c"。

（4）右键单击新工程 F001a_Debug 下的 User 组，在弹出的菜单中，选择执行 "Add" 菜单下的 "Add File" 添加文件命令，弹出添加文件对话框，在 User 文件夹，选择添加 "main. c" "uart. c" 文件到 User 文件组。

4. 编写控制文件

（1）编写 uart. h 文件。

（2）编写 uart. c 文件。

（3）编写 main. c 文件。

5. 编译程序

（1）右键单击 "F001a _Debug" 项目，在弹出的菜单中执行的 Option 选项命令，弹出选项设置对话框。

（2）在 Target 目标元件选项页，在 Device 器件配置下拉列表选项中选择 "STM8S" 下的 "STM8S207RB"。

（3）在 Library Configuration 选项页，设置为 "Full" 完整。

（4）单击选项设置对话框项目下的 Output Converter 输出文件覆盖选项，弹出输出选项页，单击生成附加文件输出复选框，在输出文件格式中，选择 "inter extended"，再单击 "override default"下的复选项。

（5）单击"Debugger"选项，在"drive"下选择"ST-LINK"仿真调试器。

（6）完毕选项，单击"OK"按钮，完成选项设置。

（7）单击执行"Project"工程下的"Mike"编译所有文件命令，或工具栏的"![icon]"，编译所有项目文件。首次编译时，弹出保存工程管理空间对话框，在文件名栏输入"F001a"，单击保存按钮，保存工程管理空间。

6. 下载调试程序

（1）通过"ST-LINK"仿真调试器，连接电脑和开发板。

（2）单击工具栏的"![icon]"下载调试按钮，程序自动下载到开发板。

（3）关闭仿真调试。

（4）STM8 开发板 USB 接口与电脑 USB 连接。

（5）打开串口调试助手软件，设置串口连接端口（COM7），设置波特率为"9600"、数据位为"8"、停止位为"1"、奇偶校验为"无"，再单击"打开串口"按钮，打开串口。

（6）在数据发送栏，输入"I love STM8"，单击发送按钮，观察串口调试助手软件接收窗的信息。

任务 12　单片机的中断通信

一、C 语言条件判断

1. if 条件判断语句

与 if 语句有关的关键字就两个，if 和 else，翻译成中文就是"如果"和"否则"。if 语句有如下三种格式。

（1）if 语句的默认形式。

```
if(条件表达式){语句A;}
```

它的执行过程是，if（如果）条件表达式的值为"真"（非 0 值），则执行语句 A；如果条件表达式的值为"假"（0 值），则不执行语句 A。这里的语句也可以是复合语句。

（2）if...else 语句。某些情况下，除了 if 的条件满足以后执行相应的语句以外，还需执行条件不满足情况下的相应语句，这时候就要用 if...else 语句了，它的基本语法形式是：

```
if(条件表达式)
   {语句A;}
else
   {语句B;}
```

它的执行过程是，if（如果）条件表达式的值为"真"（非 0 值），则执行语句 A；条件表达式的值为"假"（0 值），则执行语句 B。这里的语句 A、语句 B 也可以是复合语句。

（3）if...else if 语句。if...else 语句是一个二选一的语句，或者执行 if 条件下的语句，或者执行 else 条件下的语句。还有一种多选一的用法就是 if...else if 语句。它的基本语法格式是：

```
if(条件表达式1)        {语句A;}
else if(条件表达式2)    {语句B;}
```

```
else if(条件表达式 3)    {语句 C;}
......           ......
else                  {语句 N;}
```

它的执行过程是：依次判断条件表达式的值，当出现某个值为"真"（非 0 值）时，则执行相应的语句，然后跳出整个 if 的语句，执行"语句 N"后边的程序。如果所有的表达式都为"假"，则执行"语句 N"后，再执行"语句 N"后边的程序。这种条件判断常用于实现多方向的条件分支。

if 语句应用注意：

1）if（i＝＝100）与 if（100＝＝i）的区别。

建议用后者。

2）布尔（bool）变量与"零值"的比较。

定义：bool bTestFlag＝FALSE;

A）if（0＝＝bTestFlag）;   if（1＝＝bTestFlag）;

B）if（TRUE＝＝bTestFlag）;   if（FLASE＝＝bTestFlag）;

C）if（bTestFlag）;   if（! bTestFlag）;

A）的写法：bTestFlag 变量类型不易识别，很容易让人误会成整型变量。

B）的写法：FLASE 的值都知道，在编译器里被定义为 0；但是 TRUE 的值不一定，不同的编译器默认值不同。

C）的写法：本组的写法很好，既不会引起误会，也不会由于 TRUE 或 FLASE 的不同定义值而出错。

3）if...else 的匹配不仅要做到心中有数，else 始终与同一括号内最近的未匹配的 if 语句结合。

4）先处理正常情况，再处理异常情况。

在编写代码是，要使得正常情况的执行代码清晰，确认那些不常发生的异常情况处理代码不会遮掩正常的执行路径。这样对于代码的可读性和性能都很重要。因为，if 语句总是需要做判断，而正常情况一般比异常情况发生的概率更大（否则就应该把异常正常颠倒过来了），如果把执行概率更大的代码放到后面，也就意味着 if 语句将进行多次无谓的比较。另外，非常重要的一点是，把正常情况的处理放在 if 后面，而不要放在 else 后面。当然这也符合把正常情况的处理放在前面的要求。

2. switch...case 开关条件判断语句

switch 语句作为分支结构中的一种，使用方式及执行效果上与 if...else 语句完全不同。这种特殊的分支结构作用也是实现程序的条件跳转，不同的是其执行效率要比 if...else 语句快很多，原因在于 switch 语句通过开关条件判断实现程序跳转，而不是一次判断每个条件，由于 switch 条件表达式为常量，所以在程序运行时其表达式的值为确定值，因此就会根据确定的值来执行特定条件，而无须再去判断其他情况。由于这种特殊的结构，提倡读者们在自己的程序中尽量采用 switch 而避免过多使用 if...else 结构。switch...case 的格式如下：

```
switch(常量表达式)
{
    case 常量表达式 1:执行语句 A;break;
    case 常量表达式 2:执行语句 B;break;
    ......           ......
```

case 常量表达式 n：执行语句 N；break;

default：执行语句 N+1；

}

在用 switch...case 语句时需要注意以下几点。

（1）break 一定不能少，否则麻烦重重（除非有意使多个分支重叠）。

（2）一定要加 default 分支，不要理解为画蛇添足，即使真的不需要，也应该保留。

（3）case 后面只能是整型或字符型的常量或常量表达式，像 0.5、2/3 等都不行，读者可以上机亲自调试一下。

（4）case 语句排列顺序有关吗？若语句比较少，可以不予考虑。若语句较多时，就不得不考虑这个问题了，一般遵循以下三条原则。

1）按字母或数字顺序排列各条 case 语句。例如 A、B...Z，1、2...55 等。

2）把正常情况放在前面，而把异常情况放在后面。

3）按执行频率排列 case 语句，即执行越频繁的越往前放，越不频繁执行的越往后放。

二、单片机的中断通信

查询标志位的通信形式，占用单片机 CPU 的工作时间多，效率低，不利于单片机处理更多的事物，采用单片机的中断通信方式，可以更方便的处理通信事宜。

1. 单片机的中断通信控制要求

采用单片机的中断通信控制 LED，根据接收信息，控制 8 只 LED。

（1）接收信息为 0~7 时，分别点亮 LED0~LED7。

（2）接收信息为 8 时，点亮 LED0~LED7。

（3）接收信息为 9 时，关闭 LED0~LED7。

（4）接收信息为 8 其他时，LED0~LED7 状态不变。

2. 单片机的中断通信控制工程

（1）中断通信控制程序结构（见图 6-12）。

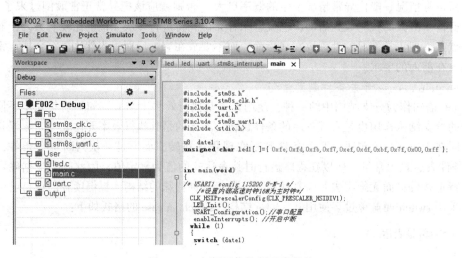

图 6-12　中断通信控制程序结构

（2）编辑文件 led. h。

```
#ifndef __LED_H
#define __LED_H
#include "stm8s_gpio.h"

#define LED_PORT              GPIOG
#define LED_PIN_ALL           GPIO_PIN_ALL

void LED_Init(void);

#endif
```

（3）编辑文件 led. c。

```
#include "led.h"

void LED_Init(void)
{
    GPIO_Init(LED_PORT,LED_PIN_ALL,GPIO_MODE_OUT_PP_HIGH_FAST);  //定义 LED 的管
                                                                    脚的模式

}
```

（4）编辑文件 uart. h。

```
#ifndef __UART_H
#define __UART_H

#include "stm8s.h"
#include "stm8s_clk.h"
#include <stdio.h>


void USART_Configuration(void);
void UART_send_byte(uint8_t byte);
void UART_Send(uint8_t*Buffer,uint16_t Length);
uint8_t UART_Recive(void);
int fputc(int ch,FILE*f);

#endif
```

（5）编辑文件 uart. c。

```
#include "uart.h"
#include <stdarg.h>
#include <stdio.h>
```

```
void USART_Configuration(void)                              //串口初始化函数
  {
    UART1_DeInit();
    UART1_Init((u32)9600,UART1_WORDLENGTH_8D,UART1_STOPBITS_1,\
    UART1_PARITY_NO,UART1_SYNCMODE_CLOCK_DISABLE,UART1_MODE_TXRX_ENABLE);//波
特率,字节数,1 个停止位,无奇偶效验位,非同步模式,允许接受和发送
    UART1_ITConfig(UART1_IT_RXNE,ENABLE);                   //配置成接收中断
    UART1_Cmd(ENABLE);
      }


void UART_send_byte(uint8_t byte)                           //发送 1 字节数据
{
    UART1_SendData8((unsigned char)byte);
  /*Loop until the end of transmission*/
  while(UART1_GetFlagStatus(UART1_FLAG_TXE)==RESET);        //发送数据为空
}

void UART_Send(uint8_t*Buffer,uint16_t Length)
{
  uint16_t l=0;
  for(;l<Length;l++)
    UART_send_byte(Buffer[l]);
}

uint8_t UART_Recive(void)
{
    uint8_t UART1_Re_Buf;
    while(UART1_GetFlagStatus(UART1_FLAG_RXNE)==RESET); //接受数据寄存器非空
    UART1_Re_Buf=UART1_ReceiveData8();
    return   UART1_Re_Buf;
}

PUTCHAR_PROTOTYPE ////发送一个字符协议
{
/*将 Printf 内容发往串口*/
  UART1_SendData8((unsigned char) ch);
  while(!(UART1->SR & UART1_FLAG_TXE));               //如果发送未完成, //标志
                                                        位未置位,则循环等待
  return(ch);

}
```

（6）编辑文件 main.c。

```
#include "stm8s.h"
```

```
#include "stm8s_clk.h"
#include "uart.h"
#include "led.h"
#include "stm8s_uart1.h"
#include <stdio.h>


u8   date1 ;
unsigned char led1[ ]={ 0xfe,0xfd,0xfb,0xf7,0xef,0xdf,0xbf,0x7f,0x00,0xff };



int main(void)
{
  /*设置内部高速时钟16M为主时钟*/
  CLK_HSIPrescalerConfig(CLK_PRESCALER_HSIDIV1);
  LED_Init();                          //LED初始化
  USART_Configuration();               //串口配置初始化
  enableInterrupts();                  //开启中断
while(1)
{
switch(date1)
{case 0:
     GPIO_Write(LED_PORT,led1[0]);      //点亮所有LED0
     break;
     case 1:
     GPIO_Write(LED_PORT,led1[1]);      //点亮所有LED1
     break;
case 2:
     GPIO_Write(LED_PORT,led1[2]);      //点亮所有LED2
     break;
     case 3:
     GPIO_Write(LED_PORT,led1[3]);      //点亮所有LED3
     break;
     case 4:
     GPIO_Write(LED_PORT,led1[4]);      //点亮所有LED4
     break;
     case 5:
     GPIO_Write(LED_PORT,led1[5]);      //点亮所有LED5
     break;
     case 6:
     GPIO_Write(LED_PORT,led1[6]);      //点亮所有LED6
     break;
     case 7:
     GPIO_Write(LED_PORT,led1[7]);      //点亮所有LED7
     break;
```

```
case 8:
GPIO_Write(LED_PORT,led1[8]);                  //点亮所有 LED
case 9:
GPIO_Write(LED_PORT,led1[9]);                  //关闭所有 LED
break;

default:

break;
 }
 }
}

#pragma vector=0x14
__interrupt void UART1_RX_IRQHandler(void)
{
date1=  UART1_ReceiveData8();
UART1_ClearITPendingBit(UART1_IT_RXNE);


}
```

在主程序中，首先设置内部高速时钟 16MHz 为主时钟，接着 LED 初始化、串口配置初始化、开启总中断。

在 while 循环中，利用 switch 语句，根据接收信息，控制 8 只 LED 的亮和灭。

在中断程序中，将接收的信息赋值给变量 date1，然后清除串口接收中断标志。

 技能训练

一、训练目标

（1）学会使用单片机的串口中断通信。

（2）通过单片机的串口中断通信控制 LED。

二、训练步骤与内容

1. 工程准备

（1）在 E:\STM8\STM8S 目录下，新建一个文件夹 F02。

（2）在 F02 文件夹内，新建 Flib、User 子文件夹。

（3）将示例 F02 文件夹中的 Flib 的文件内 inc、src 文件拷贝到新建文件夹 Flib 内。

2. 创建一个工程

（1）在双击桌面 IAR 图标，启动 IAR 开发软件。

（2）单击执行 File 文件菜单下 New Workspace 子菜单命令，创建工程管理空间。

（3）再单击 Project 文件下的 Create New Project 子菜单命令，出现创建新工程对话框。在工程模板 Project templates 中选择第 1 项 Empty project 空工程。单击 OK 按钮，弹出另存为对话框，为新工程起名 F002a。单击保存按钮，保存在 F02 文件夹。在工程项目浏览区，出现 F002a_

Debug 新工程。

（4）右键单击新工程 F002a_Debug，在弹出的菜单中，选择执行"Add"菜单下的"Add Group"添加组命令，在弹出的新建组对话框，填写组名"Flib"，单击"OK"按钮，为工程新建一个组 Flib。

（5）用类似的方法，为工程新建一个组 User。

（6）右键单击新工程 F002a_Debug 下的 Flib 组，在弹出的菜单中，选择执行"Add"菜单下的"Add File"添加文件命令，弹出添加文件对话框，打开 Flib 的 src 文件夹，选择添加"stm8s_clk. c""stm8s_gpio. c""stm8s_uart1. c"串口 1 库函数等文件。

3. 创建程序文件

（1）在 IAR 开发软件界面，单击执行"File"文件菜单下的"New File"新文件子菜单命令，创建一个新文件。

（2）单击执行"File"文件菜单下"Save As"另存为子菜单命令，弹出另存为对话框，在对话框文件名中输入"main. c"，单击"保存"按钮，保存新文件在 User 文件夹内。

（3）再创建 5 个新文件，分别另存为"led. h""led. c""main. c""uart. h""uart. c"。

（4）右键单击新工程 F002a_Debug 下的 User 组，在弹出的菜单中，选择执行"Add"菜单下的"Add File"添加文件命令，弹出添加文件对话框，在 User 文件夹，选择添加"led. c""main. c""uart. c"等文件到 User 文件组。

4. 编写控制文件

（1）编写 led. h 文件。

（2）编写 led. c 文件。

（3）编写 uart. h 文件。

（4）编写 uart. c 文件。

（5）编写 main. c 文件。

5. 编译程序

（1）右键单击"F002a _Debug"项目，在弹出的菜单中执行的 Option 选项命令，弹出选项设置对话框。

（2）在 Target 目标元件选项页，在 Device 器件配置下拉列表选项中选择"STM8S"下的"STM8S207RB"。

（3）在选项设置中，在库配置选项里，设置为"Full"完整配置。

（4）单击选项设置对话框项目下的 Output Converter 输出文件覆盖选项，弹出输出选项页，单击生成附加文件输出复选框，在输出文件格式中，选择"inter extended"，再单击"override default"下的复选项。

（5）单击"Debugger"选项，在"drive"下选择"ST-LINK"仿真调试器。

（6）完毕选项，单击"OK"按钮，完成选项设置。

（7）单击执行"Project"工程下的"Mike"编译所有文件命令，或工具栏的"⬛"，编译所有项目文件。首次编译时，弹出保存工程管理空间对话框，在文件名栏输入"F002a"，单击保存按钮，保存工程管理空间。

6. 下载调试程序

（1）将 STM8S 开发板的 PG 端口与 MGMC-V2. 0 单片机开发板的 P2 端口连接，电源端口连接。

（2）STM8 开发板 USB 接口与电脑 USB 连接。

（3）单击工具栏的"▶"下载调试按钮，程序自动下载到开发板。

（4）关闭仿真调试。

（5）打开串口调试助手软件，设置串口连接端口，设置波特率、停止位、奇偶校验，再单击打开串口按钮。

（6）在数据发送栏，输入数字0~9，单击发送按钮，观察LED的状态变化。

（7）在数据发送栏，输入字符a，单击发送按钮，观察LED的状态变化。

习题

1. 单片机与计算机串口连接，设计串口发送、接收字符串程序，并用串口调试软件观察实验结果。

2. 使用发送中断、接收中断、数据缓冲器空中断，设计串口通信控制程序，进行字符发送与接收实验。

3. 设计控制程序，通过单片机串口中断通信控制LED，控制LED变化。

项目七 应用 LCD 模块

学习目标

(1) 了解 LCD 液晶显示器。
(2) 学会应用字符型 LCD。

任务 13 字符型 LCD 的应用

基础知识

一、LCD 液晶显示器

1. 液晶显示器（见图 7-1）

液晶显示器在工程中的应用及其广泛，大到电视，小到手表，从个人到集体，再从家庭都广场，液晶的身影无处不在。虽然 LED 发光二极管的显示屏很"热"，但 LCD 绝对不"冷"。别看液晶表面的鲜艳，其实它背后有一个支持它的控制器，如果没有控制器，液晶什么都显示不了，所以先学习好单片机，那么液晶的控制就容易了。

图 7-1 液晶显示器

液晶（Liquid Crystal）是一种高分子材料，因为其特殊的物理、化学、光学特性，20 世纪中叶开始广泛应用在轻薄型显示器上。液晶显示器（Liquid Crystal Display，LCD）的主要原理是以电流刺激液晶分子产生点、线、面，并配合背光灯管构成画面。为简述方便，通常把各种液晶显示器都直接叫作液晶。

各种型号的液晶通常是按照显示字符的行数或液晶点阵的行、列数来命名的。例如：1602 的意思是每行显示 16 个字符，一共可以显示两行。类似的命名还有 1601、0802 等，这类液晶通常都是字符液晶，即只能显示字符，如数字、大小写字母、各种符号等；12864 液晶属于图形型液晶，它的意思是液晶有 128 列、64 行组成，即 128×64 个点（像素）来显示各种图形，这样就可以通过程序控制这 128×64 个点（像素）来显示各种图形。类似的命名还有 12832、19264、16032、240128 等，当然，根据客户需求，厂家还可以设计出任意组合的点阵液晶。

目前特别流行的一种屏 TFT（Thin Film Transistor）即薄膜场效应晶体管。所谓薄膜晶体管，是指液晶显示器上的每一液晶像素点都是由集成在其后的薄膜晶体管来驱动。从而可以做到高速度、高亮度、高对比度显示屏幕信息。TFT 属于有源矩阵液晶显示器。TFT-LCD 液晶显示屏是薄膜晶体管型液晶显示屏，也就是"真彩"显示屏。

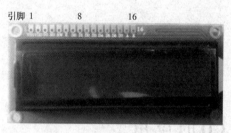

图 7-2　1602 液晶显示屏

2. 1602 液晶显示屏的工作原理

（1）1602 液晶显示屏，工作电压为 5V，内置 192 种字符（160 个 5×7 点阵字符和 32 个 5×10 点阵字符），具有 64 个字节的 RAM，通信方式有 4 位、8 位两种并口可选。其实物图如图 7-2 所示。

（2）1602 液晶的端口定义见表 7-1。

表 7-1　　　　　　　　　　　　　　1602 液晶的端口定义表

管脚号	符号	功　　能
1	Vss	电源地（GND）
2	Vdd	电源电压（+5V）
3	VO	LCD 驱动电压（可调）一般接一电位器来调节电压
4	RS	指令、数据选择端（RS＝1→数据寄存器；RS＝0→指令寄存器）
5	R/W	读、写控制端（R/W＝1→读操作；R/W＝0→写操作）
6	E	读写控制输入端（读数据：高电平有效；写数据：下降沿有效）
7～14	PB0～PB7	数据输入/输出端口（8 位方式：PB0～PB7；4 位方式：PB0～PB3）
15	A	背光灯的正端+5V
16	K	背光灯的负端 0V

（3）RAM 地址映射图，控制器内部带有 80×8 位（80 字节）的 RAM 缓冲区，对应关系如图 7-3 所示。

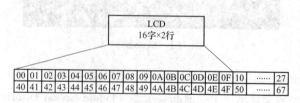

图 7-3　RAM 地址映射图

1）两行的显示地址分别为：00~0F、40~4F，隐藏地址分别为 10~27、50~67。意味着写在（00~0F、40~4F）地址的字符可以显示，（10~27、50~67）地址的不能显示，要显示，一般通过移屏指令来实现。

2）RAM 通过数据指针来访问。液晶内部有个数据地址指针，因而就能很容易地访问内部 80 个字节的内容了。

（4）操作指令。

1）基本操作指令见表7-2。

表7-2   **基 本 操 作 指 令 表**

读写操作	输入	输出
读状态	RS=L，RW=H，E=H	D0~D7（状态字）
写指令	RS=L，RW=L，D0~D7=指令，E=高脉冲	无
读数据	RS=H，RW=H，E=H	D0~D7（数据）
写数据	RS=H，RW=L，D0~D7=数据，E=高脉冲	无

2）状态字分布见表7-3。

表7-3   **状 态 字 分 布 表**

STA7 D7	STA6 D6	STA5 D5	STA4 D4	STA3 D3	STA2 D2	STA1 D1	STA0 D0

STA0~STA6	当前地址指针的数值		—	
STA7	读/写操作使能		1：禁止 0：使能	

对控制器每次进行读写操作之前，都必须进行读写检测，确保STA7为0，也即一般程序中见到的判断忙操作。

3）常用指令见表7-4。

表7-4   **常 用 指 令 表**

指令名称	指令码								功能说明
	D7	D6	D5	D4	D3	D2	D1	D0	
清屏	L	L	L	L	L	L	L	H	清屏：（1）数据指针清零。（2）所有显示清零
归位	L	L	L	L	L	L	H	*	AC=0，光标、画面回HOME位
输入方式设置	L	L	L	L	L	H	ID	S	ID=1→AC自动增一；ID=0→AC减一；S=1→画面平移；S=0→画面不动
显示开关控制	L	L	L	L	H	D	C	B	D=1→显示开；D=0→显示关 C=1→光标显示；C=0→光标不显示 B=1→光标闪烁；B=0→光标不闪烁
移位控制	L	L	L	H	SC	RL	*	*	SC=1→画面平移一个字符；SC=0→光标；R/L=1→右移；R/L=0→左移；
功能设定	L	L	H	DL	N	F	*	*	DL=0→8位数据接口；DL=1→4位数据接口；N=1→两行显示；N=0→一行显示；F=1→5×10点阵字符；F=0→5×7

（5）数据地址指针设置见表 7-5。

表 7-5 数据地址指针设置表

指令码	功能（设置数据地址指针）
0x80+（0x00~0x27）	将数据指针定位到：第一行（某地址）
0x80+（0x40~0x67）	将数据指针定位到：第二行（某地址）

（6）写操作时序图（见图 7-4）。

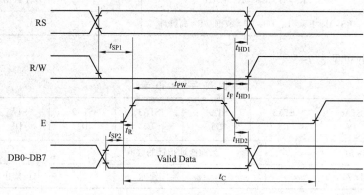

图 7-4　写操作时序图

时序参数见表 7-6。

表 7-6 时 序 参 数 表

时序名称	符合	极限值			单位	测试条件
		最小值	典型值	最大值		
E 信号周期	t_C	400	—	—	ns	引脚 E
E 脉冲宽度	t_{PW}	150	—	—	ns	
E 上升沿/下降沿时间	t_R，t_F	—	—	25	ns	
地址建立时间	t_{SP1}	30	—	—	ns	引脚 E、RS、R/W
地址保持时间	t_{HD1}	10	—	—	ns	
数据建立时间	t_{SP2}	40	—	—	ns	引脚 DB0~DB7
数据保持时间	t_{HD2}	10	—	—	ns	

液晶一般是用来显示的，所以这里主要讲解如何写数据和写命令到液晶，关于读操作（一般用不着）就留给读者自行研究了。

时序图，顾名思义，与时间有关、顺序有关。时序图是与时间有严格关系的图，能精确到 ns 级。与顺序有关，严格说是与信号在时间上的有效顺序有关，而与图中信号线是上、是下没关系。程序运行是按顺序执行的，可是这些信号是并行执行的，就是说只要这些时序有效之后，上面的信号都会运行，只是运行与有效不同罢了，因而这里的有效时间不同，就导致了信号的时间顺序不同。厂家在做时序图时，一般会把信号按照时间的有效顺序从上到下的排列，所以操作的顺序也就变成了先操作最上边的信号，接着依次操作后面的。结合上述讲解，下面详细说明图 7-4 写操作时序图。

1）通过 RS 确定是写数据还是写命令。写命令包括数据显示在什么位置、光标显示/不显示、光标闪烁/不闪烁、需/不需要移屏等。写数据是指要显示的数据是什么内容。若此时要写指令，结合表 7-6 和图 7-4 可知，就得先拉低 RS（RS=0）。若是写数据，那就是 RS=1。

2）读/写控制端设置为写模式，那就是 RW=0。注意，按道理应该是先写一句 RS=0（1）之后延迟 t_{SP1}（最小 30ns），再写 RW=0，可单片机操作时间都在 μs 级，所以就不用特意延迟了。

3）将数据或命令送达到数据线上。形象的可以理解为此时数据在单片机与液晶的连线上，没有真正到达液晶内部。事实并不是这样，而是数据已经到达液晶内部，只是没有被运行，执行语句为 PB=Data（Commond）。

4）给 EN 一个下降沿，将数据送入液晶内部的控制器，这样就完成了一次写操作。形象地理解为此时单片机将数据完整的送到了液晶内部。为了让其有下降沿，一般在 PB=Data（Commond）之前先写一句 EN=1，等待数据稳定以后，稳定需要多长时间，这个最小的时间就是图中的 t_{PW}（150ns），流行的程序里面加了 DelayMS（5），说是为了液晶能稳定运行，作者在调试程序时，最后也加了 5ms 的延迟。

关于时序图中的各个延时，不同厂家生产的液晶其延时不同，在此无法提供准确的数据，但大多数为 ns 级，一般单片机运行的最小单位为微妙级，按道理，这里不加延时都可以，或者说加几个 us 就可以，作者一般写程序是延时 1~5ms。

3. 1602 液晶硬件

硬件设计就是搭建 1602 液晶的硬件运行环境。参考数据手册，可以设计出如图 7-5 所示的 1602 液晶显示接口电路，具体接口定义如下。

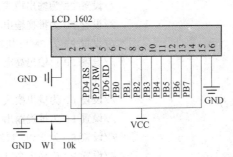

图 7-5 MGMC-V2.0 实验板 1602 液晶与单片机的接口图

（1）液晶 1（16）、2（15）分别接 GND（0V）和 VCC（5V）。

（2）液晶 3 端为液晶对比度调节端，MGMC-V2.0 开发板用一个 10kΩ 电位器来调节液晶对比度。第一次使用时，在液晶上电状态下，调节至液晶上面一行显示出黑色小格为止。经作者测试，此时该端电压一般为 0.5V 左右。简单接法可以直接接一个 1kΩ 的电阻到 GND，这样也是可以的，读者可以自行焊接电路试一试。

（3）液晶 4 端为向液晶控制器写数据、命令选择端，接单片机的 P3.5 口。

（4）液晶 5 端为读、写选择端，接单片机的 P3.4 口。

（5）液晶 6 端为使能信号端，接单片机的 P3.3 口。

（6）液晶 7~14 为 8 位数据端口，依次接单片机的 P0 口。

4. 1602 液晶静态显示控制程序

（1）控制要求：让 1602 液晶第一、二行分别显示"^_^ Welcome ^_^""I love HJ-2G"。

（2）控制程序清单。

```
#include "iostm8s208rb.h"              /*预处理命令,用于包含头文件等*/
typedef unsigned int uInt16;          /*定义无符号整型别名 uInt16*/
typedef unsigned char uChar8;         /*定义无符号字符型别名 uChar8*/

#define PDRS_4H() PD_ODR|=(1<<4)       //RS=1,送命令
#define PDRS_4L() PD_ODR&=~(1<<4)      //RS=0,送数据
#define PDWR_5H() PD_ODR|=(1<<5)       //WR=1,读操作
#define PDWR_5L() PD_ODR&=~(1<<5)      //WR=0,写操作
#define PDEN_6H() PD_ODR|=(1<<6)       //EN=1,读数据
#define PDEN_6L() PD_ODR&=~(1<<6)      //EN=0,下降沿写数据

//定义显示数据
const char TAB1[]="^_^ Welcome ^_^ ";
const char TAB2[]="I LOVE HJ-2G";

/***********************************************
//IO 初始化 void LCD_IO_Init()
***********************************************/
void LCD_IO_Init()
{
    PB_DDR=0xFF;                      //设置 PB 为输出模式
    PB_CR1=0xFF;                      //设置 PB 为推挽输出
    PB_CR2=0x00;                      //设置 PB 为 2MHz 快速输出
    PB_ODR=0xff;                      //设置 PB 口输出高电平

    PD_DDR=0xFF;                      //设置 PD 为输出模式
    PD_CR1=0xFF;                      //设置 PD 为推挽输出
    PD_CR2=0x00;                      //设置 PD 为 2MHz 快速输出
    PD_ODR=0xff;                      //设置 PD 口输出高电平

    PDWR_5L();                        //WR=0;

}

/******************************************************
//函数名称:DelayMS()
******************************************************/
void DelayMS(uInt16  ValMS)           //函数 1 定义
{
    uInt16 i;                         //定义无符号整型变量 i
    while(ValMS--)
    for(i=726;i>0;i--);               //进行循环操作,以达到延时的效果
}
```

```
/********************************************
//写数据函数  LCD_Write_Data()
***********************************************/
void LCD_Write_Data(unsigned char Data)
{
    PDEN_6L();                        //EN=0
    PDRS_4H();                        //RS=1
    PDWR_5L();                        //WR=0
    PB_ODR=Data;                      //送数据
    PDEN_6H();                        //EN=1
    DelayMS(1);                       //延时1ms
    PDEN_6L();                        //EN=0
}
/********************************************
//写命令函数  LCD_Write_Cmd()
***********************************************/
void LCD_Write_Cmd(unsigned char Cmd)
{
    PDEN_6L();                        //EN=0
    PDRS_4L();                        //RS=0
    PDWR_5L();                        //WR=0
    PB_ODR=Cmd;                       //送命令
    PDEN_6H();                        //EN=1
    DelayMS(1);                       //延时1ms
    PDEN_6L();                        //EN=0
}
/********************************************
//主函数 main()
***********************************************/
void main()
{
    int i;
    LCD_IO_Init();                    //调用IO口初始化函数
    LCD_Write_Cmd(0x38);              //16*2行显示、5*7点阵、8位数据接口
    LCD_Write_Cmd(0x0c);              //b3(1),b2(1)开显示,b1(1)显示光标,b0(1)光
                                      //  标闪耀
    LCD_Write_Cmd(0x06);              //写一个字节后指针地址自动+1
    LCD_Write_Cmd(0x80);              //地址指针指向第1行第1列
    for(i=0; TAB1[i]! ='\0'  ;i++)    //第1行写入
            LCD_Write_Data(TAB1[i]);
    LCD_Write_Cmd(0x80+0x40+2);       //地址指针指向第1行第3列
    for(i=0; TAB2[i]! ='\0'  ;i++)    //第2行写入
            LCD_Write_Data(TAB2[i]);
    while(1);                         //暂停
```

}

接着来分析程序代码，先通过宏定义，分别定义 PD4、PD5、PD6 为液晶 1602 的 RS、WR、EN 驱动端。定义显示数据数组，定义 IO 初始化函数，定义 ms 延时函数，定义写数据函数、写命令函数。

在主程序中，首先调用 IO 初始化函数，设定液晶 1602 为 16×2 行显示、5×7 点阵、8 位数据接口模式，接着开显示及光标，设定写一个字节后指针地址自动+1。地址指向第 1 行第 1 列，写第一行数据，改变地址指向第 1 行第 1 列，然后写第 2 行数据。

5. 液晶 1602 静态显示实验结果（见图 7-6）

图 7-6　液晶 1602 静态显示实验结果

二、使用库函数实现 LCD1602 控制

1. LCD1602 静态显示控制程序结构（见图 7-7）

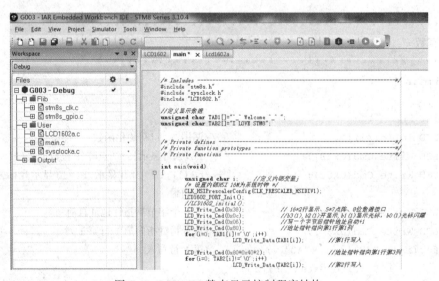

图 7-7　LCD1602 静态显示控制程序结构

2. 项目准备

（1）在 E：\STM8\STM8S 目录下，新建一个文件夹 G03。

（2）在 G03 文件夹内，新建 Flib、User 子文件夹。

（3）将示例 G02 文件夹中的 Flib 的文件内 inc、src 文件拷贝到新建文件夹 Flib 内。

（4）将示例 G02 文件夹中的 User 的文件内"sysclocka.c"文件拷贝到新建文件夹 User 内。

3. 创建库函数工程

（1）双击桌面 IAR 图标，启动 IAR 开发软件。

（2）单击执行 File 文件菜单下 New Workspace 子菜单命令，创建工程管理空间。

（3）再单击 Project 文件下的 Create New Project 子菜单命令，出现创建新工程对话框。在工程模板 Project templates 中选择第 1 项 Empty project 空工程。

（4）单击 OK 按钮，弹出另存为对话框，为新工程起名 G003。

（5）单击保存按钮，保存在 G03 文件夹。在工程项目浏览区，出现 G003_Debug 新工程。

（6）右键单击新工程 G003_Debug，在弹出的菜单中，选择执行"Add"菜单下的"Add Group"添加组命令，在弹出的新建组对话框，填写组名"Flib"，单击"OK"按钮，为工程新建一个组 Flib。

（7）用类似的方法，为工程新建一个组 User。

（8）右键单击新工程 C003_Debug 下的 Flib，在弹出的菜单中，选择执行"Add"菜单下的"Add File"添加文件命令。

（9）选择添加 Flib \ src 文件夹内的 stm8s_gpio.c、stm8s_clk 文件。

4. 创建文件

（1）在 IAR 开发软件界面，单击执行"File"文件菜单下的"New File"新文件子菜单命令，创建一个新文件。

（2）单击执行"File"文件菜单下"Save As"另存为子菜单命令，弹出另存为对话框，在对话框文件名中输入"main.c"，单击"保存"按钮，保存新文件在 User 文件夹内。

（3）再创建 2 个新文件，分别另存为"lcd1602a.h""lcd1602a.c"。

5. 编辑文件

（1）编辑 lcd1602a.h 文件。

```
/************************************************
 文件:lcd1602a.h
 环境:编译为 IAR
 硬件:STM8S 芯片
 日期:2018 年 4 月 6 日
 功能:驱动开发板上的 1602 液晶
************************************************/
#ifndef __LCD1602A_H
#define __LCD1602A_H

#include"stm8s_gpio.h"

/*自定义常量宏和表达式宏*/
#define Busy 0x80;

#define LCD_PORTB  GPIOB              //定义 PB 数据外设所接 GPIO 端口
#define LCD_PIN_ALL   GPIO_PIN_ALL
```

```
#define LCD_CTR_PORT    GPIOD           //1602 控制端口定义
#define PD4_RS_PIN  GPIO_PIN_4          //定义三个控制引脚
#define PD5_RW_PIN  GPIO_PIN_5
#define PD6_E_PIN    GPIO_PIN_6

#define LCD_L1     0x80                 //第一行的地址:0x80+addr,addr 为列数
#define LCD_L2     0xC0                 //第二行的地址:0x80+0x40+addr

#define LCD_CGRAM_ADDR  0x40            //CGRAM 的开始地址
#define LCD_CGMAX   64                  //CGRAM 存储的最大字节数

#define LCD_FUNCTION  0x38              //液晶模式为 8 位,2 行,5×8 字符

#define LCD_CLS  0x01                   //清屏
#define LCD_HOME  0x02                  //地址返回原点,不改变 DDRAM 内容
#define LCD_ENTRY   0x06                //设定输入模式,光标加,屏幕不移动
#define LCD_C2L  0x10                   //光标左移
#define LCD_C2R  0x14                   //光标右移
#define LCD_D2L  0x18                   //屏幕左移
#define LCD_D2R  0x1C                   //屏幕右移

#define LCD_ON     0x0C                 //打开显示
#define LCD_OFF    0x08                 //关闭显示
#define LCD_CURON   0x0E                //显示光标
#define LCD_CURFLA    0x0F              //打开光标闪烁


/********************************************************
*名称: LCD_CTR_Init
*功能: LCD1602 外设 GPIO 引脚初始化操作
*********************************************************/
void LCD_CTR_Init(void);
/********************************************************
*名称: LCD_PortIN-Init
*功能: LCD1602 数据外设输入 GPIO 引脚初始化操作
*********************************************************/
void LCD_PortOut_Init(void);
/********************************************************
*名称: LCD_PortIN-Init
*功能: LCD1602 数据外设输入 GPIO 引脚初始化操作
*********************************************************/
void LCD_PortIN_Init(void);


/********************************************************
```

```
*名称: PD4_RSH
*功能: RS=1,送命令
*********************************************************/
void PD4_RSH(void);//RS=1,送命令
/********************************************************
*名称: PD4_RSL
*功能: RS=0,送数据
*********************************************************/
void PD4_RSL(void);//RS=0,送数据
/********************************************************
*名称: PD5_RWH
*功能: RW=1,读操作
*********************************************************/
void PD5_RWH(void);
/********************************************************
*名称: PD5_RWL
*功能: RW=0,写操作
*********************************************************/
void PD5_RWL(void);
/********************************************************
*名称: PD6_EH
*功能: EN=1,读数据
*********************************************************/
void PD6_EH(void);//EN=1,读数据
/********************************************************
*名称: PD6_EL
*功能: EN=0,下降沿写数据
*********************************************************/
void PD6_EL(void);//EN=0,下降沿写数据
/*******************************************
//写数据函数  LCD_Write_Data()
*****************************************/
void LCD_Write_Data(unsigned char Data);
/*****************************************
//写命令函数  LCD_Write_Cmd()
*****************************************/
void LCD_Write_Cmd(unsigned char Cmd);


/********************************************************
*名称: Delayms()
*功能: 简单的延时函数
*********************************************************/
extern void Delayms(unsigned int ValMS);
```

```
#endif
/************END OF FILE***********************************/
```

在 lcd1602a.h 文件中，定义了 STM8S 单片机输出端与 LCD1602 液晶驱动关联端口 GPIOD、GPIOB，定义了数据指令 RS 控制引脚 PD4_RS，读写 RW 控制引脚 PD5_RW，使能 E 控制引脚 PD6_E，定义了数据端口引脚 LCD_PIN_ALL。

在 lcd1602a.h 文件中，定义了引脚的驱动函数，送命令操作函数 PD4_RSH（），送数据操作函数 PD4_RSL（），读操作函数 PD5_RWH（），写操作函数 PD5_RWL（），读数据使能函数 PD6_EH（），写数据使能函数 PD6_EL（）。

定义了写数据函数 LCD_Write_Data（unsigned char Data），写指令函数 LCD_Write_Cmd（unsigned char Cmd）。

定义简单延时函数 extern void Delayms（unsigned int ValMS），加关键字 extern，说明该函数为外部函数，可供全局使用。

（2）编辑 lcd1602a.c 文件。

```
/****************************************************
    文件:lcd1602a.c
    环境:编译为 IAR
    硬件:STM8S 芯片
    日期:2018 年 4 月 6 日
    功能:驱动开发板上的 1602 液晶
****************************************************/
#include "stm8s.h"      //包含型号头文件
#include <stdio.h>         //标准输入输出头文件
#include"lcd1602a.h"
/****************************************************
*名称：LCD_CTR_Init
*功能：LCD1602 外设 GPIO 引脚初始化操作
****************************************************/
void LCD_CTR_Init(void)
{
    GPIO_Init(LCD_CTR_PORT,PD4_RS_PIN,GPIO_MODE_OUT_PP_HIGH_FAST);
    GPIO_Init(LCD_CTR_PORT,PD5_RW_PIN,GPIO_MODE_OUT_PP_HIGH_FAST);
    GPIO_Init(LCD_CTR_PORT,PD6_E_PIN,GPIO_MODE_OUT_PP_HIGH_FAST);

}
/****************************************************
*名称：LCD_PortIN-Init
*功能：LCD1602 数据外设输入 GPIO 引脚初始化操作
****************************************************/
void LCD_PortOut_Init(void)
{
GPIO_Init(LCD_PORTB,LCD_PIN_ALL,GPIO_MODE_OUT_PP_HIGH_FAST);

}
```

```
/***************************************************************
*名称：LCD_PortIN-Init
*功能：LCD1602数据外设输入GPIO引脚初始化操作
***************************************************************/
void LCD_PortIN_Init(void)
{
GPIO_Init(LCD_PORTB,LCD_PIN_ALL,GPIO_MODE_IN_PU_NO_IT);
}

/********************************************
函数名称：void LCD1602_PORT_Init(void)
功能：初始化1602液晶用到的IO口
********************************************/
void  LCD1602_PORT_Init(void)
{
    LCD_PortOut_Init();          //数据端口推挽输出
    LCD_CTR_Init();              //控制端口推挽输出
    PD5_RWL();                   //WR=0,写操作


}
/********************************************
//写数据函数  LCD_Write_Data()
********************************************/
void LCD_Write_Data(unsigned char Data)
{
PD6_EL();                        //EN=0
PD4_RSH();                       //RS=1
PD5_RWL();                       //RW=0
GPIO_Write(LCD_PORTB,Data);      //送数据
PD6_EH();                        //EN=1
Delayms(1);                      //延时1ms
PD6_EL();                        //EN=0
}
/********************************************
//写命令函数  LCD_Write_Cmd()
********************************************/
void LCD_Write_Cmd(unsigned char Cmd)
{
PD6_EL();                        //EN=0
PD4_RSL();                       //RS=0
PD5_RWL();                       //RW=0
GPIO_Write(LCD_PORTB,Cmd);       //送命令
PD6_EH();                        //EN=1
Delayms(1);                      //延时1ms
```

```
    PD6_EL();                                  //EN=0
    }


    /*******************************************************************
    *名称: PD4_RSH
    *功能: RS=1,送命令
    ********************************************************************/
    void PD4_RSH(void)//RS=1,送命令
    {
    GPIO_WriteHigh(LCD_CTR_PORT,PD4_RS_PIN);


    }
    /*******************************************************************
    *名称: PD4_RSL
    *功能: RS=0,送数据
    ********************************************************************/
    void PD4_RSL(void)                          //RS=0,送数据
    {
    GPIO_WriteLow(LCD_CTR_PORT,PD4_RS_PIN);
    }
    /*******************************************************************
    *名称: PD5_RWH
    *功能: RW=1,读操作
    ********************************************************************/
    void PD5_RWH(void)
    {
    GPIO_WriteHigh(LCD_CTR_PORT,PD5_RW_PIN);
    }
    /*******************************************************************
    *名称: PD5_RWL
    *功能: RW=0,写操作
    ********************************************************************/
    void PD5_RWL(void)
    {
    GPIO_WriteLow(LCD_CTR_PORT,PD5_RW_PIN);
    }
    /*******************************************************************
    *名称: PD6_EH
    *功能: EN=1,读数据
    ********************************************************************/
    void PD6_EH(void)                           //EN=1,读数据
    {
    GPIO_WriteHigh(LCD_CTR_PORT,PD6_E_PIN);
    }
```

```
/***********************************************************
*名称: PD6_EL
*功能: EN=0,下降沿写数据
***********************************************************/
void PD6_EL(void)                    //EN=0,下降沿写数据
{
GPIO_WriteLow(LCD_CTR_PORT,PD6_E_PIN);
}
/***********************************************************
*名称: Delayms
*功能: 简单的延时函数
***********************************************************/
void Delayms(unsigned int ValMS)
{
  unsigned int i;                    //定义无符号整型变量i
  while(ValMS--)
    for(i=726;i>0;i--);              //进行循环操作,以达到延时的效果
}
```

1) 在lcd1602a.c文件中,定义了端口引脚初始化函数LCD1602_PORT_Init(),将数据指令RS控制引脚PD4_RS,读写RW控制引脚PD5_RW,使能E控制引脚PD6_E,定义了数据端口引脚LCD_PIN_ALL均设置为推挽高速输出。

2) 在lcd1602a.h文件中,定义了引脚的驱动函数,送命令操作函数PD4_RSH()。

3) 送数据操作函数PD4_RSL(),通过控制PD4输出低电平实现。

4) 读操作函数PD5_RWH(),通过控制PD4输出高电平实现。

5) 写操作函数PD5_RWL(),通过控制PD5输出低电平实现。

6) 读数据使能函数PD6_EH(),通过控制PD6输出高电平实现。

7) 写数据使能函数PD6_EL(),通过控制PD6输出低电平实现。

8) 写数据函数LCD_Write_Data(unsigned char Data),根据LCD写数据的时序要求,完成写数据操作。

9) 写指令函数LCD_Write_Cmd(unsigned char Cmd),根据LCD写指令的时序要求,完成写指令操作。

(3) 编辑main.c文件。

```
/***********************************************************
*文件名  :main.c
***********************************************************/

/*Includes ----------------------------------------------*/
#include "stm8s.h"
#include "sysclock.h"
#include "LCD1602.h"


//定义显示数据
```

```
unsigned char TAB1[]="^_^ Welcome ^_^ ";
unsigned char TAB2[]="I love STM8   ";


/*Private defines --------------------------------------------*/
/*Private function prototypes ------------------------------*/
/*Private functions ----------------------------------------*/


int main(void)
{
    unsigned char i;                        //定义内部变量 j
    /*设置内部 HSI 16M 为系统时钟*/
    CLK_HSIPrescalerConfig(CLK_PRESCALER_HSIDIV1);

    LCD1602_PORT_Init();                    //LCD 端口初始化
    LCD_Write_Cmd(0x38);                    //16×2 行显示、5×7 点阵、8 位数据接口
    LCD_Write_Cmd(0x0c);                    //显示光标,光标闪耀
    LCD_Write_Cmd(0x06);                    //写一个字节后指针地址自动+1

    LCD_Write_Cmd(0x80);                    //地址指针指向第 1 行第 1 列
    for(i=0; TAB1[i]! ='\0'  ;i++)
            LCD_Write_Data(TAB1[i]);        //第 1 行写入

    LCD_Write_Cmd(0x80+0x40+2);             //地址指针指向第 2 行第 3 列
    for(i=0; TAB2[i]! ='\0'   ;i++)
            LCD_Write_Data(TAB2[i]);        //第 2 行写入

    while(1)
    {
    }
}
```

1) 通过#include 语句包含工程所需的头文件。

2) 通过数组 TAB1 [ ]、TAB2 [ ] 定义显示数据 i。

3) 通过 unsigned char i 语句定义内部变量。

4) 通过 SystemClock_Init（HSE_Clock）语句设置系统使用外部时钟。

5) 通过 LCD1602_PORT_Init (), 设置 LCD 端口初始化。

6) 通过 LCD_Write_Cmd, 设置 LCD 格式, 最后使 LCD 光标指定到地址指针指向第 1 行第 1 列。

7) 通过 for 循环和写数据 LCD_Write_Data ( ) 函数, 写入第 1 行数据。

8) 地址指针变更到第 1 行第 3 列。

9) 通过 for 循环和写数据 LCD_Write_Data ( ) 函数, 写入第 2 行数据。

10) 通过 while 循环, 留下给用户操作。

6. 添加文件

(1) 右键单击新工程 G003_Debug 下的 User, 在弹出的菜单中, 选择执行 "Add" 菜单下

的"Add File"添加文件命令。

（2）选择给 User 添加 lcd1602a. c、main. c、sysclocka. c 等文件。

7. 设置工程选项 OPtions

（1）右键单击 G003_Debug，在弹出的快捷菜单中，选择 OPtions 进行工程文件设置。

（2）首先在 General Option 中的 Target 目标选择目标板，选择要编译的 CPU 类型，选择开发板使用的 stm8s207RB。

（3）设置 C 编译，要选择头文件的查找目录。

（4）选择输出文件格式，设置输出 hex 文件。

（5）如果使用仿真器下载，设置仿真器类型为 ST-LINK。

（6）设置完成，单击"OK"按钮确认。

读者可以对照 LCD1602 库函数控制工程与基于寄存器的 C 语言控制工程，体会使用库函数与基于寄存器的控制的异同，学会将基于寄存器的控制转换为使用库函数控制。

读者还可以比较使用不同单片机控制 LCD1602 程序的差异，体会单片机程序移植的技巧。

 技能训练

一、训练目标

（1）学会使用 1602 液晶显示器。

（2）通过单片机的控制 1602 液晶显示器。

二、训练步骤与内容

1. 建立一个工程

（1）在 E：\STM8\STM8S 目录下，新建一个文件夹 G01。

（2）启动 IAR 软件。

（3）选择执行"Project"菜单下的"Create New Project"子菜单命令，弹出创建新工程的对话框。

（4）在 Project templates 工程模板中选择"C"语言项目。

（5）单击"OK"按钮，弹出保存项目对话框，在另存为对话框，输入工程文件名"G001"，单击"保存"按钮。

2. 编写程序文件

在 main 中输入"1602 液晶静态显示控制"程序，单击工具栏"![save]"保存按钮，并保存文件。

3. 编译程序

（1）右键单击"G001_Debug"项目，在弹出的菜单中执行的 Option 选项命令，弹出选项设置对话框。

（2）在 Target 目标元件选项页，在 Device 器件配置下拉列表选项中选择"STM8S"下的"STM8S207RB"。

（3）单击选项设置对话框项目下的 Output Converter 输出文件覆盖选项，弹出输出选项页，单击生成附加文件输出复选框，在输出文件格式中，选择"inter extended"，再单击"override default"下的复选项。

（4）单击"Debugger"选项，在"drive"下选择"ST-LINK"仿真调试器。

（5）完毕选项，单击"OK"按钮，完成选项设置。

（6）单击执行"Project"工程下的"Mike"编译所有文件命令，或工具栏的"⬇"，编译所有项目文件。

（7）首次编译时，弹出保存工程管理空间对话框，在文件名栏输入"G001"，单击保存按钮，保存工程管理空间。

4. 下载调试程序

（1）将 STM8S 开发板的 PG 端口与 MGMC-V2.0 单片机开发板的 P0 端口连接，STM8S 开发板的 PD4、PD5、PD6 分别连接 MGMC-V2.0 单片机开发板的 P3.4、P3.5、P3.6，电源端口连接。

（2）液晶 1602 显示屏插入 MGMC-V2.0 单片机开发板。

（3）通过"ST-LINK"仿真调试器，连接电脑和 STM8 开发板。

（4）单击工具栏的"▶"下载调试按钮，程序自动下载到开发板。

（5）关闭仿真调试。

（6）调试。

1）观察液晶 1602 显示屏的字符显示信息。

2）如果看不到信息，可以调节液晶 1602 显示屏组件右下方的背光控制电位器 W1，调节液晶对比度，直到看清字符显示信息。

3）在显示字符数组定义中，第 1 行输入"TAB1 [ ] =" Study Well ";"，第 2 行输入"TAB2 [ ] =" Make Progress";"

4）重新编译、下载程序，观察液晶 1602 显示屏的字符显示信息。

5. 使用库函数控制 LCD 静态字符显示

（1）建立一个工程。

1）在 E:\STM8\STM8S 目录下，新建一个文件夹 G02。拷贝库文件 Flib 到 G02 文件夹。

2）启动 IAR 软件。

3）选择执行"Project"菜单下的"Create New Project"子菜单命令，弹出创建新工程的对话框。

4）在工程模板 Project templates 中选择第 1 项 Empty project 空工程。

5）单击"OK"按钮，弹出保存项目对话框，在另存为对话框，输入工程文件名"G002"，单击"保存"按钮，在工程项目浏览区，出现 G002_Debug 新工程。

6）右键单击新工程 G002_Debug，在弹出的菜单中，选择执行"Add"菜单下的"Add Group"添加组命令，在弹出的新建组对话框，填写组名"Flib"，单击"OK"按钮，为工程新建一个组 Flib。

7）用类似的方法，为工程新建一个组 User。

8）右键单击新工程 C002_Debug 下的 Flib，在弹出的菜单中，选择执行"Add"菜单下的"Add File"添加文件命令。

9）选择添加 Flib\ src 文件夹内的 stm8s_gpio. c、stm8s_clk 文件。

（2）创建新文件。

1）在 IAR 开发软件界面，单击执行"File"文件菜单下的"New File"新文件子菜单命令，创建一个新文件。

2）单击执行"File"文件菜单下"Save As"另存为子菜单命令，弹出另存为对话框，在对话框文件名中输入"main. c"，单击"保存"按钮，保存新文件在 User 文件夹内。

3）再创建 2 个新文件，分别另存为"lcd1602b. h""lcd1602b. c"。

（3）编写程序文件。

1）编写 lcd1602b. h 文件。

2）编写 lcd1602b. c 文件。

3）编写 main. c 文件。

（4）添加文件。

1）右键单击新工程 G002_Debug 下的 User，在弹出的菜单中，选择执行"Add"菜单下的"Add File"添加文件命令。

2）选择给 User 添加 lcd1602a. c、main. c、sysclocka. c 文件。

（5）设置工程选项 OPtions。

1）右键单击 G002_Debug，在弹出的快捷菜单中，选择 OPtions 进行工程文件设置。

2）首先在 General Option 中的 Target 目标选择目标板，选择要编译的 CPU 类型，选择开发板使用的 stm8s2O7RB。

3）设置 C 编译，要选择头文件的查找目录。

4）选择输出文件格式，设置输出 hex 文件。

5）如果使用仿真器下载，设置仿真器类型为 ST-LINK。

6）设置完成，单击"OK"按钮确认。

（6）编译程序。

1）单击执行"Project"工程下的"Mike"编译所有文件命令，或工具栏的"🔲"，编译所有项目文件。

2）首次编译时，弹出保存工程管理空间对话框，在文件名栏输入"G002"，单击保存按钮，保存工程管理空间。

（7）下载调试程序。

1）通过"ST-LINK"仿真调试器，连接电脑和 STM8 开发板。

2）单击工具栏的"▶"下载调试按钮，程序自动下载到开发。

3）关闭仿真调试。

4）观察液晶 1602 显示屏的字符显示信息。

📖 习题

1. 编写 STM8 单片机控制程序，利用液晶 1602 显示屏显示 2 行英文信息，并下载到单片机开发板中，观察显示效果。

2. 利用 STM8 库函数中文参考软件，使用库函数，设计液晶 1602 显示屏显示 2 行英文信息控制程序，并下载到单片机开发板中，观察显示效果。

3. 编写 STM8 单片机控制程序，利用液晶 12864 显示屏显示 4 行英文信息，并下载到单片机开发板中，观察显示效果。

4. 编写 STM8 单片机库函数控制程序，利用 12864 液晶，4 行分别显示"春眠不觉晓，""处处闻啼鸟。""夜来风雨声，""花落知多少。"语句，12864 液晶显示结果如图 7-8 所示。

图 7-8   12864 液晶显示结果

項目八　应用串行总线接口

学习目标

（1）学习 I2C 串行总线基础知识。
（2）学会设计读写 I2C 总线 AT24C02 存储器。
（3）学会应用 SPI 接口。

任务 14　I2C 串行总线及应用

一、I2C 总线

I2C 总线是 PHLIPS 公司于 80 年代推出的一种串行总线，是具备多主机系统所需的包括总线裁决和高低器件同步功能的高性能串行总线。主要优点是其简单性和有效性。由于接口直接在组件之上，因此 I2C 总线占用的空间非常小，减少了电路板的空间和芯片管脚的数量，降低了互联成本。I2C 总线的另一个优点是，它支持多主控，其中任何能够进行发送和接收的设备都可以成为主总线。一个主控能够控制信号的传输和时钟频率。当然，在任何时间点上只能有一个主控。

1. I2C 总线具备以下特性

（1）只要求两条总线线路。一条是串行数据线（SDA），另一条是串行时钟线（SCL）。

（2）器件地址唯一。每个连接到总线的器件都可以通过唯一的地址和一直存在的简单的主机/从机关联，并由软件设定地址，主机可以作为主机发送器或主机接收器。

（3）多主机总线。它是一个真正的多主机总线，如果两个或更多主机同时初始化数据传输，可以通过冲突检测和仲裁防止数据被破坏。

（4）传输速度快。串行的 8 位双向数据传输位的速率，在标准模式下可达 100kbit/s，快速模式下可达 400kbit/s，高速模式下可达 3.4Mbit/s。

（5）具有滤波作用。片上的滤波器可以滤去总线数据线上的毛刺波，保证数据完整。

（6）连接到相同总线的 IC 数量只受到总线的最大电容（400pF）限制。

I2C 总线常用术语见表 8-1。

表 8-1　　　　　　　　　　　　　　I2C 总线常用术语

术语	功能描述
发送器	发送数据到总线的器件
接收器	从总线接收数据的器件
主机	初始化发送、产生时钟信号和终止发送的器件
从机	被主机寻址的器件

续表

术语	功 能 描 述
多主机	同时有多于一个主机尝试控制总线，但不破坏报文
仲裁	是一个在有多个主机同时尝试控制总线，但只允许其中一个控制总线并使报文不被破坏的过程
同步	两个或多个器件同步时钟信号的过程

2. I2C 总线硬件结构图

I2C 总线通过上拉电阻连接正电源，当总线空闲时，两根线均为高电平。连到总线上的任一器件输出的低电平，都将使总线的信号变低，即各器件的 SDA 和 SCL 都是线"与"的关系，硬件关系如图 8-1 所示。

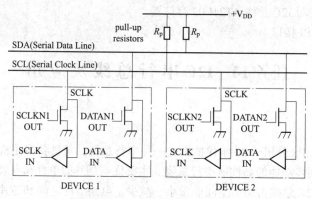

图 8-1　I2C 总线连接示意图

每个连接到 I2C 总线上的器件都有唯一的地址。主机与其他器件间的数据传送可以是由主机发送数据到其他器件，这时主机即为发送器。由总线上接收数据的器件则为接收器。在多主机系统中，可能同时有几个主机企图启动总线传输数据。为了避免混乱，I2C 总线要通过总线仲裁，以决定由哪一台主机控制总线。

3. I2C 总线的数据传送

（1）数据位的有效性规定。I2C 总线进行数据传送时，时钟信号为高电平期间，数据线上的数据必须保持稳定，只有在时钟线上的信号为低电平期间，数据线上的高电平或低电平状态才允许变化，I2C 总线数据位的有效性规定如图 8-2 所示。

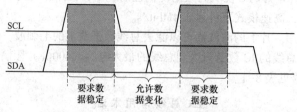

图 8-2　I2C 总线数据位的有效性规定

（2）起始和终止信号。SCL 线为高电平期间，SDA 线由高电平向低电平的变化表示起始信号；SCL 线为高电平期间，SDA 线由低电平向高电平的变化表示终止信号，如图 8-3 所示。

起始和终止信号都是由主机发出的，在起始信号产生后，总线就处于被占用的状态；在终止信号产生后，总线就处于空闲状态。

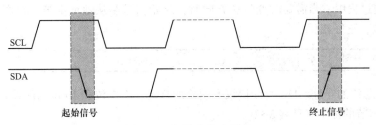

图 8-3　起始和终止信号

连接到 I2C 总线上的器件，若具有 I2C 总线的硬件接口，则很容易检测到起始和终止信号。对于不具备 I2C 总线硬件接口的一些单片机来说，为了检测起始和终止信号，必须保证在每个时钟周期内对数据线 SDA 采样两次。

接收器件接收到一个完整的数据字节后，有可能需要完成一些其他工作，如处理内部中断服务等，可能无法立刻接收下一个字节，这时接收器件可以将 SCL 线拉成低电平，从而使主机处于等待状态。直到接收器件准备好接收下一个字节时，在释放 SCL 线使之为高电平，从而使数据传送可以继续进行。

（3）数据传送格式。

1）字节传送与应答。每一个字节必须保证是 8 位长度。数据传送时，先传送最高位（MSB），每一个被传送的字节后面都必须跟随一位应答位（即一帧共有 9 位），如图 8-4 所示。

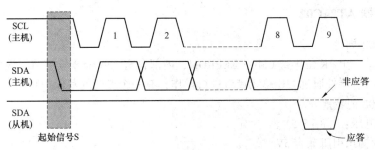

图 8-4　数据传送格式与应答

2）数据帧格式。I2C 总线上传送的数据信号是广义的，既包括地址信号，又包括真正的数据信号。在起始信号后必须传送一个从机的地址（7 位），第 8 位是数据的传送方向（R/T），用 "0" 表示主机发送数据（T），"1" 表示主机接收数据（R）。每次数据传送总是由主机产生的终止信号结束。但是，若主机希望继续占用总线进行新的数据发送，则可以不产生终止信号，马上再次发出起始信号对另一从机进行寻址。

在总线的一次数据传送过程中，可以有以下几种组合方式。

a）主机向从机发送数据，数据传送方向在整个传送过程中不变，格式如下。

S	从机地址	0	A	数据	A	数据	A/$\overline{A}$	P

注：有阴影部分表示数据由主机向从机传送，无阴影部分则表示数据由从机向主机传送。A 表示应答，$\overline{A}$ 表示非应答。S 表示起始信号，P 表示终止信号。

b）主机在第一个字节后，立即由从机读数据格式如下。

S	从机地址	1	A	数据	A	数据	$\overline{A}$	P

c）在传送过程中，当需要改变传送方向时，起始信号和从地址都被重复产生一次，但两次读/写方向位，正好相反。

S	从机地址	0	A	数据	A/$\overline{A}$	S	从机地址	1	A	数据	$\overline{A}$	P

（4）I2C 总线的寻址。I2C 总线协议有明确的规定：有 7 位和 10 位的两种寻址字节。
7 位寻址字节的位定义见表 8-2。

表 8-2　　　　　　　　　　7 位寻址字节位定义表

位	7	6	5	4	3	2	1	0
	从机地址							R/W

D7~D1 位组成从机的地址。D0 位是数据传送方向位，"0" 时表示主机向从机写数据，"1" 时表示主机由从机读数据。

主机发送地址时，总线上的每个从机都将这 7 位地址码与自己的地址进行比较，如果相同，则认为自己正被主机寻址，之后根据 R/W 位来确定自己是发送器还是接收器。

从机的地址由固定部分和可编程部分组成。在一个系统中可能希望接入多个相同的从机，从机地址中可编程部分决定了可接入总线该类器件的最大数目。一个从机的 7 位寻址位，有 4 位固定，3 位可编程，那么这条总线上最大能接 8（2^3）个从机。

二、存储器 AT24C02

1. AT24C02 概述

AT24C02 是一个 2K 位串行 CMOS EEPROM，内部含有 256 个 8 位字节。该器件有一个 16 字节页写缓冲器。器件通过 I2C 总线接口进行操作，有一个专门的写保护功能。

2. AT24C02 的特性

（1）工作电压：1.8~5.5V。

（2）输入/输出引脚兼容 5V。

（3）输入引脚经施密特触发器滤波抑制噪声。

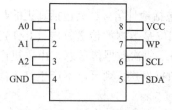

图 8-5　AT24C02 管脚定义

（4）兼容 400kHz。

（5）支持硬件写保护。

（6）读写次数：1000000 次，数据可保存 100 年。

3. AT24C02 的封装及管脚定义

封装形式有 6 种之多，MGMC-V2.0 实验板上选用的是 SOIC8P 的封装，AT24C02 管脚定义如图 8-5 所示，管脚描述表见表 8-3。

表 8-3　　　　　　　　　　AT24C02 管脚描述表

管脚名称	功　能　描　述
A2、A1、A0	器件地址选择
SCL	串行时钟
SDA	串行数据
WP	写保护（高电平有效。0 → 读写正常；1 → 只能读，不能写）

续表

管脚名称	功　能　描　述
VCC	电源正端（+1.6～6V）
GND	电源地

4. AT24C02 的时序图（见图 8-6）

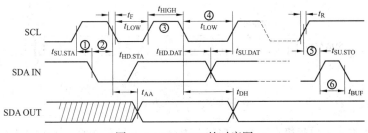

图 8-6　AT24C02 的时序图

时间参数说明如下：

（1）在 100kHz 下，至少需要 4.7μs；在 400kHz 下，至少要 0.6μs。

（2）在 100kHz 下，至少需要 4.0μs；在 400kHz 下，至少要 0.6μs。

（3）在 100kHz 下，至少需要 4.0μs；在 400kHz 下，至少要 0.6μs。

（4）在 100kHz 下，至少需要 4.7μs；在 400kHz 下，至少要 1.2μs。

（5）在 100kHz 下，至少需要 4.7μs；在 400kHz 下，至少要 0.6μs。

（6）在 100kHz 下，至少需要 4.7μs；在 400kHz 下，至少要 1.2μs。

5. 存储器与寻址

AT24C02 的存储容量为 2Kb，内部分成 32 页，每页为 8B，那么共 32×8B＝256B，操作时有两种寻址方式：芯片寻址和片内子地址寻址。

（1）bit：位。二进制数中，一个 0 或 1 就是一个 bit。

（2）Byte：字节。8 个 bit 为一个字节，这与 ASCII 的规定有关，ASCII 用 8 位二进制数来表示 256 个信息码，所以 8 个 bit 定义为一个字节。

（3）存储器容量。一般芯片给出的容量为 bit（位），例如上面的 2Kb，这里的 2Kb 零头未写，确切的说应该是 256B×8＝2048b。

（4）芯片地址。AT24C02 的芯片地址前面固定的为 1010，那么其地址控制字格式就为 1010A2A1A0R/W。其中 A2、A1、A0 为可编程地址选择位。R/W 为芯片读写控制位，"0" 表示对芯片进行写操作；"1" 表示对芯片进行读操作。

（5）片内子地址寻址。芯片寻址可对内部 256B 中的任一个进行读/写操作，其寻址范围为 00～FF，共 256 个寻址单元。

6. 读/写操作时序

串行 E²PROM 一般有两种写入方式：一种是字节写入方式，另一种是页写入方式。页写入方式可提高写入效率，但容易出错。AT24C×× 系列片内地址在接收到每一个数据字节后自动加 1，故装载一页以内数据字节时，只需输入首地址，如果写到此页的最后一个字节，主器件继续发送数据，数据将重新从该页的首地址写入，进而造成原来的数据丢失，这也就是地址空间的 "上卷" 现象。

解决"上卷"的方法是：在第 8 个数据后将地址强制加 1，或是给下一页重新赋一个首地址。

（1）字节写入方式。单片机在一次数据帧中只访问 E²PROM 的一个单元。该方式下，单片机先发送启动信号，然后送一个字节的控制字，再送一个字节的存储器单元子地址，上述几个字节都得到 E²PROM 响应后，再发送 8 位数据，最后发送 1 位停止信号，表示一切操作 OK。字节写入方式格式如图 8-7 所示。

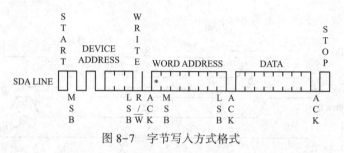

图 8-7 字节写入方式格式

（2）页写入方式。单片机在一个数据周期内可以连续访问 1 页 E²PROM 存储单元。在该方式中，单片机先发送启动信号，接着送一个字节的控制字，在送 1 个字节的存储器起始单元地址，上述几个字节都得到 E²PROM 应答后就可以发送 1 页（最多）的数据，并将顺序存放在以指定起始地址开始的相继单元中，最后以停止信号结束。页写入方式格式如图 8-8 所示。

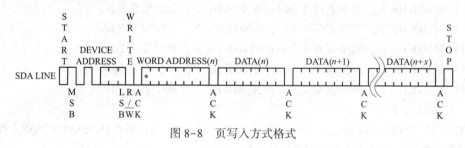

图 8-8 页写入方式格式

读操作和写操作的初始化方式和写操作时一样，仅把 R/W 位置为 1。有三种不同的读操作方式：立即/当前地址读、选择/随机读和连续读。

（3）立即/当前地址读。读地址计数器内容为最后操作字节的地址加 1。也就是说，如果上次读/写的操作地址为 n，则立即读的地址从地址 $n+1$ 开始。在该方式下读数据，单片机先发送启动信号，然后送一个字节的控制字，等待应答后，就可以读数据了。读数据的过程中，主器件不需要发送一个应答信号，但要产生一个停止信号。立即/当前地址读格式如图 8-9 所示。

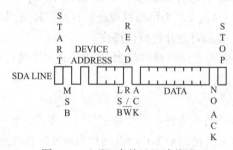

图 8-9 立即/当前地址读格式

（4）选择/随机读。读指定地址单元的数据。单片机在发出启动信号后接着发送控制字，该字节必须含有器件地址和写操作命令，等 E^2PROM 应答后再发送 1 个（对于 2Kb 的范围为：00～FFh）字节的指定单元地址，E^2PROM 应答后再发送一个含有器件地址的读操作控制字，此时如果 E^2PROM 做出应答，被访问单元的数据就会按 SCL 信号同步出现在 SDA 上，主器件不发送应答信号，但要产生一个停止信号。选择/随机读格式如图 8-10 所示。

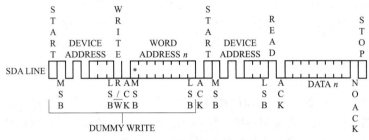

图 8-10 选择/随机读格式

（5）连续读。连续读操作可通过理解读或选择性读操作启动。单片机接收到每个字节数据后应做出应答，只要 E^2PROM 检测到应答信号，其内部的地址寄存器就自动加 1（即指向下一单元），并顺序将指向单元的数据送达到 SDA 串行数据线上。当需要结束操作时，单片机接收到数据后在需要应答的时刻发生一个非应答信号，接着再发送一个停止信号即可。连续读数据的帧格式如图 8-11 所示。

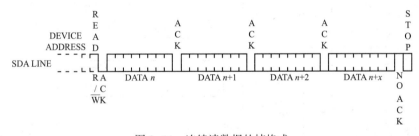

图 8-11 连续读数据的帧格式

7. 硬件设计

HJ-2G 实验板上 AT24C02 原理图如图 8-12 所示。

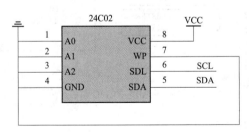

图 8-12 AT24C02 原理图

关于硬件设计，这里主要说明两点：

（1）WP 直接接地，意味着不写保护；SCL、SDA 分别接了单片机的 PC0、PC1；由于 AT24C02 内部总线是漏极开路形式的，所以必须要连接上拉电阻（10k）。

（2）A2、A1、A0 全部接地。器件的地址组成形式为：1010 A2A1A0 R/W（R/W 由读写决定），既然 A2、A1、A0 都接地了，因此该芯片的地址就是：1010 000 R/W。

三、STM8S 单片机的 I2C 总线

STM8S 单片机的 I2C 总线接口可以连接和控制 I2C 总线设备。它提供多主功能，控制所有 I2C 总线的特定的时序、协议、仲裁和定时。支持 I2C 总线标准和快速两种模式。I2C 总线模块不仅可以接收和发送数据，还可以在接收时将数据从串行转换成并行数据，在发送时将数据从并行转换成串行数据。可以开启或禁止中断。STM8S207RB 单片机通过数据引脚 PE2（SDA）和时钟引脚 PE1（SCL）连接到 I2C 总线。允许接到标准（最高 100kHz）或快速（最高 400kHz）的 I2C 总线。

1. STM8S 单片机的 I2C 总线结构

内置了全硬件实现 I2C 总线的两线通信接口，包括数据控制器、时钟控制器、数据寄存器、移位寄存器、比较器、控制寄存器、状态寄存器等。I2C 总线接口是灵活的通信接口，简单且功能强大。它只需要两条双向传输线就可以将 128 个不同的设备连在一起，这两条线分别为时钟线 SCL 和数据线 SDA。使用这两条线时，应通过 4k7～10k 上拉电阻连接至电源。

STM8S 的 I2C 总线结构如图 8-13 所示。

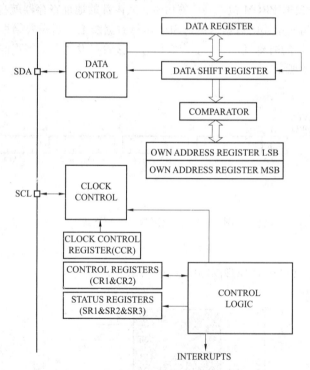

图 8-13　STM8S 的 I2C 总线结构

2. STM8S 单片机的 I2C 总线的主要特点

（1）并行总线/I2C 总线协议转换器。

（2）多主机功能：该模块既可做主设备也可做从设备。

（3）I2C 主设备功能。

1）产生时钟。

2）产生起始和停止信号。

（4）I2C 从设备功能。

1）可编程的 I2C 地址检测。

2）停止位检测。

（5）产生和检测 7 位/10 位地址和广播呼叫。

（6）支持不同的通信速度。

1）标准速度（最高 100kHz）。

2）快速（最高 400kHz）。

（7）状态标志：

1）发送器/接收器模式标志。

2）字节发送结束标志。

3）I2C 总线忙标志。

（8）错误标志。

1）主模式时的仲裁失败。

2）地址/数据传输后的应答（ACK）错误。

3）检测到错误的起始或停止条件。

4）禁止时钟展宽功能时数据过载或欠载。

（9）3 种中断。

1）1 个通信中断。

2）1 个出错中断。

3）1 个唤醒中断。

（10）唤醒功能：从模式下如果检测到地址匹配可以将 MCU 从低功耗模式中唤醒。

（11）可选的时钟展宽功能。

3. STM8S 单片机的 I2C 总线的模式选择

默认条件下，I2C 模块工作于从模式。接口在产生起始条件后自动地由从模式切换到主模式；当仲裁失败或发送 STOP 信号时，则从主模式切换到从模式。

I2C 模块允许多主机功能。

（1）主设备发送模式。在主模式时，I2C 接口启动数据传输并产生时钟信号。串行数据传输总是以起始条件开始并以停止条件结束。通过 START 位在总线上产生了起始条件，设备就进入了主模式。

以下是主模式所要求的操作顺序：

1）在 I2C_FREQR 频率寄存器中设定该模块的输入时钟，以产生正确的时序。

2）配置时钟控制寄存器。

3）配置上升时间寄存器。

4）编程 I2C_CR1 寄存器启动外设。

5）置 I2C_CR1 寄存器中的 START 位为 1，产生起始条件。

6）I2C 模块的输入时钟频率是：标准模式下为 1MHz；快速模式下为 4MHz。

主设备发送模式发送序列图如图 8-14 所示。

主设备按发送模式的发送序列图，发送数据到从设备。

（2）主设备接收模式。主设备按接收模式的接收序列图，接收来自从设备发送的数据。

主设备接收模式接收序列图如图 8-15 所示。

（3）从设备发送模式。在接收到地址和清除 ADDR 位后，从设备将字节从 DR 寄存器经由内部移位寄存器发送到 SDA 线上。

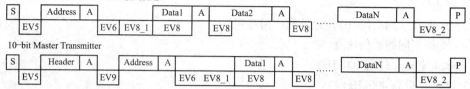

说明：S=Start(起始条件)，Sr=重复的起始条件，P=Stop(停止条件)，A=响应，NA=非响应，EVx=事件 (ITEVFEN=1时产生中断)。

EV5：SB=1，读SR1然后将地址写入DR寄存器将清除该标志。
EV6：ADDR=1，读SR1然后读SR3将清除该标志。
EV8_1：TxE=1，移位寄存器空。
EV8：TxE=1，写入DR寄存器将清除该标志。
EV8_2：TxE=1，BTF=1，产生停止条件时由硬件清除。
EV9：ADDR10=1，读SR1然后写入DR寄存器将清除该标志。

图 8-14　主设备发送模式发送序列图

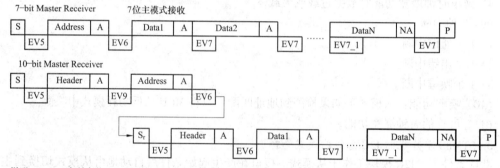

说明：S=Start(起始条件)，Sr=重复的起始条件，P=Stop(停止条件)，A=响应，NA=非响应，EVx=事件 (ITEVFEN=1时产生中断)

EV5：SB=1，读SR1然后将地址写入DR寄存器将清除该标志。
EV6：ADDR=1，读SR1然后读SR3将清除该标志。在10位主接收模式下，该事件后应设置CR2的START=1。
EV7：RxNE=1，读DR寄存器清除该标志。
EV7_1：RxNE=1，读DR寄存器清除该标志。设置ACK=0和STOP请求。
EV9：ADDR10=1，读SR1然后写入DR寄存器将清除该标志。

图 8-15　主设备接收模式接收序列图

从设备发送序列图如图 8-16 所示。

（4）从设备接收模式。在接收到地址并清除 ADDR 位后，从接收器将通过内部移位寄存器从 SDA 线接收到的字节存进 DR 数据寄存器。

从设备接收序列图如图 8-17 所示。

（5）通信过程。

1）主模式时，I2C 接口启动数据传输并产生时钟信号。串行数据传输总是以起始条件开始并以停止条件结束。起始条件和停止条件都是在主模式下由软件控制产生。

2）从模式时，I2C 接口能识别它自己的地址（7 位或 10 位）和广播呼叫地址。软件能够控制开启或禁止广播呼叫地址的识别。

3）数据和地址按 8 位/字节进行传输，高位在前。跟在起始条件后的 1 或 2 个字节是地址（7 位模式为 1 个字节，10 位模式为 2 个字节）。地址只在主模式发送。

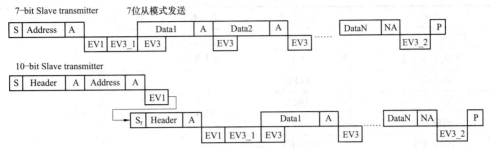

说明：S=Start(起始条件)，Sr=重复的起始条件，P=Stop(停止条件)，A=响应，NA=非响应，EVx=事件
(ITEVFEN=1时产生中断)

EV1：ADDR=1，读SR1然后读SR3将清除该事件。
EV3_1：TxE=1，移位寄存器空。
EV3：TxE=1，写DR将清除该事件；移位寄存器非空。
EV3_2：AF=1，在SR2寄存器的AF位写'0'可清除AF位。

图8-16　从设备发送序列图

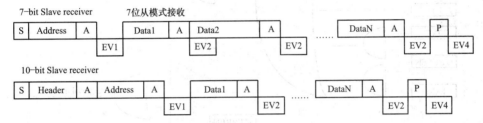

说明：S=Start(起始条件)，Sr=重复的起始条件，P=Stop(停止条件)，A=响应，NA=非响应，EVx=事件
(ITEVFEN=1时产生中断)

EV1：ADDR=1，读SR1然后读SR3将清除该事件。
EV2：RxNE=1，读DR将清除该事件。
EV4：STOPF=1，读SR1然后写CR2寄存器将清除该事件。

图8-17　从设备接收序列图

4）在一个字节传输的 8 个时钟后的第 9 个时钟期间，接收器必须回送一个应答（ACK）给发送器。

4. I2C 中断请求（见表 8-4）

表 8-4　　　　　　　　　　　　　　　　　　　I2C 中断请求

中断事件	事件标志	开启控制位	退出 wait	退出 halt
起始位已发送（主）	SB		是	否
地址已发送（主）或 地址匹配（从）	ADDR		是	否
10 位头段已发送（主）	ADD10	ITEVFEN	是	否
已收到停止（从）	STOPF		是	否
数据字节传输完成	BTF		是	否
从 halt 唤醒	WUFH	ITEVFEN	是	否

续表

中断事件	事件标志	开启控制位	退出 wait	退出 halt
接收缓冲区非空	RxNE	ITEVFEN 和 ITBUFEN	是	否
发送缓冲区空	TxE		是	否
总线错误	BERR	ITERREN	是	否
仲裁丢失（主）	ARLO		是	否
响应失败	AF		是	否
过载/欠载	OVR		是	否

I2C 中断映射如图 8-18 所示。

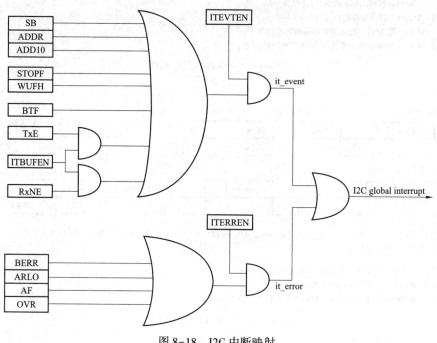

图 8-18　I2C 中断映射

四、AT24C02 应用

1. 控制要求

利用本身 I2C 协议控制存储芯片 AT24C02，向 AT24C02 写入数据"I2C WR 24C02"，然后读出数据，并通过串口通信，换行打印读出的数据。

2. 控制软件分析

（1）I2C 读写程序结构（见图 8-19）。

在 I2C 读写程序中，主要包括了 uart1.c、i2c_eeprom.c，uart1.c 负责串口通信，i2c_eeprom.c 包括了单片机 I2C 总线对 I2C 从设备（AT24C02）的单个字、一页和多页字节的字节的读写。

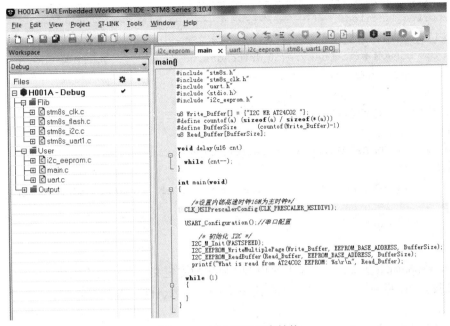

图 8-19　I2C 读写程序结构

(2) I2C_EEPROM 头文件。

```
#ifndef __I2C_EEPROM_H

#define __I2C_EEPROM_H

#include "stm8s.h"
```
/* Private typedef --*/
```
typedef enum{
  STANDARDSPEED=100000,                          //标准速度
  FASTSPEED=400000                               //快速通信
}I2C_SpeedMode_TypeDef;
```
/* Private define --*/

```
#define I2C1_SLAVE_ADDRESS7      0xA0            //7 位地址
#define EEPROM_BASE_ADDRESS      0x00            //器件基础地址
#define EEPROM_Page_Byte_Size    8/*EEPROM 每页最多写 8Byte*/
#define EEPROM_ADDRESS           0xA0            //从模式地址长度 7 位
```

/* Private macro --*/
/* Private variables --*/

/* Private function prototypes --*/
/* Private functions --*/

```
/*Exported macro ----------------------------------------------------------*/
/*Exported functions ------------------------------------------------------*/
void I2C_M_Init(I2C_SpeedMode_TypeDef I2C_Speed);            //I2C 模式初始化
void I2C_EEPROM_WriteOneByte(u8 WriteAddr,u8 Byte);         //I2C 写一个字节
u8 I2C_EEPROM_ReadOneByte(u8 ReadAddr);                     //I2C 读一个字节
/*写一页*/
void I2C_EERROM_WriteOnePage(u8*pBuffer, u8 WriteAddr, u8 NumByteToWrite);
/*读一页数据*/
void I2C_EEPROM_ReadBuffer(u8*pBuffer, u8 ReadAddr, u8 NumByteToRead);
/*读多页数据*/
void I2C_EEPROM_WriteMultiplePage (u8 * pBuffer, u8 WriteAddr, u8 NumByteToW-
rite);


#endif
```

在 i2c_eepprom.h 头文件中，主要使用 I2C 要用的宏定义、基本操作函数。包括 I2C 模式初始化函数、I2C 写一个字节函数、I2C 读一个字节函数、读一页数据函数、读多页数据函数等。

（3）I2C 主模式初始化函数。

```
void I2C_M_Init(I2C_SpeedMode_TypeDef I2C_Speed)
{

  I2C_Init(I2C_Speed, I2C1_SLAVE_ADDRESS7, I2C_DUTYCYCLE_2, \
    I2C_ACK_CURR, I2C_ADDMODE_7BIT, CLK_GetClockFreq()/1000000);
  I2C_Cmd(ENABLE);
}
```

首先设置 I2C 的速度、从设备为 7 位地址、占空比、应答模式、从模式地址长度、输入时钟频率，然后设置 I2C 使能。

（4）I2C 写一个字节函数。

```
void I2C_EEPROM_WriteOneByte(u8 WriteAddr,u8 Byte)
{
  /*等待空闲*/
  while(I2C_GetFlagStatus(I2C_FLAG_BUSBUSY));

  /*发起始位*/
  I2C_GenerateSTART(ENABLE);

  /*测试 EV5 ,检测从器件返回一个应答信号*/
  while(! I2C_CheckEvent(I2C_EVENT_MASTER_MODE_SELECT));

  /*设置 I2C 从器件地址,I2C 主设备为写模式*/
  I2C_Send7bitAddress(EEPROM_ADDRESS, I2C_DIRECTION_TX);
```

```
/*测试 EV6 并清除标志位,检测从器件返回一个应答信号*/
while(! I2C_CheckEvent(I2C_EVENT_MASTER_RECEIVER_MODE_SELECTED));

/*设置往从器件写数据内部的地址*/
I2C_SendData(WriteAddr);
/*测试 EV8 并清除标志位 ,检测从器件返回一个应答信号*/
while (! I2C_CheckEvent(I2C_EVENT_MASTER_BYTE_TRANSMITTING));

/*向从器件写一个字节*/
I2C_SendData(Byte);

/*测试 EV8 并清除标志位,检测从器件返回一个应答信号*/
while (! I2C_CheckEvent(I2C_EVENT_MASTER_BYTE_TRANSMITTING));

/*发结束位*/
I2C_GenerateSTOP(ENABLE);
}
```

在主模式时，I2C 接口启动数据传输并产生时钟信号。串行数据传输总是以起始条件开始，并以停止条件结束。当通过 START 位在总线上产生了起始条件，设备就进入了主模式。

以下是主模式所要求的操作顺序：

1）在 I2C_FREQR 寄存器中设定该模块的输入时钟以产生正确的时序。

2）配置时钟控制寄存器。

3）配置上升时间寄存器。

4）编程 I2C_CR1 寄存器启动外设。

5）置 I2C_CR1 寄存器中的 START 位为 1，产生起始条件。

6）I2C 模块的输入时钟频率是：标准模式下为 1MHz ；快速模式下为 4MHz。

前面 4 步在 I2C 模式的初始化函数中完成。

（5）操作顺序说明。

1）起始条件。当 BUSY = 0 时，设置 START = 1，I2C 接口将产生一个开始条件，并切换至主模式（M/SL 位置为 1）。

注意：在主模式下，设置 START = 1，将在当前字节传输完成后产生一个重开始条件。

起始条件的判断，对照查看程序中的等待空闲、发起始位语句。

2）一旦发出开始条件。SB 位被硬件置为 1，如里设置了 ITEVFEN 位，则会产生一个中断。然后主设备等待读 SR1 寄存器，紧跟着将从地址写入 DR 寄存器（见图 8-14 和图 8-15 的 EV5）。

对照查看程序中的"测试 EV5 ，检测从器件返回一个应答信号"程序语句。

3）从地址的发送。从地址通过内部移位寄存器被送到 SDA 线上。在 7 位地址模式时，只需送出一个地址字节。一旦该地址字节被送出，ADDR 位被硬件置为 1，如果设置了 ITEVFEN 位，则产生一个中断。随后主设备等待程序一次读 SR1 寄存器，跟着读 SR3 寄存器（见图 8-14 和图 8-15 的传送序列 EV6）。

对照查看程序中的"设置 I2C 从器件地址，I2C 主设备为写模式"和"测试 EV6 并清除标志位，检测从器件返回一个应答信号"语句。

4）根据送出从设备地址的最低位，主设备决定进入发送模式还是进入接收模式。在7位地址模式时，要进入发送模式，主设备发送从地址时置最低位为"0"。要进入接收模式，主设备发送从地址时置最低位为"1"。

在发送了地址和清除了ADDR位后，主设备通过内部移位寄存器将字节从DR寄存器发送到SDA线上。主设备等待，直到TxE被清除，（见图8-14传送序列的EV8）。

对照查看程序中的"向从器件写一个字节"和"测试EV8并清除标志位，检测从器件返回一个应答信号"语句。

当收到应答脉冲时，TxE位被硬件置为1，如果设置了INEVFEN和ITBUFEN位，则产生一个中断。如果TxE为1并且在上一次数据发送结束之前没有写新的数据字节到DR寄存器，则BTF被置为1，I2C接口等待BTF被清除。

5）关闭通信。在DR寄存器中写入最后一个字节后，通过设置STOP位产生一个停止条件（见图8-14的传送序列的EV8_2），然后I2C接口将自动回到从模式（M/S位清除）。

对照查看程序中的"发结束位"语句。

（6）I2C读一个字节函数。

```c
u8 I2C_EEPROM_ReadOneByte(u8 ReadAddr)
{
    u8 RxData;
    /*等待空闲*/
    while(I2C_GetFlagStatus(I2C_FLAG_BUSBUSY));

    /*发起始位*/
    I2C_GenerateSTART(ENABLE);

    /*测试EV5,检测从器件返回一个应答信号*/
    while(! I2C_CheckEvent(I2C_EVENT_MASTER_MODE_SELECT));

    /*设置I2C从器件地址,I2C主设备为写模式*/
    I2C_Send7bitAddress(EEPROM_ADDRESS, I2C_DIRECTION_TX);

    /*测试EV6并清除标志位*/
    while(! I2C_CheckEvent(I2C_EVENT_MASTER_RECEIVER_MODE_SELECTED));

    I2C_Cmd(ENABLE);

    I2C_SendData(ReadAddr);

    /*测试EV8并清除标志位*/
    while(! I2C_CheckEvent(I2C_EVENT_MASTER_BYTE_TRANSMITTED));

    /*发起始位*/
    I2C_GenerateSTART(ENABLE);

    /*测试EV5,检测从器件返回一个应答信号*/
```

```
while (! I2C_CheckEvent(I2C_EVENT_MASTER_MODE_SELECT));
/*设置 I2C 从器件地址,I2C 主设备为读模式*/
I2C_Send7bitAddress(EEPROM_ADDRESS, I2C_DIRECTION_RX);

/*测试 EV6 ,检测从器件返回一个应答信号*/
while (! I2C_CheckEvent(I2C_EVENT_MASTER_RECEIVER_MODE_SELECTED));

/*测试 EV7,检测从器件返回一个应答信号*/
while(! I2C_CheckEvent(I2C_EVENT_MASTER_BYTE_RECEIVED));
RxData=I2C_ReceiveData();
I2C_AcknowledgeConfig(I2C_ACK_NONE);

/*发结束位*/
I2C_GenerateSTOP(ENABLE);
    return RxData;
}
```

在读一个字节函数中，基本时序与写一个字节相似，只是在收到应答信号时，应答地址信号的最后一位为"1"，然后读一个字节信息。对照图 8-15 主设备接收模式接收序列，查看分析程序。

（7）I2C 读写一页函数。

```
void I2C_EERROM_WriteOnePage(u8*pBuffer, u8 WriteAddr, u8 NumByteToWrite)
{
    /*等待空闲*/
    while(I2C_GetFlagStatus(I2C_FLAG_BUSBUSY));

    /*发起始位*/
    I2C_GenerateSTART(ENABLE);

    /*测试 EV5 ,检测从器件返回一个应答信号*/
    while(! I2C_CheckEvent(I2C_EVENT_MASTER_MODE_SELECT));

    /*设置 I2C 从器件地址,I2C 主设备为写模式*/
    I2C_Send7bitAddress(EEPROM_ADDRESS, I2C_DIRECTION_TX);

    /*测试 EV6 ,检测从器件返回一个应答信号*/
    while(! I2C_CheckEvent(I2C_EVENT_MASTER_RECEIVER_MODE_SELECTED));

    I2C_SendData((u8)(WriteAddr));
    /*测试 EV8 ,检测从器件返回一个应答信号*/
    while (! I2C_CheckEvent(I2C_EVENT_MASTER_BYTE_TRANSMITTING));

    /*不断往从设备写数据*/
    while(NumByteToWrite--)
```

```
    {

        I2C_SendData(*pBuffer);

        /*指针指向下一个地址*/
        pBuffer++;

        /*测试 EV6,检测从器件返回一个应答信号*/
        while (! I2C_CheckEvent(I2C_EVENT_MASTER_BYTE_TRANSMITTED));
        I2C_AcknowledgeConfig(I2C_ACK_CURR);
    }

    /*发结束位*/
    I2C_GenerateSTOP(ENABLE);
}
```

I2C 读写一页函数与 I2C 读写一个字节函数时序基本相同，只是在写数据时，多次不断往从设备写数据。

（8）I2C 读任意个字节数据函数。

```
void I2C_EEPROM_ReadBuffer(u8*pBuffer, u8 ReadAddr, u8 NumByteToRead)
{
    /*等待空闲*/
    while(I2C_GetFlagStatus(I2C_FLAG_BUSBUSY));

    /*发起始位*/
    I2C_GenerateSTART(ENABLE);
    /*测试 EV5,检测从器件返回一个应答信号*/
    while(! I2C_CheckEvent(I2C_EVENT_MASTER_MODE_SELECT));

    /*设置 I2C 从器件地址,I2C 主设备为写模式*/
    I2C_Send7bitAddress(EEPROM_ADDRESS, I2C_DIRECTION_TX);
    /*测试 EV6,检测从器件返回一个应答信号*/
    while(! I2C_CheckEvent(I2C_EVENT_MASTER_RECEIVER_MODE_SELECTED));

    I2C_SendData((u8)(ReadAddr));
    /*测试 EV8,检测从器件返回一个应答信号*/
    while (! I2C_CheckEvent(I2C_EVENT_MASTER_BYTE_TRANSMITTED));

    /*发起始位*/
    I2C_GenerateSTART(ENABLE);
    /*测试 EV5,检测从器件返回一个应答信号*/
    while(! I2C_CheckEvent(I2C_EVENT_MASTER_MODE_SELECT));

    /*设置 I2C 从器件地址,I2C 主设备为读模式*/
```

```
        I2C_Send7bitAddress(EEPROM_ADDRESS, I2C_DIRECTION_RX);
        /*测试 EV6 ,检测从器件返回一个应答信号*/
        while(! I2C_CheckEvent(I2C_EVENT_MASTER_RECEIVER_MODE_SELECTED));
        /*不断读取从设备数据*/
while(NumByteToRead)
{

        /*测试 EV6*/
        if(I2C_CheckEvent(I2C_EVENT_MASTER_BYTE_RECEIVED)){
        /*从 EEPROM 读取一个字节*/
        *pBuffer = I2C_ReceiveData();
        /*指针指向下个存放字节的地址*/
        pBuffer++;
        /*读到最后一个字节*/
        if(NumByteToRead == 1){
        /*不需要应答*/
            I2C_AcknowledgeConfig(I2C_ACK_NONE);
        /*发结束位*/
            I2C_GenerateSTOP(ENABLE);
        }
        else
            /*不是最后一个字节向从设备发送应答信号*/
            I2C_AcknowledgeConfig(I2C_ACK_CURR);
        NumByteToRead--;
        }
    }
}
```

I2C 读任意个字节数据函数与 I2C 读一个字节数据函数类似，只是在读取数据时，不断读取从设备数据。

(9) I2C 写多页数据函数。

```
void I2C_EEPROM_WriteMultiplePage(u8*pBuffer, u8 WriteAddr, u8 NumByteToWrite)
{
  u8 NumOfPage = 0, NumOfSingle = 0, Addr = 0, count = 0, temp = 0;

  Addr = WriteAddr % EEPROM_Page_Byte_Size;              /*不满一页的开始写的地址*/
  count = EEPROM_Page_Byte_Size - Addr;                  /*不满一页的地址剩余容量*/
  NumOfPage =  NumByteToWrite / EEPROM_Page_Byte_Size;   /*写了完整的页数*/
  NumOfSingle = NumByteToWrite % EEPROM_Page_Byte_Size;  /*写完整页剩余的容量*/

  /*写进的地址是在页的首地址   */
  if(Addr == 0){
      /*写进的字节数不足一页*/
      if(NumOfPage == 0)
```

```
        I2C_EERROM_WriteOnePage(pBuffer, WriteAddr, NumOfSingle);

        /*写进的字节数大于一页*/
        else{
            while(NumOfPage--){
                I2C_EERROM_WriteOnePage(pBuffer, WriteAddr, EEPROM_Page_Byte_Size );
/*写一页*/
                WriteAddr +=  EEPROM_Page_Byte_Size ;
                pBuffer+= EEPROM_Page_Byte_Size ;
                WaiteI2C_SDA_Idle();
            }/*写完整页*/
            if(NumOfSingle! =0){/*写尾数*/
                I2C_EERROM_WriteOnePage(pBuffer, WriteAddr, NumOfSingle);
        }
    }
}
/*假如写进的地址不在页的首地址*/
else {

    if (NumOfPage == 0) {/*写进的字节数不足一页*/

    if (NumOfSingle > count){
        /*要写完完整页剩余的容量大于不满一页的地址剩余容量*/
        temp = NumOfSingle - count;
        I2C_EERROM_WriteOnePage(pBuffer, WriteAddr, count); /*把当前页的地址写完*/
        WaiteI2C_SDA_Idle();
        WriteAddr +=  count;
        pBuffer += count;
        I2C_EERROM_WriteOnePage(pBuffer, WriteAddr, temp);/*在新的一页写剩余的字
节*/

    }
    else
    {
        I2C_EERROM_WriteOnePage(pBuffer, WriteAddr, NumByteToWrite);
    }
    }
    else{ /*写进的字节数大于一页*/

    NumByteToWrite -= count;
    NumOfPage =  NumByteToWrite / EEPROM_Page_Byte_Size;
    NumOfSingle = NumByteToWrite %  EEPROM_Page_Byte_Size;

    I2C_EERROM_WriteOnePage(pBuffer, WriteAddr, count); /*把当前页的地址写完*/
    WaiteI2C_SDA_Idle();
```

```
    WriteAddr +=  count;
    pBuffer += count;

    while (NumOfPage--)
    {
      I2C_EERROM_WriteOnePage(pBuffer, WriteAddr, EEPROM_Page_Byte_Size);
      WaiteI2C_SDA_Idle();
      WriteAddr +=  EEPROM_Page_Byte_Size;
      pBuffer += EEPROM_Page_Byte_Size;
    }

    if (NumOfSingle ! = 0)
    {
      I2C_EERROM_WriteOnePage(pBuffer, WriteAddr, NumOfSingle);
      }
    }
  }
  WaiteI2C_SDA_Idle();
}
```

I2C 写多页数据函数与 I2C 写一页数据函数类似，只是在写的过程中，要判断数据多少，超过一页时，首先将当前页的数据写完，然后在新的一页写剩余的字节。

连续写大于 8 个字节要调用此函数，本函数很长，基本上是对地址（从哪个地址开始写）和将要写多少个字节进行了充分的考虑，然后就调用写一页的函数，具体实现过程仔细看程序即可。

在连续写多页的时候，有一个地方要注意的，在写完一页的时候要等待 I2C 总线为空闲状态才可以写下一页，因此要插入一个简单的延时函数 WaiteI2C_SDA_IdIe（），否则是无法写下一页。

（10）延时等待函数。

```
static void WaiteI2C_SDA_Idle(void)
{
  u32 nCount=0xfff;
    while (nCount ! = 0)
  {
    nCount--;
  }
}
```

（11）主函数。

```
#include "stm8s. h"
#include "stm8s_clk. h"
#include "uart. h"
#include <stdio. h>
#include "i2c_eeprom. h"
```

```
u8 Write_Buffer[] = {"I2C WR 24C02 "};
#define countof(a) (sizeof(a) / sizeof(*(a)))
#define BufferSize       (countof(Write_Buffer)-1)
u8 Read_Buffer[BufferSize];

void delay(u16 cnt)
{
  while (cnt--);
}


int main(void)
{

    /*设置内部高速时钟 16M 为主时钟*/
  CLK_HSIPrescalerConfig(CLK_PRESCALER_HSIDIV1);

  USART_Configuration();//串口配置

    /*初始化 I2C*/
  I2C_M_Init(FASTSPEED);
  /*I2C 写多页*/
  I2C_EEPROM_WriteMultiplePage(Write_Buffer, EEPROM_BASE_ADDRESS, Buffer-
Size);
  /*I2C 读缓冲 Buffer*/
  I2C_EEPROM_ReadBuffer(Read_Buffer, EEPROM_BASE_ADDRESS, BufferSize);
  printf("What is read from AT24C02 EEPROM: % s\r\n", Read_Buffer);
  while (1)
  {
    ;
  }
}
```

在主函数中，首先设置内部高速时钟 16M 为主时钟，进行串口配置初始化，接着进行 I2C 模式配置初始化，然后进行 I2C 写多页操作，I2C 读多页操作，最后通过打印函数，将读取的数据打印到串口。

 技能训练

一、训练目标

（1）学会使用 I2C 通信协议。
（2）通过编程读写 AT24C02，通过串口打印信息。

二、训练步骤与内容

1. 工程准备
（1）在 E:\STM8\STM8S 目录下，新建一个文件夹 H01A。

（2）在 H01A 文件夹内，新建 Flib、User 子文件夹。

（3）将示例 F02 文件夹中的 Flib 的文件内 inc、src 文件拷贝到新建文件夹 Flib 内。

2. 创建一个工程

（1）在双击桌面 IAR 图标，启动 IAR 开发软件。

（2）单击执行 File 文件菜单下 New Workspace 子菜单命令，创建工程管理空间。

（3）再单击 Project 文件下的 Create New Project 子菜单命令，出现创建新工程对话框。在工程模板 Project templates 中选择第 1 项 Empty project 空工程。单击 OK 按钮，弹出另存为对话框，为新工程起名 H001A。单击保存按钮，保存在 H01A 文件夹。在工程项目浏览区，出现 H001A_Debug 新工程。

（4）右键单击新工程 H001A_Debug，在弹出的菜单中，选择执行"Add"菜单下的"Add Group"添加组命令，在弹出的新建组对话框，填写组名"Flib"，单击"OK"按钮，为工程新建一个组 Flib。

（5）用类似的方法，为工程新建一个组 User。

（6）右键单击新工程 H001A_Debug 下的 Flib 组，在弹出的菜单中，选择执行"Add"菜单下的"Add File"添加文件命令，弹出添加文件对话框，打开 Flib 的 src 文件夹，选择添加"stm8s_clk. c""stm8s_i2c. c""stm8s_flash. c""stm8s_uart1. c"串口 1 库函数 4 个文件。

3. 创建程序文件

（1）在 IAR 开发软件界面，单击执行"File"文件菜单下的"New File"新文件子菜单命令，创建一个新文件。

（2）单击执行"File"文件菜单下"Save As"另存为子菜单命令，弹出另存为对话框，在对话框文件名中输入"main. c"，单击"保存"按钮，保存新文件在 User 文件夹内。

（3）再创建 4 个新文件，分别另存为"i2c_eeprom. h""i2c_eeprom. c""main. c""uart. h""uart. c"。

（4）右键单击新工程 H001A_Debug 下的 User 组，在弹出的菜单中，选择执行"Add"菜单下的"Add File"添加文件命令，弹出添加文件对话框，在 User 文件夹，选择添加"i2c_eeprom. c""main. c""uart. c" 3 个文件到 User 文件组。

4. 编写控制文件

（1）编写 i2c_eeprom. h 文件。

（2）编写 i2c_eeprom. c 文件。

（3）编写 uart. h 文件。

（4）编写 uart. c 文件。

（5）编写 main. c 文件。

5. 编译程序

（1）右键单击"H001A_Debug"项目，在弹出的菜单中执行的 Option 选项命令，弹出选项设置对话框。

（2）在 Target 目标元件选项页，在 Device 器件配置下拉列表选项中选择"STM8S"下的"STM8S207RB"。

（3）在选项设置中，在库配置选项里，设置为"Full"完整配置。

（4）单击选项设置对话框项目下的 Output Converter 输出文件覆盖选项，弹出输出选项页，单击生成附加文件输出复选框，在输出文件格式中，选择"inter extended"，再单击"override default"下的复选项。

(5) 单击 "Debugger" 选项, 在 "drive" 下选择 "ST-LINK" 仿真调试器。

(6) 完毕选项, 单击 "OK" 按钮, 完成选项设置。

(7) 单击执行 "Project" 工程下的 "Mike" 编译所有文件命令, 或工具栏的 "⬇", 编译所有项目文件。首次编译时, 弹出保存工程管理空间对话框, 在文件名栏输入 "H001A", 单击保存按钮, 保存工程管理空间。

6. 下载调试程序

(1) 将 STM8S 开发板的 PE1、PE2 端口与 MGMC-V2.0 单片机开发板的 P3.6、P3.7 端口连接, 电源端口连接。

(2) 单击工具栏的 "▶" 下载调试按钮, 程序自动下载到开发板。

(3) 关闭仿真调试。

(4) STM8 开发板 USB 接口与电脑 USB 连接。

(5) 打开串口调试助手软件, 设置串口连接端口, 设置波特率、停止位、奇偶校验, 再单击打开串口按钮。

(6) 观察串口调试助手软件的输出信息, I2C 读写输出信息如图 8-20 所示。

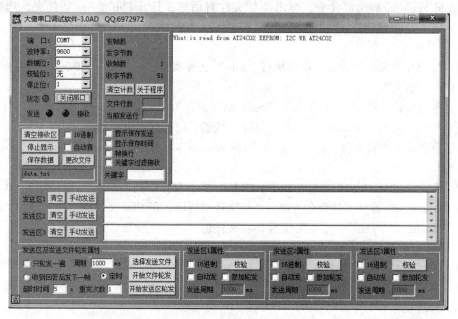

图 8-20　I2C 读写输出信息

(7) 修改 Write_Buffer [] 数组的数据, 重新编译下载, 观察串口调试助手软件的输出信息。

任务 15　基于 SPI 的数码管驱动

一、SPI 总线

SPI 是串行外设接口 (Serial Peripheral Interface) 的缩写。SPI 是一种高速的、全双工、同步的通信总线, SPI 通信总线允许单片机等微控制器与各种外部设备以同步串行方式进行通信, 交换信息, 广泛应用于存储器、LCD 驱动、A/D 转换、D/A 转换等器件。SPI 通信总线在芯片的管脚上只占用四根线，节约了芯片的管脚，同时为 PCB 的布局上节省空间，提供方便，正是出于这种简单易用的特性，越来越多的芯片集成了这种通信协议。与 I2C 通信相比，SPI 通信拥有更快的通信速率、更简单的编程应用。

1. SPI 总线的使用

SPI 的通信的信号线分别为 SCLK、MISO、MOSI、CS，其中 SCLK 为串行通信同步时钟线，MISO 为主机输入从机输出数据线，MOSI 为主机输出从机输入数据线，CS 为从机选择线。有些地方使用 SDI、SDO、SCLK、CS 分别表示数据输入、数据输出、同步时钟、片选线。SPI 工作时，数据通过移位寄存器串行输出到 MOSI，同时外部输入信号通过 MISO 输入端接收后逐位移入移位寄存器。

SPI 点对点通信时，主、从机 SCLK 线连在一起，主机的 MOSI 端口连接从机的 MOSI 端，主机的 MISO 端口连接从机的 MISO 端，主机通过片选信号与从机片选端连接。

SPI 多机通信如图 8-21 所示。

SPI 多机通信时，主、从机 SCLK 线连在一起，主机的 MOSI 端口连接从机的 MOSI 端，主机的 MISO 端口连接从机 MISO 的端，主机通过不同片选信号与各个从机连接。

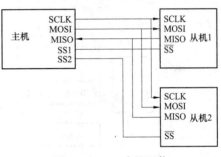

图 8-21　SPI 多机通信

2. SPI 总线的特点

SPI 总线的特点是全双工通信、通信速度快，可达 Mbit/s。不足之处是无多主机协议，不便于组网。

3. SPI 的时序

SPI 接口在内部实际上为两个移位寄存器。传输数据为长度根据器件不同分为 8 位、10 位、16 位等。发送数据时，主机产生 SCLK 脉冲，从机在 SCLK 脉冲的上升沿或下降沿采样 MOSI 端数据信号，并移位到接收数据寄存器。主机接收数据时，数据由 MISO 移位输入，主机在 SCLK 脉冲的上升沿或下降沿采样并接收到寄存器中。

二、STM8S 的 SPI 接口

1. STM8S 的 SPI 简介

STM8S 的 SPI 串行外设接口允许芯片与其他设备以半/全双工、同步、串行方式通信。此接口可以被配置成主模式，并为从设备提供通信时钟（SCK）。接口还能以多主配置方式工作。它可用于多种用途，包括带或不带第三根双向数据线的双线单工同步传输，还可使用 CRC 校验来进行可靠通信。

2. 主要特点

（1）3 线全双工同步传输。

（2）带或不带第三根双向数据线的双线单工同步传输。

（3）8 或 16 位传输帧格式选择。

（4）主或从操作。

（5）8 个主模式频率（最大为 $f_{MASTER}/2$）。

（6）从模式频率（最大为 $f_{PCLK}/2$）。

（7）快速通信：最大 SPI 速度达到 10MHz。

（8）主模式和从模式下均可以由软件或硬件进行 NSS 管理。

（9）可编程的时钟极性和相位。

（10）可编程的数据顺序，MSB 在前或 LSB 在前。

（11）可触发中断的专用发送和接收标志。

（12）SPI 总线忙状态标志。

（13）可触发中断的主模式出错和溢出标志。

（14）支持可靠通信的硬件 CRC。

1）在发送模式下，CRC 值可以被作为最后一个字节发送。

2）在接收到最后一个字节时自动进行 CRC 出错检查。

（15）唤醒功能，在全或半双工只发送模式下 MCU 可以从低功耗模式唤醒。

3. SPI 结构框图（见图 8-22）

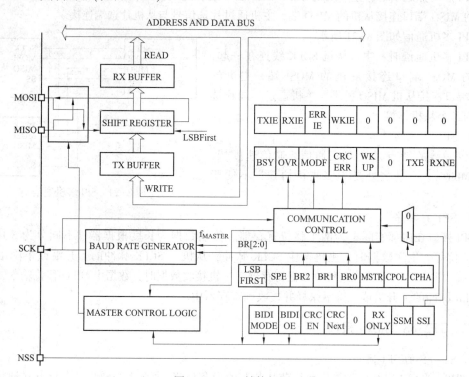

图 8-22　SPI 结构框图

STM8S 的 SPI 包括移位寄存器、数据发送缓冲器、数据接收缓冲器、主从控制逻辑、波特率发生器、通信控制器等。

通常 SPI 通过 4 个管脚与外部器件相连。

（1）MISO：主设备输入/从设备输出管脚（端口 C7）。该管脚在从模式下发送数据，在主模式下接收数据。

（2）MOSI：主设备输出/从设备输入管脚（端口 C6）。该管脚在主模式下发送数据，在从模式下接收数据。

（3）SCK：串口时钟（端口 C5），作为主设备的输出，从设备的输入。

（4）NSS：从设备选择（端口 E5）配置主/从模式时，这是一个可选的管脚。它的功能是用来作为"片选管脚"，让主设备可以单独地与特定的从设备通信，避免数据线上的冲突。从设备的 NSS 管脚可以被主设备的标准 IO 来驱动。

4. SPI 模式

（1）SPI 主模式。在主配置时，串行时钟在 SCK 脚产生。

配置步骤：

1）通过 SPI_CR1 寄存器的 BR［2：0］位定义串行时钟波特率。

2）选择 CPOL 和 CPHA 位，定义数据传输和串行时钟间的相位关系。

3）配置 SPI_CR1 寄存器的 LSBFIRST 位定义帧格式。

4）硬件模式下，在数据帧的全部传输过程中应把 NSS 脚连接到高电平；在软件模式下，需设置 SPI CR2 寄存器的 SSM 和 SSI 位为"1"。

5）必须设置 MSTR 和 SPE 位（只当 NSS 脚被连到高电平，这些位才能保持为"1"）。在这个配置中，MOSI 脚是数据输出，而 MISO 脚是数据输入。

（2）SPI 从模式。在从配置里，SCK 引脚用于接收到从主设备来的串行时钟。SPI_CR1 寄存器中 BR［2：0］的设置不影响数据传输速率。

配置步骤：

1）选择 CPOL 和 CPHA 位来定义数据传输和串行时钟之间的相位关系。为保证正确的数据传输，从设备和主设备的 CPOL 和 CPHA 位必须配置成相同的方式。

2）帧格式（MSB 在前还是 LSB 在前取决于 SPI_CR1 寄存器中的 LSBFIRST 位）必须和主设备相同。

3）在使用硬件模式时，NSS 引脚在字节传输的全部过程中都必须为低电平。在使用 A 软件模式时，设置 SPI_CR2 寄存器中的 SSM 位并清除 SSI 位。

4）清除 MSTR 位，设置 SPE 位，使相应引脚工作于 SPI 模式下。

在这个配置里，MOSI 引脚是数据输入，MISO 引脚是数据输出。

（3）单工通信。SPI 能够以两种配置工作于单工方式。

1）1 条时钟线和 1 条双向数据线。设置 SPI CR2 寄存器中的日 DM 位启用此模式。在这个模式中，SCK 用作时钟，主模式中的 MOSI 或从模式中的 MISO 用作数据通信。传输的方向（输入或输出）由 SP I_CR2 寄存器里的 BDOE 控制，当这个位是的时候，数据线是输出，否则是输入。

2）1 条时钟线和 1 条数据线（双工或接收方式）。为了释放一根 I/O 脚作为它用，可以通过设置 SPI_CR2 寄存器中的 RXONLY 位来禁止 SPI 输出功能。这样的话，SPI 将运行于只接收模式。

当 RXONLY 位置 0 时，SPI 又会恢复到全双工模式。

在只接收模式下，必须首先配置并使能 SPI。

在主模式下，一旦 SPE 被置 1，通信立即启动，当 SPE 位被置 0 时通信即停止。在这个模式下，不需要读取 BUSY 标志位。因为通信在进行并且总线被占用，这个标志位一直为 1，直到 SPE 位被置 0。

在从模式下，只要 NSS 被拉低（或 SSI 位为 0）并且 SCK 持续送到从设备，SPI 就一直在接收。

5. 状态标志

应用程序通过 3 个状态标志可以完全监控 SPI 总线的状态。

（1）总线忙（Busy）标志。此标志表明 SPI 通信层的状态。当它被置 1 时，表明 SPI 正忙于通信，并且/或者在发送缓冲器里有一个有效的数据正在等待被发送。此标志的目的是说明在 SPI 总线上是否有正在进行的通信。

以下情况时此标志将被置 1：

1）数据被写进主设备的 SPI_DR 寄存器上。

2）SCK 时钟出现在从设备的时钟引脚上。

发送/接收一个字（字节）完成后，BUSY 标志立即清除；此标志由硬件设置和清除。监视此标志可以避免写冲突错误，写此标志无效，仅当 SPE 位被置 1 时此标志才有意义。

（2）发送缓冲器空标志（TXE）。此标志被置 1 时表明发送缓冲器为空，因此下一个待发送的数据可以写进缓冲器里。当发送缓冲器有一个待发送的数据时，TXE 标志被清除。当 SPI 被禁止时（SPE 位置 0），此标志被清除。

（3）接收缓冲器非空（RXNE）。

此标志为"1"时表明在接收缓冲器中包含有效的接收数据。读 SPI 数据寄存器可以清除此标志。

6. CRC 计算

CRC 校验仅用于保证通信的可靠性，数据发送和数据接收分别使用单独的 CRC 计算器，通过对每一个接收位进行可编程的多项式运算来计算 CRC，CRC 的计算是在由 SPI_CR1 寄存器中 CPHA 和 CPOL 位定义的采样时钟边沿进行的。

CRC 计算是通过设置 SPI_CR1，寄存器中的 CRCEN 位启用的，设置 CRCEN 位时同时复位 CRC 寄存器（SPI_RXCRCR 和 SPI_TXCRCR），当设置了 SPI_CR2 的 CRCNEXT 位，SPI_TXCRCR 的内容将在当前字节发送之后发出。

如果 Tx 缓冲区中已经有一个字节，该字节发送完成后再发送 CRC 值。在发送 CRC 值的过程中，CRC 计算器被关闭，CRC 寄存器的值保持不变。

如果在发送 SPI_TXCRCR 值的过程中，接收到移位寄存器中的值和 SPI_RXCRCR 的值不匹配，SPI_SR 寄存器中的 CRCERR 标志被置位。

7. 错误标志

（1）主模式错误（MODF）。主模式故障仅发生在片选引脚硬件模式管理下，主设备的 NSS 脚被拉低；或者在片选引脚软件模式管理下，SSI 位被复位时。MODF 位被自动置位。

主模式故障对 SPI 设备有以下影响：

1）MODF 位被置位，如果设置了 ERRIE 位，则产生 SPI 中断。

2）SPE 位被复位。这将停止一切输出，并且关闭 SPI 接口。

3）MSTR 位被复位，因此强迫此设备进入从模式。

（2）溢出错误。当主设备已经发送了数据字节，而从设备还没有清除前一个数据字节产生的 RXNE 时，产生溢出错误。当产生溢出错误时：OVR 位被设置；当设置了 ERRIE 位时，则产生中断。

此时，接收器缓冲器的数据不是主设备发送的新数据，读 SPI_DR 寄存器返回的是其之前未读的字节，所有随后传送的字节都被丢弃。

对 SPI_SR 寄存器的读操作可以清除 OVRO。

（3）CRC 错误。当设置了 SPI_CR2 寄存器上的 CRCEN 位时，CRC 错误标志用来核对接收数据的正确性。如果在发送 SPI_TXCRCR 值的过程中，移位寄存器中接收到的值和 SPI_RXCRCR 寄存器中的值不匹配，SPI_SR 寄存器上的 CRCERR 标志被置位。

8. 关闭 SPI

当传输结束，可以通过关闭 SPI 外设来终止通信，清除 SPE 位即可关闭 SPI。只要设备不处于主发送模式下，在最后一个字节的传输未完成时关闭 SPI 并不会影响通信的可靠性。

9. SPI 中断（见表 8-5）

表 8-5　　　　　　　　　　　　　　　　SPI　中　断

中断事件	事件标志	开启控制位	退出 wait	退出 halt
发送缓冲器空标志	TXE	TXIE	是	否
接收缓冲器非空标志	RXNE	RXNEIE	是	否
唤醒事件标志	WKUP	WKIE	是	否
主模式错误事件	MODF	ERRIE	是	否
溢出错误	OVR	ERRIE	是	否
CRC 错误标志	CRCERR	ERRIE	是	否

三、SPI 应用

74HC595 是硅结构的 COMS 器件，兼容低电压 TTL 电路，遵守 JEDEC 标准。74HC595 是具有 8 位移位寄存器和一个存储器，三态输出功能。移位寄存器和存储寄存器的时钟是分开的。数据在 SHCP（移位寄存器时钟输入）的上升沿输入到移位寄存器中，在 STCP（存储器时钟输入）的上升沿输入到存储寄存器中去。如果两个时钟连在一起，则移位寄存器总是比存储器早一个脉冲。移位寄存器有一个串行移位输入端（DS）和一个串行输出端（Q7′），还有一个异步低电平复位，存储寄存器有一个并行 8 位且具备三态的总线输出，当使能 OE 时（为低电平），存储寄存器的数据输出到总线。

（1）74HC595 管脚说明见表 8-6。

表 8-6　　　　　　　　　　　　　74HC595 管 脚 说 明 表

引脚号	符号（名称）	端口描述
15、1~7	Qa~Qh	8 位并行数据输出口
8	GND	电源地
16	VCC	电源正极
9	Q'_H	串行数据输出
10	MR	主复位（低电平有效）
11	SHCP	移位寄存器时钟输入
12	STCP	存储寄存器时钟输入
13	OE	输出使能端（低电平有效）
14	SER	串行数据输入

（2）74HC595 真值表（见表 8-7）。

表 8-7　　　　　　　　　　　　　74HC595 真 值 表

STCP	SHCP	MR	OE	功能描述
*	*	*	H	Qa~Qh 输出为三态
*	*	L	L	清空移位寄存器
*	↑	H	L	移位寄存器锁定数据
↑	*	H	L	存储寄存器并行输出

（3）74HC595 内部功能图（见图 8-23）。

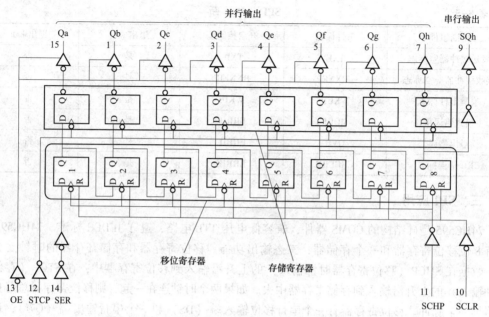

图 8-23　74HC595 内部功能图

（4）74HC595 操作时序图（见图 8-24）。结合 74HC595 内部结构，首先数据的高位从 SER（14 脚）管脚进入，伴随的是 SHCP（11 脚）一个上升沿，这样数据就移入到了移位寄存器，接着送数据第 2 位，请注意，此时数据的高位也受到上升沿的冲击，从第 1 个移位寄存器的 Q 端到达了第 2 个移位寄存器的 D 端，而数据第 2 位就被锁存在了第一个移位寄存器中，依次类推，8 位数据就锁存在了 8 个移位寄存器中。

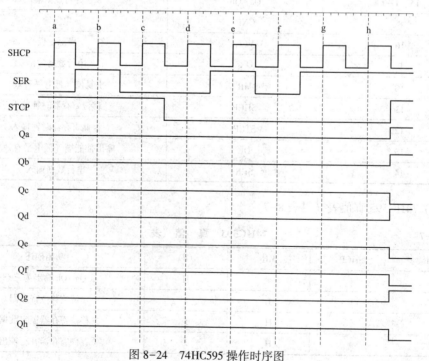

图 8-24　74HC595 操作时序图

由于 8 个移位寄存器的输出端分别和后面的 8 个存储寄存器相连，因此这时的 8 位数据也会在后面 8 个存储器上，接着在 STCP（12 脚）上出现一个上升沿，这样，存储寄存器的 8 位数据就一次性并行输出了。从而达到了串行输入，并行输出的效果。

先分析 SHCP，它的作用是产生时钟，在时钟的上升沿将数据一位一位的移进移位寄存器。可以用这样的程序来产生：SHCP = 0；SHCP = 1，这样循环 8 次，就是 8 个上升沿、8 个下降沿；接着看 SER，它是串行数据，由上可知，时钟的上升沿有效，那么串行数据为：0b0100 1011，怎么看的，就是 a~h 虚线所对应的 SER 此处的值；之后就是 STCP 了，它是 8 位数据并行输出脉冲，也是上升沿有效，因而在它的上升沿之前，Qa~Qh 的值是多少并不清楚，此处画成了一个高低不确定的值。

STCP 的上升沿产生之后，从 SER 输入的 8 位数据会并行输出到 8 条总线上，但这里一定要注意对应关系，Qh 对应串行数据的最高位，依次数据为 "0"，之后依次对应关系为 Qg（数值"1"）…Qa（数值"1"）。再来对比时序图中的 Qh…Qa，数值为：0b0100 1011，这个数值刚好是串行输入的数据。

当然还可以利用此芯片来级联，就是一片接一片，这样 3 个 I/O 口就可以扩展 24 个 I/O 口，此芯片的移位频率由数据手册可知是 30MHz，因而还是可以满足一般的设计需求。

（5）应用 74HC595 驱动数码管的电路（见图 8-25）。

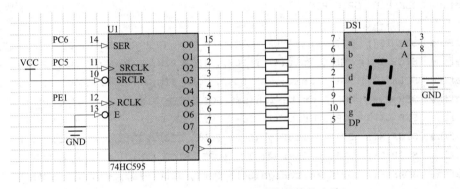

图 8-25　应用 74HC595 驱动数码管的电路

PC6 为数据端，PC5 为移位脉冲端，PE1 为数据锁存端。74HC595 的并行数据输出端连接数码管的 a~g 和 dp。在 74HC595 的并行数据输出端与数码管各笔段引脚串联电阻限流。

（6）应用 74HC595 驱动数码管控制程序。

1）程序结构（见图 8-26）。

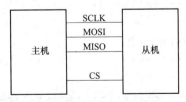

图 8-26　应用 74HC595 驱动数码管程序结构

2）编辑文件 hc595.h。

/***

＊文件名　　：SEG.h

```
* * * * * * * * * * * * * * * * * * * * * * * * * * * * * * * * * * * * * * * * * * * * * /

#ifndef __HC595_H
#define __HCG595_H

/*包含头文件*/

#include "stm8s.h"

/*自定义数据类型*/

/*自定义常量宏和表达式宏*/
#define SER_PORT   GPIOC                                    //定义SER端口
#define SER_PIN  GPIO_PIN_6                                 //定义SER引脚
#define STCP_PORT   GPIOE                                   //定义STCP端口
#define STCP_PIN  GPIO_PIN_1                                /定义STCP引脚
#define SCLK_PORT  GPIOC                                    //定义SCLK端口
#define SCLK_PIN  GPIO_PIN_5                                //定义SCLK引脚


#define   SER_IO()  GPIO_Init(SER_PORT, SER_PIN, GPIO_MODE_OUT_PP_LOW_FAST)
#define   STCP_IO()  GPIO_Init(STCP_PORT, STCP_PIN, GPIO_MODE_OUT_PP_LOW_FAST)
#define   SCLK_IO()  GPIO_Init(SCLK_PORT, SCLK_PIN, GPIO_MODE_OUT_PP_LOW_FAST)
#define   SER_H()   GPIO_WriteHigh(SER_PORT, SER_PIN)       //定义SER_H
#define   SER_L()   GPIO_WriteLow(SER_PORT, SER_PIN)        //定义SER_L
#define   STCP_H()  GPIO_WriteHigh(STCP_PORT, STCP_PIN)     //定义STCP_H
#define   STCP_L()  GPIO_WriteLow(STCP_PORT, STCP_PIN)      //定义STCP_L
#define   SCLK_H()  GPIO_WriteHigh(SCLK_PORT, SCLK_PIN)     //定义SCLK_H
#define   SCLK_L()  GPIO_WriteLow(SCLK_PORT, SCLK_PIN)      //定义SCLK_L


/*声明给外部使用的变量*/

/*声明给外部使用的函数*/

/* * * * * * * * * * * * * * * * * * * * * * * * * * * * * * * * * * * * * * * * * * * *
*名称: HC595_Init
*功能: HC595外设GPIO引脚初始化操作
* * * * * * * * * * * * * * * * * * * * * * * * * * * * * * * * * * * * * * * * * * * * /
void HC595_Init(void);
/* * * * * * * * * * * * * * * * * * * * * * * * * * * * * * * * * * * * * * * * * * * *
*名称: shift595
*功能: 简单的移位函数
* * * * * * * * * * * * * * * * * * * * * * * * * * * * * * * * * * * * * * * * * * * * /
void shift595(u8 d595);
#endif
```

```
/*******************END OF FILE********************************/
```

3）编辑文件 hc595.c。

```
#include "stm8s.h"
#include "stm8s_gpio.h"
#include "hc595.h"


void HC595_Init(void)
{
SER_IO();
SCLK_IO();
STCP_IO();
}


void shift595(u8 d595)
{
u8 cBit;

/*通过 8 循环将 8 位数据一次移入 74HC595*/

STCP_L();
for(cBit = 0; cBit < 8; cBit++)
{
    SCLK_L() ;
    if(d595 & 0x80) SER_H();
    else  SER_L();
    SCLK_H();
    d595 = d595 << 1;

}
/*数据并行输出(借助上升沿)*/

    STCP_H();

}
```

4）编辑文件 main.c。

```
#include "stm8s.h"
#include "sysclock.h"
#include "hc595.h"
u8 SegAtab[]={0x3f,0x06,0x5b,0x4f,0x66,0x6d,0x7d,0x07,0x7f,0x6f};   //共阴极 0~9
                                                                    数字

/**************************************************************
//函数名称:DelayMs()
```

```
********************************************************/
void DelayMS(u16  ValMS)                    //函数1定义
{
    u16 i;                                  //定义无符号整型变量 i
    while(ValMS--)
    for(i=2286;i>0;i--) ;                   //进行循环操作,以达到延时的效果
}

int main(void)
{
    u8 j;                                   //定义内部变量 j
    /*设置内部高速时钟 16M 为主时钟*/
    CLK_HSIPrescalerConfig(CLK_PRESCALER_HSIDIV1);

    HC595_Init();/*初始化 HC595*/
    DelayMS(1000);                          //延迟等待一段时间
    while (1)
    {
        for(j = 0;j <10;j++)
        {
            shift595(SegAtab[j]);
            DelayMS(1000);                  //延迟,就是两个数码管之间显示的时间差
        }
    }
}
```

主程序首先设置内部高速时钟 16M 为主时钟，接着进行 HC595 初始化，延时 1s，然后循环显示 0~9 数字。

 技能训练

一、训练目标

（1）学会设计应用 74HC595 的程序。

（2）学会应用 74HC595 驱动数码管。

二、训练步骤与内容

1. 工程准备

（1）在 E:\STM8\STM8S 目录下，新建一个文件夹 H02。

（2）在 H02 文件夹内，新建 Flib、User 子文件夹。

（3）将示例 H02 文件夹中的 Flib 的文件内 inc、src 文件拷贝到新建文件夹 Flib 内。

2. 创建一个工程

（1）在双击桌面 IAR 图标，启动 IAR 开发软件。

（2）单击执行 File 文件菜单下 New Workspace 子菜单命令，创建工程管理空间。

（3）再单击 Project 文件下的 Create New Project 子菜单命令，出现创建新工程对话框。在工

程模板 Project templates 中选择第 1 项 Empty project 空工程。单击 OK 按钮,弹出另存为对话框,为新工程起名 H002A。单击保存按钮,保存在 H02 文件夹。在工程项目浏览区,出现 H002A_Debug 新工程。

(4)右键单击新工程 H002A_Debug,在弹出的菜单中,选择执行"Add"菜单下的"Add Group"添加组命令,在弹出的新建组对话框,填写组名"Flib",单击"OK"按钮,为工程新建一个组 Flib。

(5)用类似的方法,为工程新建一个组 User。

(6)右键单击新工程 H002A_Debug 下的 Flib 组,在弹出的菜单中,选择执行"Add"菜单下的"Add File"添加文件命令,弹出添加文件对话框,打开 Flib 的 src 文件夹,选择添加"stm8s_clk. c""stm8s_gpio. c"库函数 2 个文件。

3. 创建程序文件

(1)在 IAR 开发软件界面,单击执行"File"文件菜单下的"New File"新文件子菜单命令,创建一个新文件。

(2)单击执行"File"文件菜单下"Save As"另存为子菜单命令,弹出另存为对话框,在对话框文件名中输入"main. c",单击"保存"按钮,保存新文件在 User 文件夹内。

(3)再创建 4 个新文件,分别另存为"HC595. h""HC595. c"。

(4)右键单击新工程 H002A_Debug 下的 User 组,在弹出的菜单中,选择执行"Add"菜单下的"Add File"添加文件命令,弹出添加文件对话框,在 User 文件夹,选择添加"HC595. c""main. c" 2 个文件到 User 文件组。

4. 编写控制文件

(1)编写 HC595. h 文件。

(2)编写 HC595. c 文件。

(3)编写 main. c 文件。

5. 编译程序

(1)右键单击"H002A_Debug"项目,在弹出的菜单中执行的 Option 选项命令,弹出选项设置对话框。

(2)在 Target 目标元件选项页,在 Device 器件配置下拉列表选项中选择"STM8S"下的"STM8S207RB"。

(3)单击选项设置对话框项目下的 Output Converter 输出文件覆盖选项,弹出输出选项页,单击生成附加文件输出复选框,在输出文件格式中,选择"inter extended",再单击"override default"下的复选项。

(4)单击"Debugger"选项,在"drive"下选择"ST-LINK"仿真调试器。

(5)完毕选项,单击"OK"按钮,完成选项设置。

(6)单击执行"Project"工程下的"Mike"编译所有文件命令,或工具栏的"⬛",编译所有项目文件。首次编译时,弹出保存工程管理空间对话框,在文件名栏输入"H002A",单击保存按钮,保存工程管理空间。

6. 下载调试程序

(1)STM8 开发板连接一只共阴极数码管和限流电阻。

(2)STM8 开发板 USB 接口与电脑 USB 连接。

(3)打开串口调试助手软件,设置串口连接端口,设置波特率、停止位、奇偶校验,再单击打开串口按钮。

（4）单击工具栏的"▶"下载调试按钮，程序自动下载到开发板。

（5）关闭仿真调试。

（6）观察数码管的状态变化。

（7）使用共阳极数码管，修改数组的数据，重新编译下载，观察数码管的状态变化。

习题 8

1. 设计 STM8S 单片机控制程序，利用 I2C 总线技术，统计单片机的开关机次数。

2. 设计 STM8S 单片机控制程序，利用 DS1302 显示日期时钟信息。

3. 设计 STM8S 单片机控制程序，使用 SPI 库函数，控制共阴极数码管，循环显示 0~9 数字。

（1）学习模数转换与数模转换知识。

（2）应用单片机进行模数转换。

任务16 模 数 转 换

一、模数转换与数模转换

1. 模拟信号

在生活中人们常接触很多物理量，例如温度、速度、压力、电流、电压等。它们都有一个相同的特点，即都是连续变化的。这种连续变化的物理量称为模拟量，而表示这种模拟量的信号称为模拟信号，模拟量的图像是一段连续的曲线。

2. 数字信号

数字信号是一系列时间离散、数值也离散的信号，通常用数字"0"和"1"的组合表示。而实现将模拟量转换为数字量的设备为 A/D 模数转换器。如果想将数字信号还原回模拟信号，通过 D/A 数模转化器就可以了。

3. A/D 数模转换

模数转换将模拟量（电压或电流）转换成数字量。完成模数转换的电路称为模数转换器（Analog-Digital Converter），简称 A/D 或 ADC。

A/D 转换器将时间和幅度都连续的模拟量，转换为时间和幅值都离散的数字量。A/D 转换一般要经过采样保持、量化和编码 3 个步骤，采样是在时间轴上对信号离散化。量化是在幅度轴上对信号数字化；编码则是按一定格式记录采样和量化后的数字数据。

A/D 转换器的参数指标如下。

（1）转换精度。

1）分辨率——说明 A/D 转换器对输入信号的分辨能力。

一般以输出二进制（或十进制）数的位数表示。因为，在最大输入电压一定时，输出位数越多，量化单位越小，分辨率越高。

2）转换误差——它表示 A/D 转换器实际输出的数字量和理论上的输出数字量之间的差别。常用最低有效位的倍数表示。

例如，相对误差 ≤ ±LSB/2，就表明实际输出的数字量和理论上应得到的输出数字量之间的误差小于最低位的半个字。

（2）转换时间——指从转换控制信号到来开始，到输出端得到稳定的数字信号所经过的时间。

并行比较 A/D 转换器转换速度最高, 逐次比较型 A/D 转换器较低。

4. D/A 数模转换

数模转换将数字量转换为模拟量（电压或电流），使输出的模拟电量与输入的数字量成正比。实现数模转换的电路称为数模转换器（Digital-Analog Converter），简称 D/A 或 DAC。

D/A 转换的主要技术指标如下。

（1）分辨率。分辨率定义为 D/A 转换器模拟输出电压可能被分离的等级数，n 位 DAC 最多有 2^n 个模拟输出电压，位数越多 D/A 转换器的分辨率越高。

分辨率也可以用能分辨的最小输出电压与最大输出电压之比给出，n 位 D/A 转换器的分辨率可表示为：$1/(2^n-1)$。

（2）转换精度。转换精度是指对给定的数字量，D/A 转换器实际值与理论值之间的最大偏差。

二、STM8S 单片机的模数转换结构

1. ADC 简介

ADC1 和 ADC2 是 10 位的逐次比较型模拟数字转换器，提供多达 16 个多功能的输入通道（实际准确的通道数量在数据手册的引脚描述说明），A/D 转换的各个通道可以执行单次或连续的转换模式。

STM8S20×××系列高性能产品包括一个 10 位连续渐近式模数转换器（ADC2），提供多达 16 个多功能的输入通道，具有以下主要特点。

（1）输入电压范围：$0\sim V_{DDA}$。

（2）80 脚和 64 脚封装芯片上带有专用的参考电压（V_{REF}）引脚。

（3）转换时间：14 个时钟周期。

（4）单次或连续的转换模式。

（5）外部触发输入。

（6）可用 TIM1 定时器触发信号（TRGO）触发。

（7）转换结束（EOC，End of conversion）中断。

2. ADC2 方块图（见图 9-1）

ADC2 模数转换器包括 16 个模拟输入端，10 位的模数转换器、预分频器、内部触发控制、电源端等。

3. 引脚描述（见表 9-1）

表 9-1　　　　　　　　　引　脚　描　述

名称	信号类型	描　述
VDDA	输入，模拟电源	模拟电源供电端。对于没有外部 V_DDA 引脚的产品该输入脚是连接到 VDD 端
V_{SSA}	输入，模拟电源地	模拟电源地端，对于没有外部 V_SSA 引脚的产品该输入脚是连接到 VSS 端
V_{REF+}	输入，模拟参考正极	ADC 使用的高端/正极参考电压，电压范围（2.75V 到 VDDA），对于没有外部 V_{REF+} 引脚的产品该输入脚是连接 VDDA 端（48 引脚封装 或者更少引脚的封装）

续表

名称	信号类型	描　述
V$_{REF-}$	输入，模拟参考负极	ADC 使用的低端/负极参考电压，电压范围是 V$_{SSA}$ 到（V$_{SSA+}$ 500mV）。对于没有外部 V$_{REF-}$ 引脚的产品该输入脚是连接到 V$_{SSA}$ 端（48 引脚封装或者更少引脚的封装）
AIN［15：0］	模拟输入信号	多达 16 个模拟输入通道，每次只一个通道被 ADC 转换
ADC_ETR	数字输入通道	外部触发信号

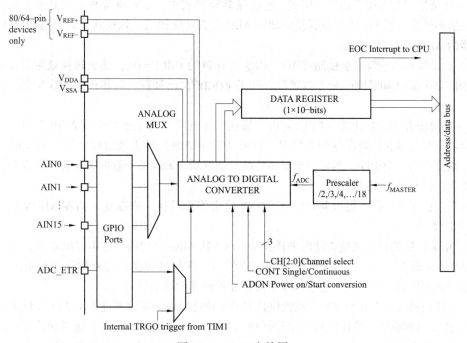

图 9-1　ADC2 方块图

4. 功能描述

（1）ADC 开-关控制。通过置位 ADC_CR1 寄存器的 ADON 位来开启 ADC。当首次置位 ADON 位时，ADC 从低功耗模式唤醒。为了启动转换必须第二次使用写指令来置位 ADC_CR1 寄存器的 ADON 位。

在转换结束时 ADC 会保持在上电状态，用户只需要置位 ADON 位一次来启动下一次的转换。

如果长时间没有使用 ADC，推荐将 ADC 模块切换到低功耗模式来降低功耗，这可以通过清零 ADON 位来实现。

当 ADC 模块上电后，所选通道对应的 I/O 口输入模块是被禁用的，因此推荐在 ADC 上电之前，要选择合适的 ADC 转换通道。

（2）ADC 时钟。ADC 的时钟是由 f_{MASTER} 时钟经过预分频后提供的，时钟的预分频因子是由 ADC_CR1 寄存器的 SPSEL［2：0］决定的。

（3）通道选择。有多达 16 个外部输入通道，实际外部通道的数量取决于 MCU 封装大小，引脚多的外部模拟输入通道多。

如果在一次转换过程中改变通道选择，那么当前的转换被复位，同时一个新的开始指令脉冲被发送到 ADC。

（4）转换模式。ADC 支持 5 种转换模式：单次模式、连续模式、带缓存的连续模式、单次扫描模式、连续扫描模式。

1）单次模式。在单次转换模式中，ADC 仅在由 ADC_CSR 寄存器的 CH [3：0] 选定的通道上完成一次转换。该模式是在当 CONT 位为 0 时通过置位 ADC_CR1 寄存器的 ADON 位来启动的。一旦转换完成，转换后的数据存储在 ADC_DR 寄存器中，EOC（转换结束）标志被置位，如果 EOCIE 被置位将产生一个中断。

2）连续模式与带缓存的连续模式。在连续转换模式中，ADC 在完成一次转换后就立刻开始下一次的转换。当 CONT 位被置位时即将 ADC 设为连续模式，该模式是通过置位 ADC_CR1 寄存器的 ADON 位来启动的。

a）如果缓冲功能没有被使能（ADC_CR3 寄存器的 DBUF＝0），那么转换结果数据保存在 ADC_DR 寄存器中同时 EOC 标志被置位。如果 EOCIE 位已被置位时将产生一次中断，然后开始下一次转换。

b）如果缓存功能被使能（DBUF＝1），那么某个选定通道上的 8 个或者 10 个连续的转换结果会填满数据缓存，当缓存被填满时，EOC（转换结束）标志被置位，如果 EOCIE 位已被置位，则会产生一个中断，然后一个新的转换自动开始。如果某个数据缓存寄存器在被读走之前被覆盖，位 OVR 标志将置 1。

如要停止连续转换，可以复位清零 CONT 位来停止转换，或者复位清零 ADON 位来关闭 ADC 的电源。

3）单次扫描模式。该模式是用来转换从 AINO 到 AINn 之间的一连串模拟通道，"n" 是在 ADCCSR 寄存器的 CH [3：0] 位指定的通道编号。在扫描转换的过程中，序号 CH [3：0] 位的值是被硬件自动更新的，它总保存当前正在被转换的通道编号。

单次转换模式可以在 SCAN 位被置位且 CONT 位已经被清零时通过置位 ADON 位来启动。

4）连续扫描模式。该模式和单次扫描模式相近，只是每一次在最后通道转换完成时，一次新的从通道 0 到通道 n 扫描转换会自动开始。如果某个数据缓存寄存器在被读走之前被覆盖，OVR 标志将置 1。

连续扫描模式是在当 SCAN 位和 CONT 位已被置时，通过置位 ADON 位来启动的。

在转换序列正在进行过程中不要清零 SCAN 位。

连续扫描模式可以通过清零 ADON 位来立即停止。另外一种选择就是当转换过程中清除 CONT 位，那么转换会在下一次的最后一个通道转换完成时停止。

（5）溢出标志位。在带缓冲的连续模式，单次扫描模式或者连续扫描模式中，溢出错误标志位 OVR 位是由硬件置位的。它是用来指示 10 个缓冲寄存器中的某个值在被读走之前被一个新的转换结果值覆盖。在这种情况下，推荐重新开启一次新的转换过程。

（6）基于外部触发信号的转换。ADC 转换可以通过 ADC_ETR 引脚上的上升沿事件或来自定时器的 TRGO 事件来触发启动。

当 EXTTRIG 控制位被置位时，那么任一个 ADC 外部触发事件都可以用作转换启动的触发信号。EXTSEL [1：0] 位被用来从 2 个信号源中选择触发信号源。

（7）模拟放大。带外部参考电压引脚（V_{REF+} 和 V_{REF-}）的产品支持模拟放大功能，在模拟放大中，可通过减小参考电压来提供更大的分辨率。

（8）数据对齐。ADC_CR2 寄存器中的 ALIGN 位，用于选择转换后数据的对齐方式。数据可以按如下方式对齐：

1）右对齐。8个低位数据被写入 ADC_DL 寄存器中，其余的高位数据被写入 ADC_DH 寄存器中，读取时，必须先读低位，再读高位。

2）左对齐。8个高位数据被写入 ADC_DH 寄存器，其余的低位数据被写入 ADC_DL 寄存器。读取时，必须先读高位，再读低位。

（9）读取转换结果。当读取 ADC 转换结果时，须注意要依据所选择的数据对齐方式，按照指定的方式连续使用两条指令来读取数据寄存器。

为了保证数据一致性，MCU 采用内部锁存机制。对应 ADC_DR 的高位寄存器和低位寄存器，直到读取一个指定数据寄存器之前，另一个寄存器的转换数据结果不会被修改。因此，按照错误的顺序来读取寄存器将得到错误的结果。

（10）施密特触发器禁止寄存器。ADC_TDRH 和 ADC_TDRL 寄存器可以用来禁止 AIN 模拟输入引脚中的施密特触发器工作，禁止施密特触发器工作可以降低 I/O 引脚的功耗。

5. 模数转换器的设置

首先，为了保证 A/D 转换器的正常工作，需要给 A/D 转换器提供模拟电源，其中 VDDA 是模拟电源供电端，而 V_{SSA} 是模拟电源地。

其次，需要给 A/D 转换器提供合适的参考电压。这个参考电压需要加在 V_{REF+} 和 V_{REF-} 引脚上，其中 V_{REF+} 是模拟参考电压的正极，V_{REF-} 是模拟参考电压的负极，为了保证此电压的稳定性，一般将模拟电源电压经过基准源稳压芯片稳压后接在 V_{REF+} 和 V_{REF-} 引脚上。通常 V_{REF+} 和 V_{REF-} 直接与 V_{DDA} 和 V_{SSA} 连接。在硬件电路设计中，V_{DDA} 和 V_{SSA} 与供电直流电源间加磁珠或电感滤波电路，提高 A/D 转换的稳定性。

选择好参考源后，将模拟输入信号连接在 AIN［15：0］中被选择的通道上，模拟信号进入模拟数字转化器中，选择转换方式（单次或者连续），设置预分频值，选择转换后的数据的对齐方式（左对齐或者右对齐），最后开启转换（ADON），转换后的数据存入数据寄存器 ADC_DRH 和 ADC_DRL 中，同时硬件置位 EOC 告诉 CPU 转换结束。下面分步详细分析 A/D 转换器的设置及工作过程。

（1）首先，选择一个模拟信号输入通道。STM8 有 16 个通道（AIN［15，0］）可选，通过设置 ADC_CSR 寄存器的 CH［3：0］选择输入通道。ADC_CSR 寄存器还有其他功能，如果需要开启 A/D 转换中断，可以置位 EOCIE，这样每次转换结束都产生一次中断，这里要注意的是，一旦通道被选定，对应通道的 I/O 功能将被禁用。

（2）设置寄存器 AIDC_CR1 的 SPSEL［2：0］位选择预分频值。预分频因数可在 2～18 中选择，f_{ADC} 为 f_{MASTER}/预分频因数。

（3）设置寄存器 ADC_CR1 的 CONT 位，用于配置 A/D 转换器的工作方式。当 CONT 位置 1 时，A/D 转换器工作在连续转换方式；当 CONT 位置 0 时，A/D 转换器工作在单次转换方式。

（4）设置寄存器 ADC_CR2 的 ALIGN 位，选择 A/D 转换器转换后的数据的对齐方式。ALIGN 位置 0 时配置为左对齐方式，ALIGN 位置 1 时配置为右对齐方式。

（5）通过设置寄存器 ADC_CR1 中的 ADON 位为 1，开启 A/D 转换，模拟信号就转换为数字信号并存储在 ADC_DRH 和 ADC_DRL 寄存器中。每次转换结束时寄存器 ADC_CSR 中的 EOC 位都由硬件自动置 1，可以通过查询此位判断转换是否结束，但 EOC 位需要软件手动清零，对 EOC 位写零，清除此标志位。

（6）也可以通过外部触发方式启动 ADC2 进行模数转换，但是需要置位寄存器 ADC_CR2

中的 EXTTRIG，选择外部触发使能，EXTTRIG 置 1 表示使能外部触发转换，EXTTRIG 置 0 表示禁止外部触发转换。

（7）通过设置 EXTSEL [1：0] 位选择触发事件，当配置 EXTSEL [1：0] 位为 00 时，表示选择内部定时器 1 的 TRG 事件启动 A/D 转换器；当配 EXTSEL [1：0] 位为 01 时，表示选择单片机外部引脚 ADC_ETR 上的信号启动 A/D 转换器。

如果需要提高分辨率，还可通过减小参考电压来实现。V_{REF+} 的范围为 $2.75V \sim V_{DDA}$，V_{REF-} 的范围为 $V_{SSA} \sim 0.5V$。

注意：通过置位 ADC_CR1 寄存器的 ADON 位来开启 ADC 时，首次置位 ADON，ADC 从低功耗模式唤醒，为了启动转换必须第二次使用写指令置位 ADC_CR1 寄存器的 ADON 位。当转换结束时 ADC 保持上电状态，如果需要继续转换，只需要置位 ADON 一次来启动下次转换。通过清零 ADON 位，可以实现 ADC 的低功耗状态。

三、模数转换应用

1. 控制要求

通过 AIN10（PF0）模拟输入通道 10 进行模数转换，将 PF0 端的模拟电压通过串口通信打印输出。

2. ADC 控制程序结构（见图 9-2）

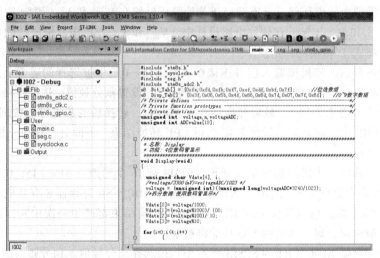

图 9-2　ADC2 控制程序结构

ADC 控制程序主要包括"stm8s_adc2.c""stm8s_clk.c""stm8s_gpio.c"3 个库文件，包括"sysclocka.c""main.c""seg.c"3 个用户文件。

3. 编辑控制程序

（1）编制 4 位数码管显示函数。

```
/*************************************************************
*名称：Display
*功能：4 位数码管显示
*************************************************************/
void Display(void)
{
```

```
unsigned char Vdate[4], i;
/*voltage/3300(mV)=voltageADC/1023*/
voltage = (unsigned int)((unsigned long)voltageADC*3240/1023);
/*拆分数据,使用数码管显示*/

Vdate[0]= voltage/1000;
Vdate[1]=(voltage%1000)/100;
Vdate[2]=(voltage%100)/10;
Vdate[3]= voltage%10;

for(i=0;i<4;i++)
{
    PE2H();                                 //位选开
    GPIO_Write(SEG_PORT,Bit_Tab[i]);        //送入位选数据
    PE2L();

    PE3H();                                 //段选开
    if(i==0)
            {
              GPIO_Write(SEG_PORT,Disp_Tab[Vdate[i]]|0x80); //送入段选数据
            }
            else

            GPIO_Write(SEG_PORT,Disp_Tab[Vdate[i]]);  //送入段选数据
        PE3L();                             //段选关
        Delay(300);                         //延迟,就是两个数码管之间显示的时间差
    }
}
```

模数转换的参考电压是 3.3V，最大参考电压值是 3240，转换输出 10 位二进制数据最大值是 1023，所以，显示电压计算程序是：

```
voltage=(unsigned int)((unsigned long)voltageADC*3240/1023);
```

数码管显示使用 74HC573 驱动，包括位选控制和段选控制。
在显示时，千位数据输出带小数点，所以对应的程序是：

```
GPIO_Write(SEG_PORT,Disp_Tab[Vdate[i]]|0x80);
```

通过（|0x80），点亮小数点 p。
（2）编写 ADC 转换函数。

```
/**********************************************************
*名称：ADConvert
*功能：ADC 转换
**********************************************************/
void ADConvert(void)
{
```

```
unsigned char count=0;

ADC2_Cmd(ENABLE);                              //启用转换

ADC2_StartConversion();

while(count<10)
{
    while(ADC2_GetFlagStatus() == RESET);

    ADC2_ClearFlag();                          //清除转换结束标志位

    ADCvalue[count]=ADC2_GetConversionValue();
    count++;
 }
    ADC2_Cmd(DISABLE);                         //关闭转换
}
```

ADC 转换，使用连续转换模式，启动模数转换后，连续转换 10 次的值分别存放到数组中 ADCvalue [ ]，然后，关闭模数转换。

（3）编写 ADC 数据滤波函数。

```
/***********************************************************
*名称：DateFiltering
*功能：ADC 数据滤波
***********************************************************/
void DateFiltering(void)
{
  unsigned char i,j;
  unsigned int temp;
  /*对数组数据排序*/
  for(i=10; i>=1; i--)
  {
    for(j=0; j<(i-1); j++)
      {
        if(ADCvalue[j]>ADCvalue[j+1])
        {
          temp=ADCvalue[j];
          ADCvalue[j]=ADCvalue[j+1];
          ADCvalue[j+1]=temp;
        }
      }
  }
  /*计算中间 6 个数据的平均值*/
  voltageADC=0;
```

```
for(i=2; i<7;i++)
{
    voltageADC+= ADCvalue[i];
    voltageADC=voltageADC/6;
}
}
```

在数据平滑滤波中，先进行数据排序，去掉头尾的 4 个数据，将中间的 6 个数据求平均值。

（4）ADC 初始化函数。

```
/***************************************************************
*名称: ADC_Init
*功能: ADC 初始化
***************************************************************/
void ADC_Init(void)
{

    ADC2_DeInit();
        /**< 连续转换模式*/
        /**< 使能通道*/
        /**< ADC 时钟:fADC2 = fcpu/12*/
        /**< 这里设置了从 TIM TRGO 启动转换,但实际是没有用到的*/
        /**  不使能 ADC2_ExtTriggerState**/
        /**< 转换数据右对齐*/
        /**< 不使能通道 10 的斯密特触发器*/
    /**不使能通道 10 的斯密特触发器状态*/
    ADC2_Init(ADC2_CONVERSIONMODE_CONTINUOUS, ADC2_CHANNEL_10, ADC2_PRESSEL_
FCPU_D2, ADC2_EXTTRIG_TIM, DISABLE, ADC2_ALIGN_RIGHT, ADC2_SCHMITTTRIG_CHANNEL10,
DISABLE);
    ADC2_Cmd(ENABLE);                              //使能 ADC2
}
```

ADC 初始化函数 ADC_Init（），设置使用模拟通道 10、进行连续转换、ADC 预分频因数为 12、内部时钟 1 触发禁止、转换数据右对齐和模拟通道 10 施密特触发器禁止。

（5）编制文件 main.c。

```
#include "stm8s.h"
#include "sysclocka.h"
#include "seg.h"
#include "stm8s_adc2.h"
u8  Bit_Tab[]={0xfe,0xfd,0xfb,0xf7,0xef,0xdf,0xbf,0x7f};  //位选数组
u8  Disp_Tab[]={0x3f,0x06,0x5b,0x4f,0x66,0x6d,0x7d,0x07,0x7f,0x6f};  //0~9
数字数组
/*Private defines -----------------------------------------------------*/
/*Private function prototypes -----------------------------------------*/
```

```
/*Private functions ------------------------------------------*/
unsigned int  voltage,n,voltageADC;
unsigned int ADCvalue[10];
int main(void)
{

/*设置内部 HSI 16M 为系统时钟*/
   CLK_HSIPrescalerConfig(CLK_PRESCALER_HSIDIV1);
   SEG_Init();                              //初始化 SEG
   ADC_Init();                              //初始化 ADC
   /*让所有数码管灭*/
   PE2H();                                  //位选开
   GPIO_Write(GPIOG,0xff);                  //送入位选数据
   PE2L();

   Delay(2000);                             //延迟等待一段时间

while (1)
   {
   ADConvert();                             //模数转换
   DateFiltering();                         //平滑滤波
   Display();                               //数码管显示模拟电压

   }
}
```

在主函数中，首先包含"stm8s. h""seg. h""stm8s_adc2. h""sysclocka. h" 4 个头文件，接着设置内部 HSI 16MHz 为系统时钟，初始化 ADC、初始化数码管 SEG，在 while 循环中，打印多通道 ADC 转换值。

 技能训练

一、训练目标

（1）学会使用串口通信协议。

（2）学会使用 ADC2 的库函数。

二、训练步骤与内容

1. 工程准备

（1）在 E：\STM8\STM8S 目录下，新建一个文件夹 IO2A。

（2）在 IO2A 文件夹内，新建 Flib、User 子文件夹。

（3）将示例 IO2 文件夹中的 Flib 的文件内 inc、src 文件拷贝到新建文件夹 Flib 内。

2. 创建一个工程

（1）在双击桌面 IAR 图标，启动 IAR 开发软件。

（2）单击执行 File 文件菜单下 New Workspace 子菜单命令，创建工程管理空间。

（3）再单击 Project 文件下的 Create New Project 子菜单命令，出现创建新工程对话框。在工程模板 Project templates 中选择第 1 项 Empty project 空工程。单击 OK 按钮，弹出另存为对话框，为新工程起名 I002A。单击保存按钮，保存在 I02A 文件夹。在工程项目浏览区，出现 I002A_Debug 新工程。

（4）右键单击新工程 I002A_Debug，在弹出的菜单中，选择执行"Add"菜单下的"Add Group"添加组命令，在弹出的新建组对话框，填写组名"Flib"，单击"OK"按钮，为工程新建一个组 Flib。

（5）用类似的方法，为工程新建一个组 User。

（6）右键单击新工程 I002A_Debug 下的 Flib 组，在弹出的菜单中，选择执行"Add"菜单下的"Add File"添加文件命令，弹出添加文件对话框，打开 Flib 的 src 文件夹，选择添加"stm8s_clk. c""stm8s_adc2. c""stm8s_flash. c""stm8s_gpio. c"IO 库函数 4 个文件。

3. 创建程序文件

（1）在 IAR 开发软件界面，单击执行"File"文件菜单下的"New File"新文件子菜单命令，创建一个新文件。

（2）单击执行"File"文件菜单下"Save As"另存为子菜单命令，弹出另存为对话框，在对话框文件名中输入"main. c"，单击"保存"按钮，保存新文件在 User 文件夹内。

（3）再创建 2 个新文件，分别另存为"seg. h""seg. c"。

（4）右键单击新工程 H002A_Debug 下的 User 组，在弹出的菜单中，选择执行"Add"菜单下的"Add File"添加文件命令，弹出添加文件对话框，在 User 文件夹，选择添加"seg. c""main. c""sysclocka. c"3 个文件到 User 文件组。

4. 编写控制文件

（1）编写 seg. h 文件。

（2）编写 seg. c 文件。

（3）编写 main. c 文件。

5. 编译程序

（1）右键单击"I002A_Debug"项目，在弹出的菜单中执行的 Option 选项命令，弹出选项设置对话框。

（2）在 Target 目标元件选项页，在 Device 器件配置下拉列表选项中选择"STM8S"下的"STM8S207RB"。

（3）单击选项设置对话框项目下的 Output Converter 输出文件覆盖选项，弹出输出选项页，单击生成附加文件输出复选框，在输出文件格式中，选择"inter extended"，再单击"override default"下的复选项。

（4）单击"Debugger"选项，在"drive"下选择"ST-LINK"仿真调试器。

（5）完毕选项，单击"OK"按钮，完成选项设置。

（6）单击执行"Project"工程下的"Mike"编译所有文件命令，或工具栏的"🔳"，编译所有项目文件。首次编译时，弹出保存工程管理空间对话框，在文件名栏输入"I002A"，单击保存按钮，保存工程管理空间。

6. 下载调试程序

（1）将 STM8S 开发板的 PE1、PE2 端口与 MGMC-V2. 0 单片机开发板的 P3. 6、P3. 7 端口连接，电源端口连接。

（2）将 STM8S 开发板的 PF0 端口与 MGMC-V2. 0 单片机开发板的 AIN0 端口连接。

（3）电脑通过 ST-LINK 仿真器连接 STM8SF149 开发板。

（4）单击工具栏的"　"下载调试按钮，程序自动下载到开发板。

（5）关闭仿真调试。

（6）调节 AIN0 连接的电位器，观察数码管的输出信息。

习题 9

1. 设计应用 PF1 通道进行模数转换的控制程序。

2. 设计应用 PF1 通道进行模数转换的 C 语句寄存器直接控制程序。

3. 设计应用 PF0 通道进行模数转换，通过数码管，显示模拟电压，调节模拟输入端 ANI0 的连接的电位器，观看数码管的显示数据的变化。

4. 设计应用 PF0 通道进行模数转换，通过 LCD 显示模拟电压，调节模拟输入端 ANI0 的连接的电位器，观看 LCD 显示数据的变化。

项目十 矩阵 LED 点阵控制

💬 学习目标 ·········

（1）学习 LED 点阵知识。
（2）学会矩阵 LED 点阵驱动控制。
（3）用 LED 点阵显示"I LOVE YOU"。

任务 17 矩阵 LED 点阵驱动控制

1. LED 点阵

LED 点阵显示屏作为一种现代电子媒体，具有灵活的显示面积（可任意的分割和拼装），具有高亮度、工作电压低、功耗小、小型化、寿命长、耐冲击和性能稳定等特点，所以其应用极为广阔，目前正朝着高亮度、更高耐气候性、更高的发光密度、更高的发光均匀性，可靠性、彩色化的方向发展。MGMC-V2.0 实验板上搭载的是一个 8×8 的红色 LED 点阵（HL-M0788BX），8×8 LED 点阵如图 10-1 所示。

图 10-1 8×8 LED 点阵

2. LED 点阵工作原理

8×8 点阵内部原理图如图 10-2 所示。

8×8 的 LED 点阵，就是按行列的方式将其阳极、阴极有序的连接起来，将第 1、2、…、8 行 8 个灯的阳极都连在一起，作为行选择端（高电平有效），接着将第 1、2、…、8 列 8 个灯的阴极连在一起，作为列的选择端（低电平有效）。从而通过控制这 8 行、8 列数据端来控制每个 LED 灯的亮灭。例如，要让第 1 行的第 1 个灯亮，只需给 9 管脚高电平（其余的行为低电平），给 13 管脚低电平（其余列为高电平）；再如，要点亮第 6 行的第 5 个灯，那就是给 7 管脚（第 6 行）高电平，再给 6 管脚（第 5 列）低电平。同理，就可以任意的控制这 64 个 LED 的亮灭。

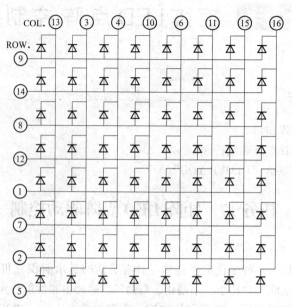

图 10-2　8×8 点阵内部原理图

　　MGMC-V2.0 实验板上，有好多的外设，倘若这些外设都单独占用一个 I/O 口，那么总共需要 70~80 个 I/O 口，可是 STC89C52 单片机只有 32 个口，可以通过一些 IC 来扩展端口，例如数码管驱动芯片 74HC573 和 74HC595，74HC595 既用于扩展端口，又用于扩流。用 74HC595 可以用 3 个 I/O 口扩展无数个 "I/O 口"。

　　3. 驱动 LED 点阵电路分析

　　74HC595 驱动点阵电路图如图 10-3 所示，其中 SCLR（10 脚）是复位脚，低电平有效，因而这里接 VCC，意味着不对该芯片复位；之后 OE（13 脚）输出使能端，接 GND，表示该芯片可以输出数据；接下来是 SER、RCK、SCK 分别接单片机的 P1.0、P1.1、P1.2 用于控制 74HC595；Q′H 用于级联，这里由于没有级联，故没有电器连接；最后就是 15、1~7 分别接点阵的 R1~R8，用来控制其点阵的行（高电平有效）。

　　点阵的 8 列（COM1~COM7）分别接单片机的 P0.0~P0.7 口，用于控制点阵的列了。

　　4. 点亮 LED 点阵的第 1 行

　　首先分析列的输出，要点亮第 1 行的 8 个灯，意味着 8 列（C1~C8）都为低电平，那么有：P0 = 0x00。接着分析行的输出，只需第 1 行亮，那么就是只有第 1 行为高电平，别的都为低电平，这样 74HC595 输出的数据就是：0x01，由上述原理可知，Qh 为高位，Qa 为低位，这样串行输入的数据就为：0x01。从而第一行的 8 个 LED 的正极为高电平，负极为低电平，此时第 1 行的 8 个灯被点亮。

　　使用 STM8S207 时，8 列控制使用 PG，SER、SCK、RCK 分别使用 PC6、PC5、PC1 控制，PG 连接 COM0~COM7。

　　接下来的主要任务就是让 74HC595 输出 0b0000 0001，对于 SPI 这种操作，一般遵循一个原则，就是在 RCK 时钟信号的 "上升沿" 时 "锁存数据"，在其 "下降沿" 时 "设置数据"。有了

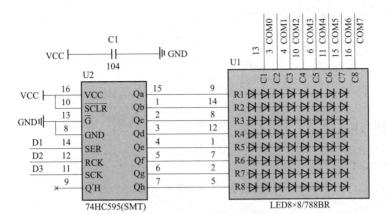

图 10-3 74HC595 驱动点阵电路图

这个规则，利用 for 循环，很容易的可以写出一个这样的函数，具体过程先看源代码，再分析代码。

```
#include "iostm8s208rb.h"   /*预处理命令,用于包含头文件等*/


/***********************************************************
* PC5SCLK ---- 595(11 脚)SHCP 移位时钟 8 个时钟移入一个字节
* PC1STCP ---- 595(12 脚)STCP 锁存时钟 1 个上升沿所存一次数据
* PC6SER ---- 595(14 脚)SER   数据输入引脚
***********************************************************/
#define PC6SER_H() PC_ODR|=(1<<6)
#define PC6SER_L() PC_ODR&=~(1<<6)
#define PC5SCLK_H() PC_ODR|=(1<<5)
#define PC5SCLK_L() PC_ODR&=~(1<<5)
#define PC1STCP_H() PC_ODR|=(1<<1)
#define PC1STCP_L() PC_ODR&=~(1<<1)
/***********************************************************
*名称: shift595
*功能:简单的移位函数
***********************************************************/

void shift595(unsigned char D595)
{
    unsigned char cBit;

/*通过 8 循环将 8 位数据一次移入 /4HC595*/

    PC1STCP_L();
    for(cBit = 0; cBit < 8; cBit++)
    {

      PC5SCLK_L();
```

```
        if(D595 & 0x80) PC6SER_H();
        else  PC6SER_L();
        PC5SCLK_H();
        D595 = D595 << 1;


    }
    /*数据并行输出(借助上升沿)*/


    PC1STCP_H();


}



/***********************************************************
//函数名称:Delayms()
***********************************************************/
void Delayms(unsigned int  ValMS)              //函数1定义
{
    unsigned int i;                            //定义无符号整型变量i
    while(ValMS--)
    for(i=726;i>0;i--) ;                       //进行循环操作,以达到延时的效果
}



/***********************************************************
//函数名称:main()
***********************************************************/
void main(void)                                //主函数
{                                              /*主函数开始*/
  PG_DDR=0xFF;                                 //设置PG为输出模式
  PG_CR1=0xFF;                                 //设置PG为推挽输出
  PG_CR2=0x00;                                 //设置PG为2MHz低速输出
  PG_ODR =0xff;                                //设置PG口输出高电平
  PC_DDR |=0x62;                               //设置PC为输出模式
  PC_CR1 |=0x62;                               //设置PC为推挽输出
  PC_CR2=0x00;                                 //设置PC为2MHz低速输出

  while(1)                                     /*while循环语句*/
  {                                            /*执行语句*/
      PG_ODR =0x00;                            //设置PG输出低电平
      shift595(0x01);                          //设置R1输出高电平,点亮第一行LEDS
  Delayms(500);V                               //延时
  }
}
```

这些代码就是往 74HC595 中串行输入一个字节，并行输出一个字节。D595 是串行输入的数据（形式参数），传进来的是一个字节的数据，既然是一个字节，那肯定就是 8 位，所以这里有一个 for 循环，循环 8 次，依次将这 8 位数据一个一个的送进 74HC595 中。具体过程就是一个字节数据进来，先与 0x80 进行与运算，若与的结果为"真"，说明这一个字节的数据高位为"1"，那么单片机给 595 的数据端一个高电平（DA595 = 1;），否则给低电平（DA595 = 0;），在这一过程中，还伴随着一个数据处理的过程，那就是将这个字节的数据左移一位，这时候的时钟是由"高"到"低"。接着给移位寄存器时钟一个上升沿，这样，1 位数据的最高位就移入了 74HC595 的移位寄存器中了，之后重复 7 次，就会依次将一个字节的 8 位数据由高到低移入移位寄存器。此时若给存储寄存器一个上升沿，这些数据就会并行（同时）输出，从而到达 LED 点阵的行端（R1~R8），来驱动 LED 点阵。

技能训练

一、训练目标

（1）认识 LED 点阵显示器件。

（2）应用 LED 点阵显示器件。

二、训练步骤与内容

1. 工程准备

在 E:\STM8\STM8S 目录下，新建一个文件夹 J01。

2. 建立一个工程

（1）启动 IAR 软件。

（2）选择执行"Project"菜单下的"Create New Project"子菜单命令，弹出创建新工程的对话框。

（3）在 Project templates 工程模板中选择"C"语言项目。

（4）单击"OK"按钮，弹出保存项目对话框，在另存为对话框，输入工程文件名"J001"，单击"保存"按钮。

3. 编写程序文件

在 main 中输入"点亮 LED 点阵的第 1 行"控制程序，单击工具栏"🖫"保存按钮，保存文件。

4. 编译程序

（1）右键单击"J001_Debug"项目，在弹出的菜单中执行的 Option 选项命令，弹出选项设置对话框。

（2）在 Target 目标元件选项页，在 Device 器件配置下拉列表选项中选择"STM8S"下的"STM8S207RB"。

（3）单击选项设置对话框项目下的 Output Converter 输出文件覆盖选项，弹出输出选项页，单击生成附加文件输出复选框，在输出文件格式中，选择"inter extended"，再单击"override default"下的复选项。

（4）单击"Debugger"选项，在"drive"下选择"ST-LINK"仿真调试器。

（5）完毕选项，单击"OK"按钮，完成选项设置。

（6）单击执行"Project"工程下的"Mike"编译所有文件命令，或工具栏的"🔊"，编译所有项目文件。

（7）首次编译时，弹出保存工程管理空间对话框，在文件名栏输入"J001"，单击保存按钮，保存工程管理空间。

5. 下载调试程序

（1）将 STM8S 开发板的 PG 端口与 MGMC-V2.0 单片机开发板的 P0 端口连接，电源端口连接。

（2）将 STM8S 开发板的 PC 端口的 PC6、PC5、PC1 分别与 MGMC-V2.0 单片机开发板的 P1.0、P1.2、P1.1 端口连接。

（3）通过"ST-LINK"仿真调试器，连接电脑和开发板。

（4）单击工具栏的" 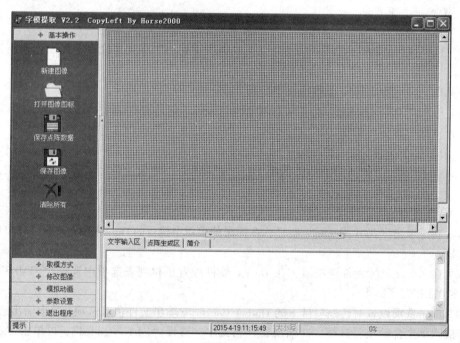 "下载调试按钮，程序自动下载到开发板。

（5）关闭仿真调试。

（6）观察 MGMC-V2.0 单片机开发板的 LED 点阵的状态变化。

（7）修改 shift595（0x01）函数中参数值，重新编译下载程序，观察 LED 点阵显示状态变化。

任务 18 LED 点阵动态字符显示

1. 字模提取

如何将图形转换成单片机中能存储的数据，这里是要借助取模软件的，启动后的字模提取软件界面如图 10-4 所示。

图 10-4 字模提取软件界面图

（1）单击字模提取软件界面图中的"新建图像"按钮，弹出图 10-5 所示的新建图像设置对话框，要求输入图像的"宽度"和"高度"，因为 MGMC-V2.0 实验板中的点阵是 8×8 的，所以这里宽、高都输入 8，然后单击"确定"。

图 10-5 新建图像设置

（2）这时就能看到图形框中出现一个白色的 8×8 格子块，可是有点小，不好操作，接着单击左面的"模拟动画"，再单击"放大格点"按钮（见图 10-6），一直放大到最大。

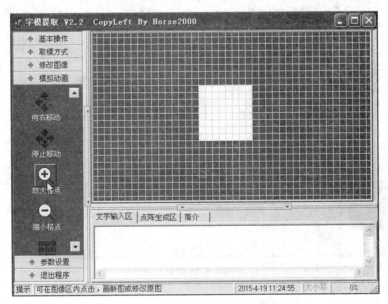

图 10-6 单击"放大格点"

（3）此时，就可以用鼠标来点击出想要的图形了，如图 10-7 所示。当然还可以对刚绘制的图形保存，以便以后调用。还可以用同样的方法来绘制出别的图形，这里就不重复介绍了。

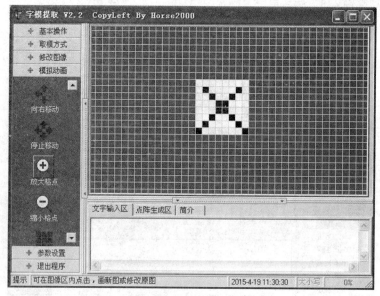

图 10-7　绘制图形

（4）选择左面的菜单项。单击"参数设置"选项，再单击"其他选项"，弹出图 10-8 所示的对话框。

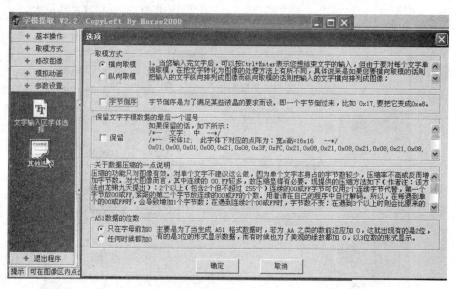

图 10-8　参数设置对话框

（5）如图 10-9 所示，设置取模参数，选择"纵向取模"，"字节倒序"前打勾，因为 MGMC-V2.0 实验板上是用 74HC595 来驱动的，也就是说串行输入的数据最高位对应的是点阵的第 8 行，所以要让字节数倒过来。单击"确定"，确定取模参数。

（6）最后单击"取模方式"，并选择"C51 格式"，此时右下角点阵生成区就会出现该图形所对应的数据，如图 10-10 所示。

（7）此时就完整确定了一张图的点阵数据，直接 COPY 到数组中显示就 OK 了。

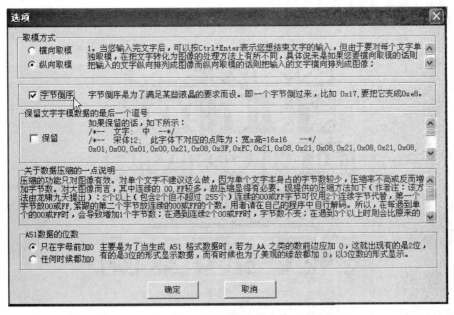

图 10-9　设置取模参数

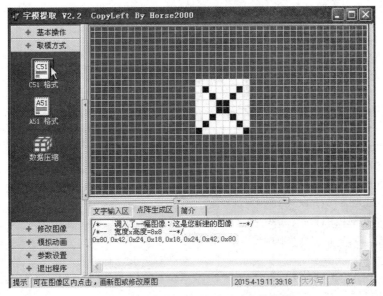

图 10-10　点阵生成图形所对应的数据

2. 字模数据分析

在该取模软件中，黑点表示"1"，白点表示"0"。前面设置取模方式时选了"纵向取模"，那么此时就是按从上到下的方式取模（软件默认的），因在"字节倒序"前打了勾，这样就变成了从下到上取模，接着对应图 10-10 来分析数据，第一列的点色为：1 黑 7 白，那么数据就是：0b1000 0000（0x80），用同样的方式，可以算出第 2~8 列的数据，看是否与取模软件生成的相同。

3. 动态字符显示控制程序

有了以上取模软件，很快就能取出图 10-11 待取模的图形的字模数据。

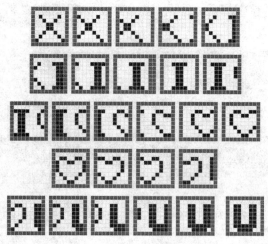

图 10-11　待取模的图形

这样，就可以得到 26 个图形的字模数据，最后将其写成一个 26 行、8 列的二维数组（下面程序中所加的是为了增加花样），以便后续程序调用。具体源码如下。

```c
#include "iostm8s208rb.h"   /*预处理命令,用于包含头文件等*/


/**************************************************************
* PC5SCLK ---- 595(11 脚)SHCP 移位时钟 8 个时钟移入一个字节
* PC1STCP ---- 595(12 脚)STCP 锁存时钟 1 个上升沿锁存一次数据
* PC6SER ---- 595(14 脚)SER   数据输入引脚
**************************************************************/
#define PC6SER_H() PC_ODR|=(1<<6)
#define PC6SER_L() PC_ODR&=~(1<<6)
#define PC5SCLK_H() PC_ODR|=(1<<5)
#define PC5SCLK_L() PC_ODR&=~(1<<5)
#define PC1STCP_H() PC_ODR|=(1<<1)
#define PC1STCP_L() PC_ODR&=~(1<<1)


/**************************************************************
 *名称: shift595
 *功能: 简单的移位函数
 **************************************************************/
void shift595(unsigned char d595)
{
    unsigned char cBit;

/*通过 8 循环将 8 位数据一次移入 74HC595*/

    PC1STCP_L();
```

```
  for(cBit = 0; cBit < 8; cBit++)
  {

    PC5SCLK_L();
    if(d595 & 0x80) PC6SER_H();
    else  PC6SER_L();
    PC5SCLK_H();
    d595 = d595 << 1;


  }
  /*数据并行输出(借助上升沿)*/

    PC1STCP_H();


}


/*******************************************************
//函数名称:Delayms()
*******************************************************/
void Delayms(unsigned int  ValMS)          //函数1定义
{
    unsigned int i;                        //定义无符号整型变量i
    while(ValMS--)
    for(i=2286;i>0;i--) ;                  //进行循环操作,以达到延时的效果
}


/********说明(选择列所用的数组)***************
*1.最低位控制第一列
*2.该数组的意思是从第一列开始,依次选中第1…8列
*****************************************/
unsigned  char  ColArr[8] = {0xfe,0xfd,0xfb,0xf7,0xef,0xdf,0xbf,0x7f};
/*****************************************
*该数组用于存储图案
*取模方式 纵向取模 方式:由下到上
*****************************************/
unsigned  char  RowArr1[32][8] ={
{0x80,0x42,0x24,0x18,0x18,0x24,0x42,0x80},  // 第1帧图画数据
{0x42,0x24,0x18,0x18,0x24,0x42,0x80,0x00},  // 第2帧图画数据
{0x24,0x18,0x18,0x24,0x42,0x80,0x00,0x00},  // 第3帧图画数据
{0x18,0x18,0x24,0x42,0x80,0x00,0x00,0x82},  // 第4帧图画数据
{0x18,0x24,0x42,0x80,0x00,0x00,0x82,0xFE},  // 第5帧图画数据
{0x24,0x42,0x80,0x00,0x00,0x82,0xFE,0xFE},  // 第6帧图画数据
{0x42,0x80,0x00,0x00,0x82,0xFE,0xFE,0x82},  // 第7帧图画数据
{0x80,0x00,0x00,0x82,0xFE,0xFE,0x82,0x00},  // 第8帧图画数据
```

```
    {0x00,0x00,0x82,0xFE,0xFE,0x82,0x00,0x00},     // 第 9 帧图画数据
    {0x00,0x82,0xFE,0xFE,0x82,0x00,0x00,0x1C},     // 第 10 帧图画数据
    {0x82,0xFE,0xFE,0x82,0x00,0x00,0x1C,0x22},     // 第 11 帧图画数据
    {0xFE,0xFE,0x82,0x00,0x00,0x1C,0x22,0x42},     // 第 12 帧图画数据
    {0xFE,0x82,0x00,0x00,0x1C,0x22,0x42,0x84},     // 第 13 帧图画数据
    {0x82,0x00,0x00,0x1C,0x22,0x42,0x84,0x84},     // 第 14 帧图画数据
    {0x00,0x00,0x1C,0x22,0x42,0x84,0x84,0x42},     // 第 15 帧图画数据
    {0x00,0x1C,0x22,0x42,0x84,0x84,0x42,0x22},     // 第 16 帧图画数据
    {0x1C,0x22,0x42,0x84,0x84,0x42,0x22,0x1C},     // 第 17 帧图画数据
    {0x1C,0x3E,0x7E,0xFC,0xFC,0x7E,0x3E,0x1C},     // 第 18 帧图画数据
    {0x1C,0x3E,0x7E,0xFC,0xFC,0x7E,0x3E,0x1C},     // 重复心形,停顿效果
    {0x22,0x42,0x84,0x84,0x42,0x22,0x1C,0x00},     // 第 19 帧图画数据
    {0x42,0x84,0x84,0x42,0x22,0x1C,0x00,0x00},     // 第 20 帧图画数据
    {0x84,0x84,0x42,0x22,0x1C,0x00,0x00,0x7E},     // 第 21 帧图画数据
    {0x84,0x42,0x22,0x1C,0x00,0x00,0x7E,0xFE},     // 第 22 帧图画数据
    {0x42,0x22,0x1C,0x00,0x00,0x7E,0xFE,0xC0},     // 第 23 帧图画数据
    {0x22,0x1C,0x00,0x00,0x7E,0xFE,0xC0,0xC0},     // 第 24 帧图画数据
    {0x1C,0x00,0x00,0x7E,0xFE,0xC0,0xC0,0xFE},     // 第 25 帧图画数据
    {0x00,0x00,0x7E,0xFE,0xC0,0xC0,0xFE,0x7E},     // 第 26 帧图画数据
    {0x00,0x7E,0xFE,0xC0,0xC0,0xFE,0x7E,0x00},     // 第 27 帧图画数据
    {0x00,0x7E,0xFE,0xC0,0xC0,0xFE,0x7E,0x00},     // 重复 U,产生停顿效果
    {0x00,0x7E,0xFE,0xC0,0xC0,0xFE,0x7E,0x00},     // 若要停顿时间长,多重复几次即可
    {0x00,0x7E,0xFE,0xC0,0xC0,0xFE,0x7E,0x00},
    {0x00,0x7E,0xFE,0xC0,0xC0,0xFE,0x7E,0x00}
};


void TIM4_Init(void)
{
    TIM4_PSCR=0X03;            //预分频值 2MHz/8=250 kHz
    TIM4_IER=0x01;             //开定时器中断
    TIM4_ARR = 250;            //自动重载值,定时 1ms
    TIM4_CNTR=250;             //计数器初始值给 250,目的是一开始,计
                               //数就产生一次溢出,从而产生更新事件来
                               //使预分频器的值启用

}


void main(void)
{
    /*主函数开始*/
    PG_DDR=0xFF;               //设置 PG 为输出模式
    PG_CR1=0xFF;               //设置 PG 为推挽输出
    PG_CR2=0x00;               //设置 PG 为 2MHz 低速输出
    PG_ODR =0xff;              //设置 PG 口输出高电平
    PC_DDR |=0x62;             //设置 PC 为输出模式
```

```
    PC_CR1 |=0x62;                          //设置 PC 为推挽输出
    PC_CR2 =0x00;                           //设置 PC 为 2MHz 低速输出

    TIM4_Init();                            //TIM4 初始化
    asm("rim");                             //开总中断
  TIM4_CR1 |=0x01;                          //启动定时器

    while(1);
}

#pragma vector=TIM4_OVR_UIF_vector          //定义中断服务函数入口地址
__interrupt void TIM4_OVR_UIF__IRQHandler(void)
{
    static unsigned  char jCount = 0;
    static unsigned int iShift = 0;
    static unsigned  char nMode = 0;
    TIM4_SR=0x00;
    iShift++;
    if(100 == iShift)                       // 定时 100ms,调节流动速度
    {
      iShift = 0;
      nMode++;                              // 选择 32 帧数据
      if(32 == nMode)
        nMode = 0;
    }


    PG_ODR = 0xff;                          // 消影
    switch(jCount)                          // 选择一帧数据的 8 个数据
    {
      case 0:  shift595(RowArr1[nMode][jCount]);
      break;
      case 1:  shift595(RowArr1[nMode][jCount]);
      break;
      case 2:  shift595(RowArr1[nMode][jCount]);
      break;
      case 3:  shift595(RowArr1[nMode][jCount]);
      break;
      case 4:  shift595(RowArr1[nMode][jCount]);
      break;
      case 5:  shift595(RowArr1[nMode][jCount]);
      break;
      case 6:  shift595(RowArr1[nMode][jCount]);
      break;
      case 7:  shift595(RowArr1[nMode][jCount]);
```

```
        break;
    }
    PG_ODR = ColArr[jCount++];                // 选择列
    if(8 == jCount) jCount = 0;
}
```

该程序有详细的注释，很容易理解，这里主要说明如下三点。

（1）变量的定义。该中断函数中用到了三个变量，关于这三个变量的定义使用了静态变量定义。通常为了变量能保存上一次的值，一般定义为全局变量。在函数内部通常定义局部变量，局部变量要能保存上一次值，必须将该局部变量定义为静态变量。

（2）刷新。刷新在单片机程序中经常用到，例如数码管刷新等，将这种在函数中通过硬性调用子函数来刷新的方法定义为"硬刷新"，而将在中断中随定时器刷新的方式定义为"软刷新"，推荐软刷新。

（3）图形的调用过程。这里运用的方式是先用取模软件对其要显示的图形取模，然后对其图形一张一张的进行调用，这种方式简单可行，但不易扩展、移植。

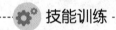 技能训练

一、训练目标

（1）学会使用字模软件。

（2）应用 LED 点阵显示"I LOVE YOU"。

二、训练步骤与内容

1. 工程准备

在 E:\STM8\STM8S 目录下，新建一个文件夹 J02。

2. 建立一个工程

（1）启动 IAR 软件。

（2）选择执行"Project"菜单下的"Create New Project"子菜单命令，弹出创建新工程的对话框。

（3）在 Project templates 工程模板中选择"C"语言项目。

（4）单击"OK"按钮，弹出保存项目对话框，在另存为对话框，输入工程文件名"J002"，单击"保存"按钮。

3. 编写程序文件

在 main 中输入"动态显示字符"控制程序，单击工具栏"🖫"保存按钮，保存文件。

4. 编译程序

（1）右键单击"J002_Debug"项目，在弹出的菜单中执行的 Option 选项命令，弹出选项设置对话框。

（2）在 Target 目标元件选项页，在 Device 器件配置下拉列表选项中选择"STM8S"下的"STM8S207RB"。

（3）单击选项设置对话框项目下的 Output Converter 输出文件覆盖选项，弹出输出选项页，单击生成附加文件输出复选框，在输出文件格式中，选择"inter extended"，再单击"override default"下的复选项。

（4）单击"Debugger"选项，在"drive"下选择"ST-LINK"仿真调试器。

（5）完毕选项，单击"OK"按钮，完成选项设置。

（6）单击执行"Project"工程下的"Mike"编译所有文件命令，或工具栏的" "，编译所有项目文件。

（7）首次编译时，弹出保存工程管理空间对话框，在文件名栏输入"J001"，单击保存按钮，保存工程管理空间。

5. 下载调试程序

（1）将STM8S开发板的PG端口与MGMC-V2.0单片机开发板的P0端口连接，电源端口连接。

（2）将STM8S开发板的PC端口的PC1、PC5、PC6分别与MGMC-V2.0单片机开发板的P1.1、P1.2、P1.0端口连接。

（3）通过"ST-LINK"仿真调试器，连接电脑和开发板。

（4）单击工具栏的" "下载调试按钮，程序自动下载到开发板。

（5）关闭仿真调试。

（6）观察MGMC-V2.0单片机开发板的LED点阵显示字符的状态变化。

（7）修改字符数据内容，重新编译下载程序，观察LED点阵显示字符的状态变化。

6. 应用库函数实现动态显示字符控制

📖 习题10

1. 用LED点阵依次显示跳动的数字0~9。
2. 用LED点阵依次显示四个方向箭头"↑""↓""←""→"。

模块化编程训练

项目十一　模块化编程训练

💬 **学习目标**

（1）学会管理单片机开发系统文件。

（2）学会模块化编程。

（3）用模块化编程实现彩灯控制。

任务 19　模块化彩灯控制

💡 **基础知识**

一、模块化编程

当一个项目小组做一个相对比较复杂的工程时，就需要小组成员分工合作，一起完成项目，要求小组成员各自负责一部分工程。这个时候，就应该将自己的这一块程序写成一个模块，单独调试，留出接口供其他模块调用。最后，小组成员都将自己负责的模块写完并调试无误后，最后由项目组长进行综合调试。像这些场合就要求程序必须模块化。模块化的好处非常多，不仅仅是便于分工，它还有助于程序的调试，有利于程序结构的划分，还能增加程序的可读性和可移植性。

1. 模块化编程的优点

（1）各模块相对独立，功能单一，结构清晰，接口简单。

（2）思路清晰、移植方便、程序简化。

（3）缩短了开发周期，控制了程序设计的复杂性。

（4）避免程序开发的重复劳动，易于维护和功能扩充。

2. 模块化编程的方法

（1）模块划分。在进行程序设计时把一个大的程序按照功能划分为若干小的程序，每个小的程序完成一个确定的功能，在这些小的程序之间建立必要的联系，互相协作完成整个程序要完成的功能。这些小的程序称为程序的模块。

通常规定模块只有一个入口和出口，使用模块的约束条件是入口参数和出口参数。

用模块化的方法设计程序，选择不同的程序块或程序模块的不同组合就可以完成不同的系统和功能。

（2）设计思路。模块化程序设计就是将一个大的程序按功能分割成一些小模块。把具有相同功能的函数放在一个文件中，形成模块化子程序。把具有相同功能的函数放在同一个文件中，这样有一个很大的优点是便于移植，可以将这个模块化的函数文件很轻松的移植到别的程序中。

通过主程序管理和调用模块化子程序，协调应用各个子程序完成系统功能。主程序用#include指令把功能模块文件包含到主程序文件中，那么在主程序中就可以直接调用这个功能模块文件中定义好的函数来实现特定的功能，而在主程序中不用声明和定义这些函数。这样就使主程序显得更加精炼，可读性也会增强。

（3）定义模块文件。将某一个功能模块的端口定义、函数声明这些内容放在一个".h"头文件中，而把具体的函数实现（执行具体操作的函数）放在一个".c"文件中。

这样在编写主程序文件的时候，可以直接使用"#include"预编译指令将".h"文件包含进主程序文件中，而在编译的时候将".c"文件和主程序文件一起编译。

这样做的优点是，可以直接在".h"文件中查找到需要的函数名称，从而在主程序里面直接调用，而不用去关心".c"文件中的具体内容。如果要将该程序移植到不同型号的单片机上，同样只需在".h"文件中修改相应的端口定义即可。

对于彩灯控制，将其划分为三个模块，分别是通用模块Common，延时模块Delay，驱动模块Led。

二、彩灯控制模块化编程的操作

1. 工程准备

（1）在 E:\STM8\STM8S 目录下，新建一个文件夹 K003。

（2）在 K003 文件夹内，新建 Headers、User 子文件夹。

2. 建立一个工程

（1）启动 IAR 软件。

（2）选择执行"Project"菜单下的"Create New Project"子菜单命令，弹出创建新工程的对话框。

（3）再单击 Project 文件下的 Create New Project 子菜单命令，出现创建新工程对话框。在工程模板 Project templates 中选择第 1 项 Empty project 空工程。单击 OK 按钮，弹出另存为对话框，为新工程起名 K003。单击保存按钮，保存在 K003 文件夹。在工程项目浏览区，出现 K003_Debug 新工程。

（4）右键单击新工程 K003_Debug，在弹出的菜单中，选择执行"Add"菜单下的"Add Group"添加组命令，在弹出的新建组对话框，填写组名"Headers"，单击"OK"按钮，为工程新建一个组 Headers。

（5）用类似的方法，为工程新建一个组 User。模块化工程基本结构如图 11-1 所示。每个模块化工程下有若干个不同模块的子文件夹，文件分类存放。

3. 新建、保存模块化程序文件

（1）单击执行"File"文件菜单下的"New"新建文件命令，新建一个文件 Untitled1。重复执行新建文件命令 5 次，分别新建 5 个文件，文件名分别为 Untitled2、Untitled3、Untitled4、Untitled5、Untitled6。

（2）选择文件 Untitled1，单击执行"File"文件菜单下的"Save as"另存文件命令，弹出另存文件对话框，设置文件保存位置"Headers"子文件夹，在文件名栏输入"Common.h"，单击"保存"按钮，保存文件。

（3）选择文件 Untitled2，单击执行"File"文件菜单下的"Save as"另存文件命令，弹出另存文件对话框，设置文件保存位置"Headers"子文件夹，在文件名栏输入"Delay.h"，单击"保存"按钮，保存文件。

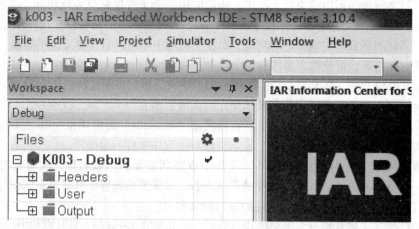

图 11-1　模块化工程基本结构

（4）选择文件 Untitled3，单击执行"File"文件菜单下的"Save as"另存文件命令，弹出另存文件对话框，设置文件保存位置"Headers"子文件夹，在文件名栏输入"Led. h"，单击"保存"按钮，保存文件。

（5）选择文件 Untitled4，单击执行"File"文件菜单下的"Save as"另存文件命令，弹出另存文件对话框，设置文件保存位置"User"子文件夹，在文件名栏输入"Delay. c"，单击"保存"按钮，保存文件。

（6）选择文件 Untitled5，单击执行"File"文件菜单下的"Save as"另存文件命令，弹出另存文件对话框，设置文件保存位置"User"子文件夹，在文件名栏输入"Led. c"，单击"保存"按钮，保存文件。

（7）选择文件 Untitled6，单击执行"File"文件菜单下的"Save as"另存文件命令，弹出另存文件对话框，设置文件保存位置"User"子文件夹，在文件名栏输入"main. c"，单击"保存"按钮，保存文件。

4. 编辑程序文件

（1）在 Common. h 中输入下列程序，单击工具栏"💾"保存按钮，并保存文件。

```
#ifndef __COMMON_H__
#define __COMMON_H__
typedef unsigned char uChar8;
typedef unsigned int  uInt16;
#endif
```

在一些头文件的定义中，为了防止重复定义，一般用条件编译来解决此问题。如第 1 行的意思是如果没有定义"__COMMON_ H__"，那么就定义"#define __COMMON_ H__"（第 2 行），定义的内容包括：3、4 行。

（2）在 Delay. h 中输入下列程序，单击工具栏"💾"保存按钮，并保存文件。

```
#ifndef  __DELAY_H__
#define  __DELAY_H__
#include "common.h"
extern void DelayMS(uInt16 ValMS);
```

```
#endif
```

程序中的 extern 的作用是什么？

一般情况下，定义的函数和变量是有一定的作用域的，也就是说，在一个模块中定义的变量和函数，它的作用于只限于本模块文件和调用它的程序文件范围内，而在没有调用它的模块程序里面，它的函数是不能被使用的。

在编写模块化程序的时候，经常会遇到一种情况，一个函数在不同的模块之间都会用到，最常见的就是延时函数，一般的程序中都需要调用延时函数，难道需要在每个模块中都定义相同的函数？那程序编译的时候，会提示有重复定义的函数。那只好在不同的模块中为相同功能的函数起不同的名字，这样又做了很多重复劳动，这样的重复劳动还会造成程序的可读性变得很差。

同样的情况也会出现在不同模块程序之间传递数据变量的时候。

在这样的情况下，一种解决办法是：使用文件包含命令 "#include" 将一个模块的文件包含到另一个模块文件中，这种方法在只包含很少的模块文件的时候是很方便的，对于比较大的、很复杂的包含很多模块文件的单片机应用程序中，在每一个模块里面都使用包含命令就很麻烦了，并且很容易出错。

出现这种情况的原因，是人们在编写单片机程序的时候，所定义的函数和变量都被默认为是局部函数和变量，那么它们的作用范围当然是在调用它们的程序之间了。如果将这些函数和变量定义为全局的函数和变量，那么，在整个单片机系统程序中，所有的模块之间都可以使用这些函数和变量。

将需要在不同模块之间互相调用的文件声明为外部函数、变量（或者全局函数、变量）。将函数和变量声明为全局函数和变量的方法是：在该函数和变量前面加 "extern" 修饰符。"extern" 的英文意思就是外部的（全局），这样就可以将加了 "extern" 修饰符的函数和变量声明为全局函数和变量，那么在整个单片机系统程序的任何地方，都可以随意调用这些全局函数和变量。

（3）在 Led. h 中输入下列程序，单击工具栏 "![]" 保存按钮，并保存文件。

```
#ifndef __LED_H__
#define __LED_H__
#include "iostm8s208rb.h"        /*预处理命令,用于包含头文件等*/
#include "delay.h"               // 程序用到延时函数,所以包含此头文件
void LED_Init(void);             //LED 初始化程序
extern void LED_FLASH(void);     //LED 闪烁函数
#endif
```

（4）在 Led. c 中输入下列程序，单击工具栏 "![]" 保存按钮，并保存文件。

```
#include "led.h"

void LED_Init(void)
{   PG_DDR=0xFF;          //设置 PG 为输出模式
    PG_CR1=0xFF;          //设置 PG 为推挽输出
    PG_CR2=0x00;          //设置 PG 为 2MHz 低速输出
    PG_ODR =0xff;         //设置 PG 口输出高电平
}
```

```
void LED_FLASH(void)
{while(1)
    { uChar8 i;
    PG_ODR = 0xff;                          //设定 LED 灯初始值
    DelayMS(200);                           //延时 200ms
    for(i = 0;i < 8;i++)
        {
        PG_ODR <<=  1;                      //移位、依次点亮
        DelayMS(200);                       //延时 200ms
        }
    }
  }
```

（5）在 delay. c 中输入下列程序，单击工具栏"💾"保存按钮，并保存文件。

```
#include "delay.h"
void DelayMS(uInt16  ValMS)                 //延时函数定义
{
    uInt16 i;                               //定义无符号整型变量 i
    while(ValMS--)
    for(i=2286;i>0;i--) ;                   //进行循环操作,以达到延时的效果
}
```

（6）在 main. c 中输入下列程序，单击工具栏"💾"保存按钮，并保存文件。

```
#include "iostm8s208rb.h"   /*预处理命令,用于包含头文件等*/
#include "led.h"                            //包含 led.h
void main(void)
{
    LED_Init();                             //LED 初始化
    while(1)                                // while 循环
    {
     LED_FLASH();    调用 LED_FLASH 函数
  }
}
```

5. 将文件添加到工程中的指定文件夹

（1）右键单击新工程 K003_Debug 下的 Headers 组，在弹出的菜单中，选择执行"Add"菜单下的"Add File"添加文件命令，弹出添加文件对话框，打开"Headers"文件夹，选择Led. h、Delay. h、Common. h 文件，单击"打开"按钮，将选择的文件添加到"Headers"文件夹，如图 11-2 所示。

（2）右键单击新工程 K003_Debug 下的 User 组，在弹出的菜单中，选择执行"Add"菜单下的"Add File"添加文件命令，弹出添加文件对话框，打开 User 文件夹，选择添加"Led. c""Delay. c""main. c"文件。

6. 单片机模块化编程建议

模块化编程是难点、重点，应该具有清晰的思路、严谨的结构，便于程序移植。

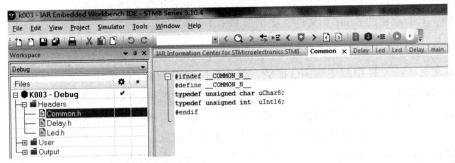

图 11-2 将选择的文件添加到"Headers"文件夹

（1）模块化编程说明。

1）一个模块就是一个 .c 和一个 .h 的结合，头文件（.h）是对该模块的声明。

2）某模块提供给其他模块调用的外部函数以及数据需在所对应的 .h 文件中冠以 extern 关键字来声明。

3）模块内的函数和变量需在 .c 文件开头处冠以 static 关键字声明。

4）永远不要在 .h 文件中定义变量。

所谓的定义就是（编译器）创建一个对象，为这个对象分配一块内存并给它取上一个名字，这个名字就是变量名或者对象名，并且这块内存的位置也不能被改变。一个变量或对象在一定的区域内（比如函数内，全局等）只能被定义一次，如果定义多次，编译器会提示重复定义同一个变量或对象。

声明具有两重含义：第一重含义，告诉编译器，这个名字已经匹配到一块内存上了，下面的代码用到变量或对象是在别的地方定义的。声明可以出现多次。第二重含义，告诉编译器，这个名字预定了，别的地方再也不能用它来作为变量名或对象名。这种声明最典型的例子就是函数参数的声明，例如：void fun (int i, char c)。

记住，定义声明最重要的区别：定义创建了对象并为这个对象分配了内存，声明没有分配内存。

（2）模块化编程实质。模块化的实现方法和实质就是将一个功能模块的代码单独编写成一个 .c 文件，然后把该模块的接口函数放在 .h 文件中。

（3）源文件中的 .c 文件。提到 C 语言源文件，大家都不会陌生，因为平常写的程序代码几乎都在这个 .c 文件里面。编译器也是以此文件来进行编译并生成相应的目标文件。作为模块化编程的组成基础，所有要实现功能源代码均在这个文件里。理想的模块化应该可以看成是一个黑盒子，即只关心模块提供的功能，而不予理睬模块内部的实现细节。好比读者买了一部手机，只需会用手机提供的功能即可，而不需要知晓它是如何进行通信，如何把短信发出去的，又是如何响应按键输入的，这些过程对用户而言，就是一个黑盒子。

在大规模程序开发中，一个程序由很多个模块组成，很可能，这些模块的编写任务被分配到不同的人。例如，当读者在编写模块时很可能需要用到别人所编写模块的接口，这个时候读者关心的是它的模块实现了什么样的接口，该如何去调用，至于模块内部是如何组织、实现的，读者无需过多关注。特此说明，为了追求接口的单一性，把不需要的细节尽可能对外屏蔽起来，只留需要的让别人知道。

（4）头文件 .h。谈及到模块化编程，必然会涉及多文件编译，也就是工程编译。在这样的一个系统中，往往会有多个 C 文件，而且每个 C 文件的作用不尽相同。在 C 文件中，由于需要对外提供接口，因此必须有一些函数或变量需提供给外部其他文件进行调用。

例如，上面新建的 delay.c 文件，提供最基本的延时功能函数。

```
void DelayMS(uInt16 ValMS);                    // 延时 ValMS(ValMS=1…65535)ms
```

而在另外一个文件中需要调用此函数，那该如何做呢？头文件的作用正是在此。可以称其为一份接口描述文件。其文件内部不应该包含任何实质性的函数代码。读者可以把这个头文件理解成为一份说明书，说明的内容就是模块对外提供的接口函数或者是接口变量。同时该文件也可以包含一些宏定义以及结构体的信息，离开了这些信息，很可能就无法正常使用接口函数或者是接口变量。但是总的原则是：不该让外界知道的信息就不应该出现在头文件里，而外界调用模块内接口函数或者是接口变量所必须的信息就一定要出现在头文件里，否则外界就无法正确调用。因而为了让外部函数或者文件调用提供的接口功能，就必须包含提供的这个接口描述文件——头文件。同时，自身模块也需要包含这份模块头文件（因为其包含了模块源文件中所需要的宏定义或者是结构体）。下面来定义这个头文件，一般来说，头文件的名字应该与源文件的名字保持一致，这样便可清晰的知道哪个头文件是哪个源文件的描述。

于是便得到了 delay.c 如下的 delay.h 头文件，具体代码如下。

```
#ifndef __DELAY_H__
#define __DELAY_H__
#include "common.h"
extern void DelayMS(uInt16 ValMS);
#endif
```

1）.c 源文件中不想被别的模块调用的函数、变量就不要出现在 .h 文件中。例如，本地函数 static void Delay1MS（void），即使出现在 .h 文件中也是在做无用功，因为其他模块根本不去调用它，实际上也调用不了它（static 关键字起了限制作用）。

2）.c 源文件中需要被别的模块调用的函数、变量就声明出现在 .h 文件中。例如 void DelayMS（uInt16 ValMS）函数，这与以前写的源文件中的函数声明有些类似，因为前面加了修饰词 extern，表明是一个外部函数。

3）1、2、5 行是条件编译和宏定义，目的是为了防止重复定义。假如有两个不同的源文件需要调用 void DelayMS（uInt16 ValMS）这个函数，他们分别都通过#include "delay.h" 把这个头文件包含进去。在第一个源文件进行编译时候，由于没有定义过 __DELAY_H__，因此#ifndef __DELAY_H__条件成立，于是定义__DELAY_H__并将下面的声明包含进去。在第二个文件编译时候，由于第一个文件包含的时候，已经将 __DELAY_H__ 定义过了。因而此时#ifndef __DELAY_H__ 不成立，整个头文件内容就不再被包含。假设没有这样的条件编译语句，那么两个文件都包含了 extern void DelayMS（uInt16 ValMS），就会引起重复包含的错误。

特别说明，DELAY_H__、_DELAY_H、DELAYH、____DELAY_H、__Delay_H，经调试，这些写法都是对的，（__DELAY_H__）这么写是出于编程的习惯。

（5）位置决定思路——变量。变量不能定义在 .h 中，可以采取一种处理方式，就是在 .c 中定义变量，之后在该 .c 源文件所对应的 .h 中声明。注意，一定要在变量声明前加一修饰词——extern。滥用全局变量会使程序的可移植性、可读性变差。接下来用两段代码来比较说明全局变量的定义和声明。

1）电脑爆炸式的代码。

```
module1.h                          // 编写一个 .h
```

```
uChar8  uaVal = 0;                    // 在模块 1 的 .h 文件中定义一个变量 uaVal
/*===================================================*/
module1.c                             // 编写一个 .c
#include  "module1.h"                  // .c 模块 1 中包含模块 1 的 .h
/*===================================================*/
module2.c
#include  "module1.h"                  // .c 模块 2 中包含模块 1 的 .h
```

以上程序的结果是在模块 1、2 中都定义了无符号 char 型变量 uaVal，uaVal 在不同的模块中对应不同的内存地址。如果都这么写程序，程序运行就不确定了。

2) 推荐式的代码。

```
module1.h                             // 编写一个 .h
extern uChar8  uaVal;                 // 在 .h 中声明 uaVal
/*===================================================*/
module1.c
#include  "module1.h"                  // .c 模块 1 中包含模块 1 的 .h
uChar8  uaVal = 0;                    // 在模块 1 的 .h 文件中定义一个变量 uaVal
/*===================================================*/
module2.c
#include  "module1.h"                  // 在模块 2 的 .h 文件中定义一个变量 uaVal
```

这样如果模块 1、2 操作 uaVal 的话，对应的是同一块内存单元。

(6) 符号决定出路—头文件之包含。以上模块化编程中，要大量的包含头文件。包含头文件的方式有两种，一种是 "<xx.h>"，第二种是 "'xx.h'"，自己写的用双引号，不是自己写的用尖括号。

(7) 模块的分类。一个嵌入式系统通常包括两类模块。硬件驱动模块，一种特定硬件对应一个模块。软件功能模块，其模块的划分应满足低耦合、高内聚的要求。

1) 内聚和耦合。内聚是从功能角度来度量模块内的联系，一个好的内聚模块应当恰好做一件事，它描述的是模块内的功能联系。

耦合是软件结构中各模块之间相互连接的一种度量，耦合强弱取决于模块间接口的复杂程度、进入或访问一个模块的点以及通过接口的数据。

理解了以上两个词的含义之后，那"低耦合、高内聚"就好理解了，通俗的讲，就是模块与模块之间少来往，模块内部多来往。

2) 硬件驱动模块和软件功能模块的区别。所谓硬件驱动模块是指所写的驱动（也就是 .c 文件）对应一个硬件模块。例如 led.c 是用来驱动 LED 灯的，smg.c 是用来驱动数码管的，lcd.c 是用来驱动 LCD 液晶的，key.c 是用来检测按键的等，将这样的模块统称为硬件驱动模块。

所谓的软件功能模块是指所编写的模块只是某个功能的实现，而没有所对应的硬件模块。例如 delay.c 是用来延时的，main.c 是用来调用各个子函数的。这些模块都没有对应的硬件模块，只是起某个功能而已。

三、STM8 的库函数编程与模块化编程

(1) STM8 的每一个库函数都可看作一个模块，采用库函数编程，就是一种规范化的模块

化编程，在采用库函数编程中，需要某个功能，就添加某个库函数文件。

（2）在使用中，根据使用的单片机型号，修改"stm8s.h"文件。不用的芯片型号注释掉（见图11-3）。

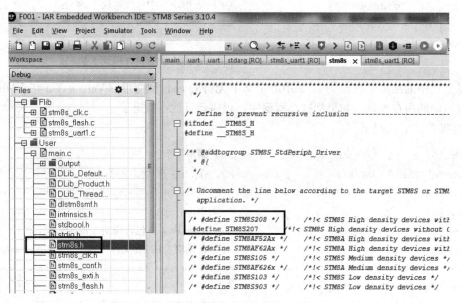

图11-3 不用的芯片型号注释掉

（3）在使用中，注意修改"stm8s_conf.H"配置文件，将使用的模块对应的H头文件包含进行，包含模块H头文件如图11-4所示。

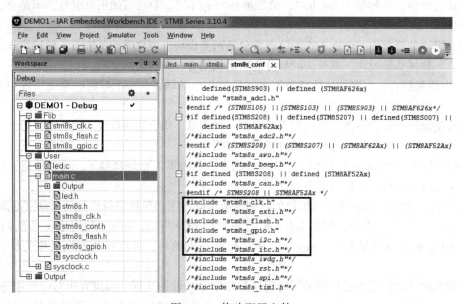

图11-4 修改配置文件

（4）库函数中没有的硬件驱动模块文件、软件模块文件，需要用户编制，按模块化编程的方法进行编制。

技能训练

一、训练目标

（1）学会模块化工程管理。

（2）通过模块化编程实现 LED 流水灯控制。

二、训练步骤与内容

1. 工程准备

（1）在 E：\STM8\STM8S 目录下，新建一个文件夹 K01。

（2）在 K01 文件夹内，新建 Headers、User 子文件夹。

2. 建立一个工程

（1）启动 IAR 软件。

（2）单击执行 File 文件菜单下 New Workspace 子菜单命令，创建工程管理空间。

（3）再单击 Project 文件下的 Create New Project 子菜单命令，出现创建新工程对话框。在工程模板 Project templates 中选择第 1 项 Empty project 空工程。单击 OK 按钮，弹出另存为对话框，为新工程起名 K001。单击保存按钮，保存在 K01 文件夹。在工程项目浏览区，出现 K001_Debug 新工程。

3. 新建、保存模块化程序文件

（1）单击执行"File"文件菜单下的"New"新建文件命令，新建一个文件 Untitled1。重复执行新建文件命令 5 次，分别新建 5 个文件，文件名分别为 Untitled2、Untitled3、Untitled4、Untitled5、Untitled6。

（2）选择文件 Untitled1，单击执行"File"文件菜单下的"Save as"另存文件命令，弹出另存文件对话框，设置文件保存位置"Headers"子文件夹，在文件名栏输入"Common. h"，单击"保存"按钮，保存文件。

（3）选择文件 Untitled2，单击执行"File"文件菜单下的"Save as"另存文件命令，弹出另存文件对话框，设置文件保存位置"Headers"子文件夹，在文件名栏输入"Delay. h"，单击"保存"按钮，保存文件。

（4）选择文件 Untitled3，单击执行"File"文件菜单下的"Save as"另存文件命令，弹出另存文件对话框，设置文件保存位置"Headers"子文件夹，在文件名栏输入"Led. h"，单击"保存"按钮，保存文件。

（5）选择文件 Untitled4，单击执行"File"文件菜单下的"Save as"另存文件命令，弹出另存文件对话框，设置文件保存位置"User"子文件夹，在文件名栏输入"Delay. c"，单击"保存"按钮，保存文件。

（6）选择文件 Untitled5，单击执行"File"文件菜单下的"Save as"另存文件命令，弹出另存文件对话框，设置文件保存位置"User"子文件夹，在文件名栏输入"Led. c"，单击"保存"按钮，保存文件。

（7）选择文件 Untitled6，单击执行"File"文件菜单下的"Save as"另存文件命令，弹出另存文件对话框，设置文件保存位置"User"子文件夹，在文件名栏输入"main. c"，单击"保存"按钮，保存文件。

4. 编辑程序文件

（1）编辑 Common. h 文件。

（2）编辑 Delay.h 文件。

（3）编辑 Led.h 文件。

（4）编辑 Delay.c 文件。

（5）编辑 Led.c 文件。

（6）编辑 main.c 文件。

（7）单击全部保存按钮，首次保存时，要求保存工程管理空间，在文件名栏输入"K001"，单击保存按钮，保存工程管理空间，同时所有文件被保存。

5. 将文件添加到工程中的指定文件夹

（1）右键单击新工程 K001_Debug，在弹出的菜单中，选择执行"Add"菜单下的"Add Group"添加组命令，在弹出的新建组对话框，填写组名"Headers"，单击"OK"按钮，为工程新建一个组 Headers。

（2）用类似的方法，为工程新建一个组 User。

（3）右键单击新工程 K001_Debug 下的 Headers 组，在弹出的菜单中，选择执行"Add"菜单下的"Add File"添加文件命令，弹出添加文件对话框，打开"Headers"文件夹，选择"Common.h""Led.h""Delay.h"文件，单击"打开"按钮，将选择的文件添加到"Headers"文件夹中。

（4）右键单击新工程 K001_Debug 下的 User 组，在弹出的菜单中，选择执行"Add"菜单下的"Add File"添加文件命令，弹出添加文件对话框，打开 User 文件夹，选择添加"Led.c""Delay.c""main.c"文件。

6. 编译程序

（1）右键单击"K001_Debug"项目，在弹出的菜单中执行的 Option 选项命令，弹出选项设置对话框。

（2）在 Target 目标元件选项页，在 Device 器件配置下拉列表选项中选择"STM8S"下的"STM8S208RB"。

（3）单击选项设置对话框项目下的 Output Converter 输出文件覆盖选项，弹出输出选项页，单击生成附加文件输出复选框，在输出文件格式中，选择"inter extended"，再单击"override default"下的复选项。

（4）单击"Debugger"选项，在"drive"下选择"ST-LINK"仿真调试器。

（5）完毕选项，单击"OK"按钮，完成选项设置。

（6）单击执行"Project"工程下的"Mike"编译所有文件命令，或工具栏的"⬇"，编译所有项目文件。编译结果如图 11-5 所示。

7. 下载调试

（1）STM8 开发板 PG 端与 MGMC-V2.0 单片机开发板的 P2 端口连接，电源端口连接，或者直接连接 8 只彩色 LED 发光二极管和 8 只限流电阻。

（2）通过"ST-LINK"仿真调试器，连接电脑和开发板。

（3）单击工具栏的"▶"下载调试按钮，程序自动下载到 STM8 开发板，观察 LED 发光二极管的状态变化。

（4）修改延时函数的延时参数，重新编译下载，观察 LED 发光二极管的状态变化。

📖 习题 11

1. 改变流水灯的显示方向，重新按模块化编程设计 LED 流水灯控制程序。

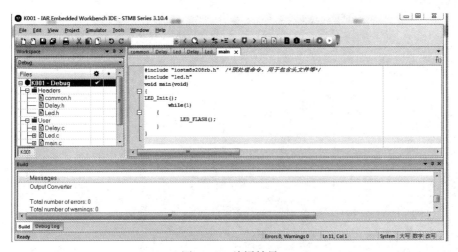

图 11-5　编译结果

2. 设计一个可调时钟，细分为延时模块、按键模块、数码管显示模块、主模块，重新设计、调试程序。